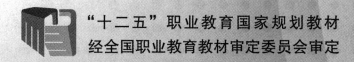

"十二五"职业教育国家规划教材

经全国职业教育教材审定委员会审定

高等职业院校教学改革创新教材

中软国际卓越人才培养系列丛书 · 软件开发系列

U0112324

Java EE 主流开源框架

（第3版）

刘　颖　王晓华　主　编◎

卢　澔　王　瑞　副主编◎

电子工业出版社·

Publishing House of Electronics Industry

北京 · BEIJING

内 容 简 介

本书主要介绍 Java EE 主流开源框架，内容包括 Spring、Spring MVC、MyBatis 三大开源框架的架构原理、典型应用场景实现、案例代码解析等，最后通过一个综合案例应用这三个框架。本书通过无框架和使用框架的对比实现及详细的代码展示，帮助读者深入理解框架的优势和各框架间的联系。

本书适合作为职业院校计算机类专业的教材，也可供具备 Java 开发基础及 Java Web 项目开发经验的读者阅读，还可供对框架有基本了解并希望继续深入学习的编程爱好者参考。

未经许可，不得以任何方式复制或抄袭本书之部分或全部内容。

版权所有，侵权必究。

图书在版编目（CIP）数据

Java EE 主流开源框架 / 刘颖，王晓华主编. —3 版. —北京：电子工业出版社，2023.6

ISBN 978-7-121-45624-4

Ⅰ．①J… Ⅱ．①刘… ②王… Ⅲ．①JAVA 语言—程序设计—高等学校—教材 Ⅳ．①TP312.8

中国国家版本馆 CIP 数据核字（2023）第 089047 号

责任编辑：杨　波　　特约编辑：张燕虹
印　　刷：三河市龙林印务有限公司
装　　订：三河市龙林印务有限公司
出版发行：电子工业出版社
　　　　　北京市海淀区万寿路 173 信箱　邮编　100036
开　　本：787×1 092　1/16　　印张：19.25　字数：493 千字
版　　次：2011 年 10 月第 1 版
　　　　　2023 年 6 月第 3 版
印　　次：2023 年 6 月第 1 次印刷
定　　价：49.80 元

凡所购买电子工业出版社图书有缺损问题，请向购买书店调换。若书店售缺，请与本社发行部联系，联系及邮购电话：（010）88254888，88258888。

质量投诉请发邮件至 zlts@phei.com.cn，盗版侵权举报请发邮件至 dbqq@phei.com.cn。

本书咨询联系方式：（010）88254584，yangbo@phei.com.cn。

前 言

　　Java EE 相关的开源框架很多，不同时期流行的框架也不同。本书为"十二五"职业教育国家规划教材，主要介绍 Java EE 主流开源框架，内容包括 Spring、Spring MVC、MyBatis（简称 SSM）三大开源框架的架构原理、典型应用场景实现、案例代码解析等，详尽介绍这三个框架在 Java EE 企业应用开发中的使用。

　　阅读本书需要具备一定的 Java 语言编程和 Web 项目开发基础。为与程序代码保持一致，本书所有变量均为正体。

　　本书分为以下五个部分。

　　第 1 部分为导引案例，是本书的一大特色，比较演示了使用 Servlet+JSP 组件和使用 SSM 三大开源框架开发 Java EE 企业应用的异同，为后续章节介绍开源框架的具体内容做了铺垫，能够让读者非常直观地理解框架的基本原理和优势。

　　第 2 部分为 Spring 框架，由浅入深、详细地介绍了 Spring 框架的原理、体系结构、核心接口及应用，主要包括依赖注入 DI、控制反转 IoC、面向切面编程 AOP、XML 配置实现、注解实现，以及 Spring 框架对 Web 层、数据访问层的支持等内容。

　　第 3 部分为 Spring MVC 框架，首先通过快速入门介绍了 Spring MVC 的基础结构和工作原理，帮助读者整体理解该框架的使用及运行流程；然后详细地介绍了 Spring MVC 的处理器、注解、常用标签、数据转换与校验、国际化、文件上传下载和拦截器等内容。每个知识点都配备详细的代码展示与解析，帮助读者快速地理解框架的应用。

　　第 4 部分为 MyBatis 框架，首先介绍了 ORM 的相关理论知识，并比较了 MyBatis 和 Hibernate 这两个最常用的 ORM 框架的区别；然后重点介绍了 MyBatis 的核心接口 SqlSession、配置文件、关联查询、动态 SQL 等知识，并通过代码实现了基于 MyBatis 框架的增删改查操作和数据关联（一对一关联、一对多关联、多对多关联），同时演示了基于注解方式的代码实现；最后介绍了

MyBatis 框架的事务处理、缓存机制等内容。

第 5 部分为 SSM 整合，以项目案例实现为主线，实现了 Spring、Spring MVC 和 MyBatis 的整合。Spring MVC 实现了控制器和视图层的相关内容；MyBatis 实现了数据访问和持久化的相关功能；Spring 起到了"胶水"的作用，通过 IoC/AOP 等核心功能，完成对象实例化，管理相关配置，将各个层和相关代码关联并管理起来，最终实现企业应用的快速开发并提供较好的可维护性。本部分使用了前面章节的知识点，解决项目开发的实际问题，帮助读者快速地提升实践能力。

本书具有以下特色。

（1）通过无框架和使用框架的对比实现，更好地展示了两种开发方式的区别，突出了使用框架的优势。

（2）本书集中介绍了 Spring、Spring MVC、MyBatis 这三个框架，能帮助读者更好地理解各框架的联系。

（3）对于各框架内容，通过详细的代码展示进行了举例学习，有助于读者深入理解。

（4）基于项目案例串联了三个框架的整合使用，详尽地讲解了业务实现步骤和各个配置文件的实现，能帮助读者快速地提高实践能力。

本书提供配套教学资源和源代码，可登录华信教育资源网免费下载。

本书由秦皇岛职业技术学院刘颖和北京中软国际教育科技股份有限公司王晓华担任主编；由广西经贸职业技术学院卢澔和山西职业技术学院王瑞担任副主编。其中，刘颖编写了第 1 章~第 7 章，王晓华编写了第 8 章~第 15 章，卢澔编写了第 16 章~第 19 章，王瑞编写了第 20 章~第 23 章。

由于编者水平有限，加之时间仓促，书中难免存在不足之处，敬请读者批评指正。为方便后续版本修订及完善，如发现任何相关问题，请与编者联系。

编者联系邮箱：29097443@qq.com。

编　者

目 录

第3部分 Spring MVC 框架

第 4 部分　MyBatis 框架

第 5 部分　SSM 整合

第 1 部分

导 引 案 例

目前，框架（Framework）是在软件开发领域中经常出现的名词，不管是后台应用开发还是前台页面开发，都有很多流行的框架。Java EE 也不例外，目前在企业应用中一般不直接使用 Java EE 的 Servlet、JSP 组件进行开发，均会选用各种框架，以此提高项目的开发效率，提高应用的可扩展性和可维护性。

Java EE 相关的开源框架很多，不同时期流行的框架也不同，现在大部分企业使用较多的 Java EE 主流开源框架是 Spring、Spring MVC 及 MyBatis 的整合。本书将学习使用这三个框架开发 Java EE 企业应用。

在系统地学习这三个框架之前，本部分将通过简单案例演示使用 Servlet+JSP 组件开发与采用框架开发的区别，以帮助读者对框架有初步了解。

第 1 章

简 单 案 例

1. 案例效果

在如图 1-1 所示的登录信息页面中，输入用户名（账号）和密码，单击"登录"按钮。

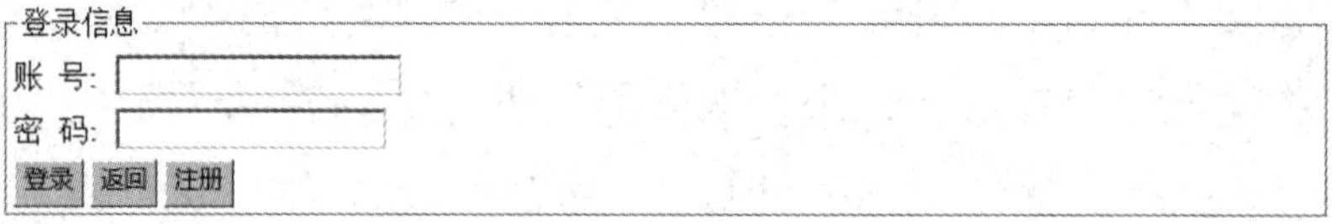

图 1-1　登录信息页面

用户名和密码验证成功（与数据库中的用户名、密码匹配），则显示该用户的个人薪资基本信息（薪资信息存储在数据库中）页面，如图 1-2 所示。

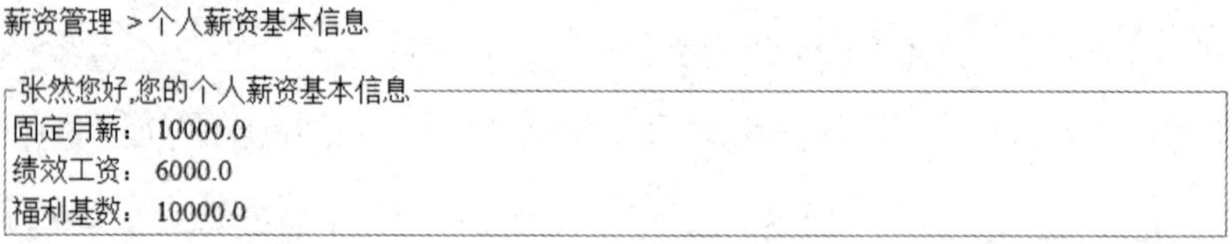

图 1-2　个人薪资基本信息页面

2. 数据表

案例中涉及两张数据表：员工表 Employee（表结构如图 1-3 所示）和薪资信息表 SalaryInfo（表结构如图 1-4 所示）。

名	类型	长度	十进位	允许空值（	
id	int	18	0	☐	🔑1
loginname	varchar	18	0	☐	
emppwd	varchar	18	0	☐	
empname	varchar	18	0	☐	
dept	varchar	20	0	☑	
pos	varchar	20	0	☑	
level	int	2	0	☑	

图 1-3　Employee 表结构

名	类型	长度	十进位	允许空值（	
id	int	8	0	☐	🔑1
basicsalary	double	0	0	☐	
meritpay	double	0	0	☐	
basis	double	0	0	☐	
empid	int	11	0	☐	

图 1-4　SalaryInfo 表结构

3. 使用 Servlet+JSP 组件开发

在没有框架的时期，很多企业一般都是直接使用 Servlet 和 JSP 这两种 Web 组件技术进行开发。下面使用 Java EE 中的 Servlet+JSP 组件开发导引案例，基于 MVC 模式构建，涉及的具体技术实现如下所述。

（1）领域对象（Domain）。

创建 Employee 及 SalaryInfo 类，封装数据库表的数据信息，作为领域对象使用。

①创建 Employee 类，封装 Employee 表的数据信息，代码如下所示：

```java
public class Employee {
    private int id;
    private String loginName;
    private String empPwd;
    private String empName;
    private String dept;
    private String pos;
    private int level;
    private SalaryInfo salaryInfo;

    public Employee() {
        super();
    }

    public Employee(String loginName, String empPwd) {
        super();
        this.loginName = loginName;
        this.empPwd = empPwd;
    }

    public Employee(int id, String loginName, String empPwd, String empName, String dept, String pos, int level) {
        super();
        this.id = id;
        this.loginName = loginName;
        this.empPwd = empPwd;
        this.empName = empName;
        this.dept = dept;
        this.pos = pos;
        this.level = level;
    }

    public int getId() {
        return id;
    }

    public void setId(int id) {
        this.id = id;
```

```
        }

        public SalaryInfo getSalaryInfo() {
            return salaryInfo;
        }

//省略其他getters及setters
}
```

②创建 SalaryInfo 类，封装 SalaryInfo 表的数据信息，代码如下所示：

```java
public class SalaryInfo {
    private int id;
    private double basicSalary;
    private double meritPay;
    private double basis;

    public SalaryInfo() {
        super();
    }

    public SalaryInfo(double basicSalary, double meritPay, double basis) {
        super();
        this.basicSalary = basicSalary;
        this.meritPay = meritPay;
        this.basis = basis;
    }

    public SalaryInfo(int id, double basicSalary, double meritPay, double basis) {
        super();
        this.id = id;
        this.basicSalary = basicSalary;
        this.meritPay = meritPay;
        this.basis = basis;
    }

    public int getId() {
        return id;
    }

    public void setId(int id) {
        this.id = id;
    }

    public double getBasicSalary() {
        return basicSalary;
    }
```

```
//省略其他getters及setters
}
```

（2）数据访问层（DAO）。

创建领域对象后，开始创建数据访问层，数据访问层用来实现数据访问逻辑。

首先定义数据访问接口 EmployeeDAO.java，在接口中声明需要使用的数据访问逻辑，代码如下所示：

```
public interface EmployeeDAO {
    //根据用户名、密码查询员工信息
    public Employee selectByNamePwd(String loginName,String empPwd);
    //根据员工ID查询薪资信息
    public SalaryInfo selectSalaryById(int id);
}
```

定义数据访问接口后，编写该接口的实现类 EmployeeDAOJDBCImpl，使用 JDBC 访问数据库，实现数据处理逻辑。查到记录后，封装成领域对象返回。代码如下所示：

```
/**
 * 实现接口中的方法，根据用户名和密码进行查询，将查询到的记录进行封装
 * Employee对象返回，如果返回值为空，则表示不存在
 */
@Override
public Employee selectByNamePwd(String loginName, String empPwd) {
    Employee e=null;
    String sql="select * from Employee where loginName=? and empPwd=?";
    Connection conn=ConnectionUtil.getConnection();
    try {
        PreparedStatement pstmt=conn.prepareStatement(sql);
        pstmt.setString(1, loginName);
        pstmt.setString(2, empPwd);
        ResultSet rs=pstmt.executeQuery();
        if(rs.next()){
        e=new
Employee(rs.getInt(1),rs.getString(2),rs.getString(3),rs.getString(4),rs.getString(5),rs.getString(6), rs.getInt(7));
        }
    } catch (SQLException e1) {
            e1.printStackTrace();
    }
    return e;
}

/**
 * 实现接口中的方法，可根据员工的ID查询SalaryInfo表，返回员工的薪资信息，封装成SalaryInfo
对象返回
 */
@Override
public SalaryInfo selectSalaryById(int id) {
```

```
        SalaryInfo sInfo=new SalaryInfo();
        String sql="select * from salaryinfo where empid=?";
        Connection conn=ConnectionUtil.getConnection();
        try {
                PreparedStatement pstmt=conn.prepareStatement(sql);
                pstmt.setInt(1, id);

                ResultSet rs=pstmt.executeQuery();
                if(rs.next()){
                        sInfo=new SalaryInfo(rs.getDouble(2),rs.getDouble(3),rs.getDouble(4));
                }
        } catch (SQLException e1) {
                e1.printStackTrace();
        }
        return sInfo;
}
```

（3）服务层（Service）。

服务层用来实现业务逻辑，案例中的业务逻辑包括登录、查看薪资信息。由于逻辑简单，其业务逻辑与数据逻辑基本一致，为更清晰地展示实际开发中的层次，依然单独编写服务层代码。

先定义接口 EmployeeService.java，声明两个业务方法，代码如下所示：

```
public interface EmployeeService {
    /**
     * 通过判断用户名和密码进行登录校验
     */
    public Employee login(String loginName,String empPwd);


    /**
     * 通过员工ID获得其薪资信息
     */
    public SalaryInfo getSalary(int id);
}
```

接下来，编写接口的实现类 EmployeeServiceImpl，该类需要使用到数据访问类，调用其数据访问方法，代码如下所示：

```
public class EmployeeServiceImpl implements EmployeeService{
    //关联DAO对象
    private EmployeeDAO dao;
    //创建Service对象时，为DAO对象赋值
    public EmployeeServiceImpl(EmployeeDAO dao){
        this.dao=dao;
    }
    //实现登录方法
    public Employee login(String loginName,String empPwd){
        return dao.selectByNamePwd(loginName, empPwd);
    }
}
```

```
//实现查询薪资方法
@Override
public SalaryInfo getSalary(int id) {
    return dao.selectSalaryById(id);
}
}
```

（4）控制器（Controller）。

经过前面三个步骤，模型（Model）层已经开发完毕。接下来，创建控制器 Servlet，接收用户请求，调用服务层的业务逻辑方法处理请求，LoginServlet.java 的部分代码如下所示：

```
protected void doPost(HttpServletRequest request, HttpServletResponse response) throws ServletException,
IOException {
    //创建业务层对象
    EmployeeServiceImpl service=new EmployeeServiceImpl(new EmployeeDAOJDBCImpl());
    //获取客户端传过来的用户名及密码
    String loginName=request.getParameter("loginName");
    String empPwd=request.getParameter("empPwd");
    //调用业务层的登录方法
    Employee employee=service.login(loginName, empPwd);
    if(employee==null){
        //如果login方法返回null即返回值为空，则说明登录失败，跳转到index.jsp页面
        request.setAttribute("msg", "用户名或密码错误");
        request.getRequestDispatcher("index.jsp").forward(request, response);
    } else {
        //如果login方法返回值不为空，则说明登录成功，跳转到salaryinfo.jsp页面
        request.setAttribute("msg", employee.getEmpname()+"您好");
        request.setAttribute("sInfo", service.getSalary(employee.getId()));
        request.getRequestDispatcher("salarybaseinfo.jsp").forward(request, response);
    }
}
```

在上述代码中，控制器调用业务层对象，使用业务逻辑方法处理请求，并根据请求结果跳转到不同的视图文件。

（5）视图（View）。

视图使用 JSP 文件实现，登录信息页面为 index.jsp，个人薪资基本信息显示页面为 salaryinfo.jsp。

登录页面 index.jsp 文件的代码如下所示：

```
<form action="LoginServlet" method="post">
    <fieldset>
        <legend>登录信息</legend>
        <table class="formtable">
            <tr>
                <td></td>
                <td><font color='red'>${requestScope.msg}</font></td>
            </tr>
            <tr>
```

```
            <td>用户名:</td>
            <td><input id="loginName" name="loginName" type="text" /></td>
        </tr>
        <tr>
            <td>密 码:</td>
            <td><input id="empPwd" name="empPwd" type="password" /></td>
        </tr>
            <td colspan="2" class="command">
            <input type="submit" value="登录" class="clickbutton" />
            <input type="button" value="返回" class="clickbutton" onclick="window.history. back();"/>
            <input type="button" value="注册" class="clickbutton" onclick="" />
            </td>
        </tr>
    </tble>
</fieldset>
</form>
```

个人薪资基本信息显示页面 salaryinfo.jsp 文件的代码如下所示：

```
<div class="content-nav">薪资管理> 个人薪资基本信息</div>
<form action="" method="post">
    <fieldset>
        <legend>${msg},您的个人薪资基本信息</legend>
        <table class="formtable">
            <tr>
                <td>固定月薪: </td>
                <td>${sInfo.basicSalary }</td>
            </tr>
            <tr>
                <td>绩效工资: </td>
                <td>${sInfo.meritPay }</td>
            </tr>
            <tr>
                <td>福利基数: </td>
                <td>${sInfo.basis }</td>
            </tr>
        </table>
    </fieldset>
</form>
```

至此，使用 Servlet+JSP 组件实现了引导案例的代码开发（XML 配置文件暂时不关注），没有使用任何框架。

接下来，将使用 Spring 框架、Spring MVC 框架、MyBatis 框架进行开发，并比较两种技术方案的区别。

4. 使用 Spring+Spring MVC+MyBatis 框架开发

（1）领域对象（Domain）。

领域对象与 Servlet+JSP 组件开发方案中的完全相同，使用 Employee 和 SalaryInfo 封装了员工、薪资信息。

（2）数据访问层（DAO）。

数据访问层不再使用 JDBC，而是使用 MyBatis 框架实现，只需要定义一个接口即可，代码如下所示：

```
public interface EmployeeMapper {

    @Select("select * from employee where loginName = #{loginName} and empPwd = #{empPwd}")
    public Employee selectByNamePwd(@Param("loginName") String loginName,@Param("empPwd")
String empPwd);

    @Select("select * from salaryinfo where empid = #{id}")
    public SalaryInfo selectSalaryById(@Param("id") int id);

}
```

使用框架后，不再需要烦琐的 JDBC 代码，而只用一个接口就能实现数据处理逻辑。后续章节将详细介绍 MyBatis 框架，此处不需要关注实现细节。

（3）服务层（Service）。

服务层接口 EmployeeService.java 与 Servlet+JSP 组件开发方案完全相同。服务层的实现类 EmployeeServiceImpl 通过使用 Spring 框架的注解来实现，代码如下所示：

```
@Service("empService")
public class EmployeeServiceImpl implements EmployeeService {

    @Autowired
    private EmployeeMapper empMapper;

    @Override
    public Employee login(String loginName, String empPwd) {
        return empMapper.selectByNamePwd(loginName, empPwd);
    }

    @Override
    public SalaryInfo getSalary(int id) {
        return empMapper.selectSalaryById(id);
    }
}
```

上述代码中使用了 Spring 框架，后续章节将详细学习该框架，此处先不关注具体实现细节。

（4）控制器（Controller）。

控制器不再使用 Servlet（核心控制器依然使用 Servlet，但不需要开发人员自行编写），而是使用 Spring MVC 框架实现，EmployeeController 代码如下所示：

```
@Controller
public class EmployeeController {
    /**
     * 自动注入EmployeeService
     **/
    @Autowired
    @Qualifier("empService")
    private EmployeeService empService;

    /**
     * 处理/login请求
     **/
    @RequestMapping(value="/login")
    public String login(String loginName, String empPwd, Model model){
        //根据用户名和密码查找用户，判断用户是否登录
        Employee employee = empService.login(loginName, empPwd);
        if(employee != null){
            SalaryInfo sInfo=empService.getSalary(employee.getId());
            model.addAttribute("msg", employee.getEmpname()+"您好");
            model.addAttribute("sInfo", sInfo);
        return "salaryinfo";
        }else{
            model.addAttribute("msg", "用户名或密码错误");
            return "index";
        }
    }
}
```

由上述代码可见，使用 Spring MVC 框架后，控制器不再需要编写相关接口代码，也不需要创建具体的 Service 类，从而使扩展性得到增强。关于框架的具体技术，将在后续章节中详细学习。

（5）视图（View）。

视图部分依然使用 JSP 组件实现，与 Servlet+JSP 组件开发方案中的完全一致。

5．两种方案比较

上文中使用两种方案实现了相同的导引案例，它们都包含了领域对象、数据访问层、服务层、控制器、视图五个部分。这两种方案的异同点如下：

（1）领域对象基本相同，都用来封装数据库信息。

（2）使用 MyBatis 框架进行数据访问层编程后，大大简化了代码，比 JDBC 编程更精简、便捷。

（3）使用 Spring 框架管理服务对象、数据访问对象后，提高了应用的扩展性。当有新的实现方案时，只需要修改装配关系即可，不需要修改源代码。

（4）使用 Spring MVC 框架后，控制器不再依赖 Servlet 组件 API，可以配置更多可变的信息，提升了应用的可维护性。

（5）视图部分依然可以使用 JSP 实现，也可以选择其他视图技术。

（6）上述实现步骤省略了配置文件部分，将在后续章节中给予介绍。

综上所述，相比直接使用 Servlet+JSP 组件，使用 Spring、Spring MVC 及 MyBatis 框架构建 Java EE 企业应用会使代码更简洁、开发效率更高，同时也能提升应用的可扩展性及可维护性等。

除此之外，框架在数据格式转换、校验、国际化等方面也进行了封装，大大便利了开发人员，从而使开发人员可以将更多精力投入业务的实现。

本书将详细介绍这三大框架的核心技术，展示其在企业应用开发中的使用。

第 2 部分

Spring 框架

Spring 框架是主流的 Java Web 开发框架，是一个轻量级的开源框架，具有很高的凝聚力和吸引力，在企业应用开发中被广泛使用。

Spring 框架由 Rod Johnson 创立，在 2004 年发布了 Spring 框架的 1.0 正式版，其目的是用于降低企业应用程序开发的难度和缩短开发周期。

Spring 框架不局限于服务器端的开发。从简单性、可测试性和松耦合的角度看，任何 Java 应用都可以从 Spring 框架中受益。Spring 框架还是一个超级黏合平台，除自己提供功能外，还具有黏合其他技术和框架的能力。

本部分详细介绍了 Spring 框架的多个知识点内容，主要包括依赖注入 DI、控制反转 IoC、面向切面编程 AOP、XML 配置实现、注解实现，以及 Spring 框架对 Web 层、数据访问层的支持等内容。并通过丰富的案例帮助读者加深理解。通过学习，读者可以更好地知道 Spring 框架是什么、有什么优点、怎么用等。

第 2 章
Spring 框架快速入门

2.1 Spring 框架概述

    Spring 框架的创始人是 Rod Johnson，他曾是一位 Java EE 技术专家，他在工作中发现 Java EE 系统组件的一些弊端会使系统过于臃肿，于是出版了 *Expert One-on-One™，J2EE Design and Development*（中文版译名为《J2EE 设计开发编程指南》）。他在该书中分析了 Java EE 业务组件 EJB（2.0 版本）的种种弊端，提出了基于实用主义的业务层框架，并将其开源后在互联网上发表，这就是后来的 Spring 框架。

    Spring 框架可以被看成一个标准的开发组件，是一个轻量级的非入侵式框架，使用 Spring 框架开发的业务对象不需要依赖 Spring 框架的 API。可以把 Spring 框架看成一个容器，它能够管理业务对象的生命周期，是可以整合各种企业应用的开源框架和优秀的第三方类库。

    读者可以在 Spring 官方网站下载完整的类库、源代码及文档，本书基于 Spring 4.2 版本组织学习内容。

2.2 Spring 框架的体系结构

    如图 2-1 所示，Spring 框架的模块被划分为五个层，每个层次解决不同的问题，下面对这五个层次进行简单的介绍。

1. Core Container 层

Core Container 层（核心容器层）包括 Beans 模块、Core 模块、Context 模块、SpEL 模块。Beans 模块和 Core 模块是 Spring 框架的基础部分，提供 IoC（控制反转）和 DI（依赖注入）功能，将在后续章节中详细介绍。

Context 模块构建在 Beans 模块和 Core 模块的基础上，提供类似于 JNDI 注册器的框架式对象访问方法；同时，Context 模块也支持 Java EE 的一些特性，例如 EJB、JMX 和基础的远程处理等。ApplicationContext 接口是 Context 模块的核心接口。

SpEL 模块提供一种强大的表达式语言，用于在运行时查询和操纵对象。

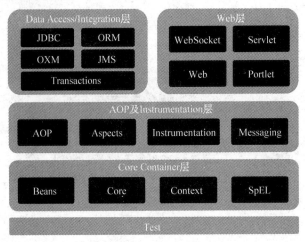

图 2-1　Spring 框架模块结构

2. AOP 及 Instrumentation 层

AOP 及 Instrumentation 层包括 AOP 模块、Aspects 模块、Instrumentation 模块、Messaging 模块。

AOP（面向切面编程）模块提供一个符合 AOP 联盟标准的面向切面编程的实现，是 Spring 框架除 IoC 外的另一个核心技术，将在后续章节中详细介绍。

Aspects 模块提供对 AspectJ 的集成支持。

Instrumentation 模块提供 Class Instrumentation 支持及 Classloader 实现，可以在特定的应用服务器上使用框架。

Messaging 模块为集成消息 API 和消息协议提供支持。

3. Web 层

Web 层包括 WebSocket 模块、Servlet 模块、Web 模块、Portlet 模块。

WebSocket 模块提供浏览器与服务端建立通信方式的支持。

Servlet 模块包含 Spring 的 MVC 实现，本书将详细介绍 Spring MVC 的使用。

Web 模块提供基础的面向 Web 的集成特性，例如多文件上传、使用 Servlet 监听器初始化 IoC 容器及面向 Web 的应用上下文等，还包含 Spring 远程支持中的 Web 相关的功能。

Portlet 模块提供用于 Portlet 环境和 WebServlet 模块的 MVC 的实现。

4. Data Access/Integration 层（数据访问/集成层）

Data Access/Integration 层（数据访问/集成层）包括 JDBC 模块、ORM 模块、OXM 模块、JMS 模块、Transactions 模块。

JDBC 模块提供 JDBC 抽象层，简化访问数据库的方式。

ORM 模块为流行的 ORM 框架（例如 JPA、JDO、Hibernate、MyBatis 等）提供交互层，可以便捷地集成各种数据访问层框架，本书将着重介绍 MyBatis 框架。

OXM 模块提供一个 Object/XML 映射实现的抽象层。

JMS（Java Messaging Service）模块主要包含制造和消费消息的特性。

Transaction（事务）模块支持编程和声明性的事务处理。

5．Test 层

Test 层（测试层）支持在 JUnit 和 TestNG 下对 Spring 组件进行单元测试与集成测试。

2.3　核心概念——IoC

IoC（Inversion of Control）称为控制反转，是 Spring 框架的核心基础，可以说 Spring 框架的一切功能都是基于 IoC 而来的，将在后续章节中详细介绍，本节简单介绍概念。

在解释什么是 IoC 之前，先从一个例子开始。任何一个应用都是若干个对象互相协作完成的。创建一个对象后，总是需要对这个对象所依赖的属性进行初始化。代码如下所示：

```
public class A{
    private B b;
    public void setB(B b){ this.b=b;}
}

public class B{
    private C c;
    public void setC(C c){ this.c=c;}
}

public class C{
}
```

上述代码中共有三个类，分别是 A 类、B 类和 C 类。其中，A 类实例总是依赖一个 B 类实例，而 B 类实例总是依赖一个 C 类实例。因此，想正常使用 A 类实例，需要如下所示的创建装配的过程：

```
C c=new C();
B b=new B();
b.setC(c);
A a=new A();
a.setB(b);
```

上述代码中通过创建 C 类实例，把 C 类实例注入给 B 类实例，再将 B 类实例注入给 A 类实例，最终构建出一个可用的 A 类实例。在实际应用中，类似这样的代码随处可见，A 类实例越复杂，则对其装配的过程越复杂。如果装配关系有所变化，则需要修改源代码。

如果使用 Spring 框架构建应用，则对实例之间的装配关系不再需要自行编写代码控制，可以交给 IoC 容器来实现，容器通过解析 XML 配置文件或者注解即可正确装配，这就是所谓的"控制反转"，即控制权由应用代码中转到了外部容器，控制权的转移就是反转。

从另外的角度出发，IoC 也被称为 DI（Dependency Injection，依赖注入）。依赖注入非常直观地描述了这一特征，即应用程序依赖 IoC 容器注入需要的实例等资源。可以说，IoC 和 DI 是本质相同的概念，区别是角度不同，IoC 从容器的角度出发，而 DI 从应用程序的角度出发。

2.4　核心概念——AOP

在企业应用中，很多模块可能需要实现相同的功能，如多个模块都需要日志功能、权限校验功能、事务处理功能等，这些相同的功能就被称为"切面"。

AOP（Aspect Oriented Program，面向切面编程）能够将通用的功能与业务模块分离，是 OOP（Object Oriented Program，面向对象编程）的延续和补充。AOP 并不是 Spring 框架提出的技术，早在 1997 年就由 Gregor Kiczales 领导的研究小组提出。目前，已有上百种项目宣称能支持 AOP，Spring 框架是众多支持 AOP 项目中的一个。例如，在一个应用中有用户管理、订单管理、支付等功能模块，每个模块都需要记录日志，那么就可以把日志看作一个切面单独进行开发，然后使用 Spring 框架的 AOP 支持编程，能降减少码冗余，提高工作效率。同时，如果日志功能需要改变，不需要修改其他功能模块的源代码，只要单独更新日志相关代码即可，大大提高了程序的可扩展性。

如图 2-2 所示，单独开发日志功能后，可以使用 AOP 编程将日志功能"织入"各个功能模块中，"织入"的过程不需要修改功能模块的源代码，只通过 XML 配置文件或注解即可完成。除了上一节提到的 IoC，AOP 是 Spring 框架的另一个核心技术，在后续章节中将详细展开介绍。

图 2-2　使用 AOP 编程

第 3 章
Spring 核心组件

3.1 BeanFactory 与 ApplicationContext

上一章提到，IoC 是 Spring 框架的核心技术，也是框架所有功能的基础。Spring 框架实现了 IoC 容器，能够根据配置文件或注解为应用程序生成对象，并管理这些对象的生命周期，这些对象被称为 bean。容器生成 bean 后，应用程序需要能够访问这些 bean 进而实现应用功能。

Spring IoC 容器的代表是 API 中的 BeanFactory 接口。IoC 容器装配成功的 bean 都可以通过 BeanFactory 获得，进而在应用中使用。BeanFactory 中提供的 getBean 方法可以获得 bean 对象，如 Object getBean（String name）方法，其中参数 name 为配置文件中 bean 的 id 值，返回值是 IoC 容器装配成功的 bean 对象。

BeanFactroy 采用延迟加载形式注入 bean，即只有在使用某个 bean（调用 getBean()方法）时，才对该 bean 进行加载实例化。BeanFactory 有很多子接口，在 Java EE 应用中，建议使用其子接口 ApplicationContext 来替代 BeanFactory，因为 ApplicationContext 扩展了 BeanFactory，不仅能实现 BeanFactory 所有功能，还扩展了一些企业应用中的特性。ApplicationContext 是接口，不能直接创建对象，可以使用其实现类创建对象，如 ClassPathXmlApplicationContext、FileSystemXmlApplicationContext 等。Application Context 与 BeanFactory 相反，它会在容器启动时，一次性创建所有的 bean，即在容器启动时，就可以发现 Spring 框架中存在的配置错误。

例如，在 ApplicationContext.xml 中配置了 bean 后（在后续章节中介绍如何配置），通过如下代码使用 bean：

```java
public static void main(String[] args) {
    ApplicationContext ctxt
            = new ClassPathXmlApplicationContext("applicationContext.xml");
    BasicDataSource dataSource = (BasicDataSource) txt.getBean("dataSource");
    Connection conn=null;
    for(int i=0;i<15;i++){
        try {
            conn=dataSource.getConnection();
            System.out.println("connection "+i+" : "+conn.hashCode());
        } catch (SQLException e) {
            e.printStackTrace();
        }
```

```
    }
}
```

在上述代码中，首先创建了 ClassPathXmlApplicationContext 对象，该对象依据配置文件 ApplicationContext.xml 获得 IoC 容器的信息。

使用 ClassPathXmlApplicationContext 中的 getBean 方法获得 id 为 dataSource 的 bean 对象。接下来就可以通过获得的 bean 对象来获得连接，使用数据库连接池。可见，使用 IoC 容器装配对象后，在源代码中不需要再进行烦琐的编程，可以便捷地使用 ApplicationContext 中定义的 getBean 方法获得 bean 进行使用，对象完全交给容器管理。

在了解了如何使用容器管理的 bean 后，下一节将学习如何定义 bean 的基本配置信息，以便 IoC 容器能够根据配置信息生成应用程序需要的 bean。

3.2　Spring bean 的基本配置

Spring 框架的 IoC 容器所管理的对象称为 bean，bean 的元数据（基础信息）可以在 XML 中进行配置。除 XML 外，还有其他方式可以定义 bean 的元数据，包括使用 Java 属性文件、自定义编程等，目前 XML 配置 bean 还是最常用的方式。

习惯上，bean 的 XML 配置文件名字为 ApplicationContext.xml，也可以任意命名为其他名字。配置文件中至少配置一个<bean></bean>，但是往往会有多个<bean>，都配置在<beans>下，配置文件模板如下所示：

```xml
<?xml version="1.0" encoding="UTF-8"?>
<beans xmlns="http://www.springframework.org/schema/beans"
    xmlns:xsi="http://www.w3.org/2001/XMLSchema-instance" xmlns:aop="http://www.springframework.org/schema/aop"
    xsi:schemaLocation="http://www.springframework.org/schema/beans
        http://www.springframework.org/schema/beans/spring-beans-4.0.xsd
        http://www.springframework.org/schema/aop
        http://www.springframework.org/schema/aop/spring-aop-4.0.xsd">


    <bean id=" " class=" ">
    </bean>
</beans>
```

在上述配置文件模板中，可在<beans></beans>标签中配置多个<bean></bean>，配置 bean 时，必须指定的是 id 和 class 属性，其中 id 是该 bean 的唯一标记，上一节学习到的 ApplicationContext 可以使用 getBean 方法通过 id 值获取具体的 bean 对象进行使用。class 属性定义该 bean 的类型，既可以是具体类，也可以是接口。每个 bean 基本都有不同的属性，需要为属性赋值，为属性赋值的具体方式有多种，将在第 4 章中详细介绍，此处演示最简单的赋值方法，代码如下所示：

```xml
<bean id="dataSource" class="org.apache.commons.dbcp.BasicDataSource">
    <property name="driverClassName">
        <value>com.mysql.jdbc.Driver</value>
    </property>
```

```
            <property name="url">
                    <value>jdbc:mysql://localhost:3306/test</value>
            </property>
            <property name="username">
                    <value>root</value>
    </property>
    <property name="password">
            <value>1234</value>
    </property>
    <property name="maxActive">
            <value>10</value>
    </property>
    <property name="initialSize">
            <value>2</value>
            </property>
</bean>
```

在上述配置文件中，在<bean></bean>中使用<property></property>标签对 id 为 dataSource 的 bean 的属性进行了赋值，也可以说进行了注入。上述配置文件相当于描述了下面 Java 代码的功能：

```
BasicDataSource dataSource = new BasicDataSource();
dataSource.setDriverClassName("com.mysql.jdbc.Driver");
dataSource.setUrl("jdbc:mysql://localhost:3306/test");
dataSource.setUsername("root");
dataSource.setPassword("1234");
dataSource.setMaxActive(10);
dataSource.setInitialSize(2);
```

使用 Spring 框架后，就不再需要烦琐的 Java 编程来装配对象，只要直接从容器中获取使用即可，代码如下所示：

```
public static void main(String[] args) {
    ApplicationContext ctxt
        = new ClassPathXmlApplicationContext("applicationContext.xml");
    BasicDataSource dataSource = (BasicDataSource) txt.getBean("dataSource");
}
```

上述代码使用 Spring 框架的 IoC 容器来生成 bean，并使用 getBean 方法获取对象。试想一下，如果 dataSource 对象的属性有变化，使用 IoC 容器只需要修改 XML 文件即可，dataSource 对象就可以使用新的属性。否则，就需要修改每处创建 dataSource 对象的源代码，才能保证修改成功。可见，使用 Spring 框架的 IoC 容器生成并管理 bean 对象，能提高应用程序的可扩展性及代码复用性。

3.3　bean 的作用域

使用 XML 配置 bean 的元数据，<bean></bean>节点描述了一个实例的基本特征，包括其类型、属性值等，如同一个实例的模板，根据这个模板，IoC 容器就可以为应用程序创建出具体的 bean 实例。

　　<bean>节点可以通过 scope 属性定义 bean 的作用域，scope 的属性值有四个，如表 3-1 所示。

表 3-1　scope 属性值

属性值	含义
singleton	永远使用一个唯一的 bean 对象，是 scope 的默认值
prototype	每次使用都构建一个新的 bean 对象
request	每次 HTTP 请求构建一个 bean 实例（在 Web 环境中生效）
session	在一个 HTTP Session 中，永远使用一个唯一的 bean 实例（在 Web 环境中生效）

　　使用导引案例中的 SalaryInfo 类说明不同的作用域。在 ApplicationContext.xml 中配置两个 bean，代码如下所示：

```
<bean id="sInfo1" class="com.chinasofti.salary.vo.SalaryInfo">
    <property name="id">
        <value>1</value>
    </property>
    <property name="basicSalary">
        <value>5000</value>
    </property>
    <property name="meritPay">
        <value>2000</value>
    </property>
    <property name="basis">
        <value>5000</value>
    </property>
</bean>

<bean id="sInfo2" class="com.chinasofti.salary.vo.SalaryInfo" scope="prototype">
    <property name="id">
        <value>1</value>
    </property>
    <property name="basicSalary">
        <value>5000</value>
    </property>
    <property name="meritPay">
        <value>2000</value>
    </property>
    <property name="basis">
        <value>5000</value>
    </property>
</bean>
```

　　在上述配置文件中，配置了两个 bean，id 为 sInfo1 的 bean 没有使用 scope 属性，则默认为 singleton，id 为 sInfo2 的 bean 使用 scope 属性，赋值为 prototype。使用如下代码测试：

```
public static void main(String[] args) {
    ApplicationContext ctxt=new ClassPathXmlApplicationContext("scope.xml");
```

```
SalaryInfo s1=(SalaryInfo) ctxt.getBean("sInfo1");
SalaryInfo s2=(SalaryInfo) ctxt.getBean("sInfo1");
SalaryInfo s3=(SalaryInfo) ctxt.getBean("sInfo2");
SalaryInfo s4=(SalaryInfo) ctxt.getBean("sInfo2");

System.out.println("s1==s2: "+(s1==s2));
System.out.println("s3==s4: "+(s3==s4));
}
```

在上述代码中，分别获得两个 sInfo1 实例，使用双等号判断引用是否相等。如果相等，则表示是同一个实例；如果不相等，则表示是两个实例。运行结果如下所示：

```
s1==s2: true
s3==s4: false
```

可见，两个 id 为 sInfo1 的 bean 实例是同一个实例，因为默认是 singleton 作用域，所以表示单例，永远返回同一个实例。而 sInfo2 的两个实例是不同的实例，因为 scope 是 prototype，表示每次都返回一个新的实例。

除了默认的 singleton 和 prototype，还有 request 和 session 两个属性，需要在 Web 环境中测试使用，request 表示在一个请求中使用同一个实例，session 表示在一个会话中使用同一个实例。如果除了 Spring 框架预定义的四个作用域，还需要其他作用域，则可以通过实现 org.springframework.beans.factory.config.Scope 自定义作用域类。

3.4 实例化 bean 的方法

通过上一节的示例可见，使用 IoC 容器管理 bean，主要包括实例化 bean 及装配 bean 两个方面。在装配 bean 之前，需要能够实例化 bean。只要在 XML 中定义好 bean 的元数据，调用 ApplicationContext 的 getBean 方法就可以使用装配好的实例。在使用实例之前，该实例肯定已经被实例化。本节学习如何在 XML 文件中指定 IoC 容器实例化 bean 对象的不同方法。

上述内容以 SalaryInfo 类为例，展示不同的实例化方法。值得注意的是，在实际应用中，SalaryInfo 这样的实体类往往不会使用 IoC 容器进行管理，而 DAO 类、Service 服务类等会使用 IoC 容器进行管理。IoC 容器通常有以下三种实例化 bean 的方法。

1. 通过无参构造方法实例化

在配置文件中，如果只使用 id 和 class 属性配置 bean，则默认调用类的无参构造方法实例化。如下配置将调用 SalaryInfo 类的无参构造方法创建实例。代码如下所示：

```
<bean id="sInfo" class="com.chinasofti.salary.vo.SalaryInfo" scope="prototype">
</bean>
```

2. 通过静态工厂方法实例化

有些类中提供了静态的工厂方法返回实例，假设 SalaryInfo 类中有如下静态工厂方法：

```
public static SalaryInfo createSalaryInfo(){
    System.out.println("invoke createSalaryInfo()");
```

```
        return new SalaryInfo();
    }
```

在配置文件中可以使用 factory-method 属性调用该静态工厂方法并创建实例。当使用 sInfo3 时，则调用 SalaryInfo 类中的 createSalaryInfo 方法返回实例。代码如下所示：

```
<bean id="sInfo3" class="com.chinasofti.salary.vo.SalaryInfo"
                 factory-method="createSalaryInfo">
</bean>
```

3. 通过非静态工厂方法实例化

有些类中可能使用非静态工厂方法返回实例，假设存在一个类 SalaryInfoFactory，其中提供了非静态的工厂方法以返回实例，代码如下所示：

```
public class SalaryInfoFactory {
    public SalaryInfo createSalaryInfo(){
        System.out.println("invoke SalaryInfoFactory createSalaryInfo()");
        return new SalaryInfo();
}}
```

在上述工厂类中，定义了非静态的工厂方法 createSalaryInfo，返回实例 SalaryInfo，接下来可以在 XML 中配置使用。

```
<bean id="factorybean" class="com.chinasofti.test.SalaryInfoFactory" >
</bean>

<bean id="sInfo4"   factory-bean="factorybean" factory-method="createSalaryInfo">
</bean>
```

在上述配置文件中，首先实例化了工厂类 SalaryInfoFactory 的实例 factorybean，然后配置 id 为 sInfo4 的 bean 时，通过 factory-bean 指定使用该工厂 bean，并通过 factory-method 指定使用工厂方法 createSalaryInfo 实例化 SalaryInfo 的实例。

当应用程序规模较大时，往往需要配置很多 bean，那么可以根据逻辑相关配置到不同的 XML 文件中。例如本章示例中，使用到两个 XML，分别是 ApplicationContext.xml 和 Scope.xml 文件，可以通过字符串数组传递参数，生成一个上下文对象，代码如下所示：

```
ApplicationContext context = new ClassPathXmlApplicationContext(new String[]{"scope.xml",
"applicationContext. xml"});
```

如上代码所示，context 对象可以获取两个 XML 文件中配置的 bean。除此之外，也可以把多个 XML 文件引入一个 XML 文件中，代码如下所示：

```
<import resource="applicaitonContext.xml"/>
<bean id="sInfo1" class="com.chinasofti.salary.vo.SalaryInfo">
…
```

在上述配置文件中，引入了 ApplicationContext.xml，等同于形成一个 XML 文件，值得注意的是，<import>必须在所有<bean>定义之前使用。

3.5 第一个 Spring 框架实例

本节将通过一个 Spring 框架实例，进一步介绍 Spring 框架的作用。其中涉及部分没有提到的知识点，将在后续章节中继续深入学习。

1. 创建 Java 工程，引入 Spring 框架的核心包

Spring 框架可以在任何类型的工程中使用，使用 Eclipse 开发平台创建 Java 工程，右键单击工程名称，选择"属性"→"build path"→"libraries"→"Add External Jars"菜单命令，添加 Spring 框架的核心 jar 包（从官网下载 Spring 框架相关资源），Spring 框架的 jar 包很多，目前用到的功能很少，所以只引入核心 jar 包即可，如图 3-1 所示。

图 3-1　引入 Spring 框架的核心 jar 包

2. 创建案例中使用的 Java 类

案例模拟操作系统可以自由选择不同的 USB 设备进行数据存储，先定义抽象类 USBStorage，描述 USB 设备的基本特征，代码如下所示：

```java
public abstract class USBStorage {

    private String volumeLabel;

    public String getVolumeLabel() {
        return volumeLabel;
    }
    public void setVolumeLabel(String volumeLabel) {
        this.volumeLabel = volumeLabel;
    }
    public abstract void writeData();

}
```

在上述抽象类 USBStorage 中定义了抽象方法 writeData，需要在子类中实现。假设有 U 盘及移动硬盘两种 USB 设备，则定义两个子类，代码如下所示：

```
public class UDisk extends USBStorage {
    public void writeData() {
        System.out.println("向U盘中写入数据……");
    }
}

public class PortableHD extends USBStorage {
    public void writeData() {
        System.out.println("向移动硬盘中写入数据……");
    }
}
```

在上述代码中定义了两个子类，分别描述 U 盘及移动硬盘，各自实现了不同的写数据方法。

接下来定义操作系统类，操作系统会识别不同的移动设备，进行写数据操作，代码如下所示：

```
public class OperationSystem {
    USBStorage storage;
    public USBStorage getStorage() {
        return storage;
    }
    public void setStorage(USBStorage storage) {
        this.storage = storage;
    }

    public void saveFile() {
        System.out.println(storage.getVolumeLabel());
        storage.writeData();
    }
}
```

在上述代码中，OperationSystem 类关联了抽象类 USBStorage，可以根据需要，动态为 USBStorage 赋值为 UDisk 或 PortableHD。

3. 在 XML 文件中定义 bean

OperationSystem 实例总要使用一个 USBStorage 才能进行写文件操作，需要使用 Spring 框架的 IoC 容器来实例化并装配 OperationSystem 类型的 bean，在 src 目录下创建并编写 firstdemo.xml 文件，代码如下所示：

```
<bean id="udisk" class="com.chinasofti.firstdemo.UDisk">
    <property name="volumeLabel" value="Jerry的U盘" />
</bean>
```

```
<bean id="portableHD" class="com.chinasofti.firstdemo.PortableHD">
    <property name="volumeLabel" value="Jerry的移动硬盘" />
</bean>

<bean id="os" class="com.chinasofti.firstdemo.OperationSystem">
    <property name="storage" ref="udisk"></property>
</bean>
```

在上述配置文件中，定义了 UDisk 类型的 bean，id 为 udisk；定义了 PortableHD 类型的 bean，id 为 protableHD；定义了类型为 OperationSystem 的 bean，该 bean 需要一个属性 storage，storage 在类中定义的类型是抽象类型 USBStorage，所以该抽象类的任意子类类型都可以赋值给 storage。在上述配置文件中把 udisk 赋值给 storage，也就是目前使用 U 盘作为移动存储设备。

4. 测试使用

定义 Computer 类，模拟进行存文件操作，代码如下所示：

```
public class Computer {
    public static void main(String[] args) {
        ApplicationContext ctx = new ClassPathXmlApplicationContext("firstdemo.xml");
        OperationSystem os = (OperationSystem) ctx.getBean("os");
        os.saveFile();
    }
}
```

在上述代码中，使用 id 为 os 的 bean，调用 saveFile 方法。由于 os 的 storage 使用了 udisk，所以将使用 UDisk 类的方法存文件，运行结果如下所示：

```
Jerry的U盘
向U盘中写入数据……
```

5. 修改装配关系，再次测试

假设目前需要使用移动硬盘进行存储，那么只修改 firstdemo.xml 中对 os 的配置即可，代码如下所示：

```
<bean id="udisk" class="com.chinasofti.firstdemo.UDisk">
    <property name="volumeLabel" value="Jerry的U盘" />
</bean>

<bean id="portableHD" class="com.chinasofti.firstdemo.PortableHD">
    <property name="volumeLabel" value="Jerry的移动硬盘" />
</bean>

<bean id="os" class="com.chinasofti.firstdemo.OperationSystem">
    <property name="storage" ref="portableHD"></property>
</bean>
```

在上述配置文件中，修改了 os 的装配关系，将移动硬盘 ProtableHD 实例赋值给 storage 属性。再次运行 Computer 类，运行结果如下所示：

Jerry的移动硬盘
向移动硬盘中写入数据……

　　假设需要增加一种新的移动存储类，只要创建新类，继承抽象父类 USBStorage，实现抽象方法，然后在 XML 中配置 bean，赋值给 OperationSystem 的 storage 属性即可。对已有的源代码不需要做任何修改，就可以使用新的存储设备类。可见，使用 Spring 框架进行编程，把重要的实例都交给 IoC 容器生成并管理，能够提高应用的可扩展性。

第 **4** 章

Spring 框架的 IoC 容器实现

4.1 依赖注入方式

Spring 框架的 IoC 容器实现的核心功能是实例化 bean 并为 bean 的属性进行赋值,同时对 bean 的生命周期等进行管理,也就是为 bean 注入其需要的资源。

在前面章节的示例代码中,没有深入学习注入方式,本节将详细学习 Spring 框架的依赖注入方式。

依赖注入方式分为手动装配及自动装配两大类:手动装配需要明确指明每个属性的值;自动装配可以选择不同的策略,交代给 IoC 容器自动为 bean 寻找合适的属性值进行装配。自动装配虽然听起来非常便捷,但是存在一定的局限性,在自动查找的过程中,如果存在有歧义的属性,则会发生错误,对此将在后续章节中详细介绍。

如下所示的 XML 配置为手动装配方式:

```xml
<bean id="dao" class="com.chinasofti.salary.dao.EmployeeDAOJDBCImpl">
</bean>

<bean id="service" class="com.chinasofti.salary.service.EmployeeServiceImpl">
    <property name="dao">
        <ref bean="dao"/>
    </property>
</bean>
```

在上述 XML 文件中,使用手动装配方式配置 service,指定了属性 dao 的值是前面配置好的 id 为 dao 的 bean。

对于同样的 service,可以使用如下方式自动装配:

```xml
<bean id="dao" class="com.chinasofti.salary.dao.EmployeeDAOJDBCImpl">
</bean>

<bean id="service" class="com.chinasofti.salary.service.EmployeeServiceImpl" autowire="byName">
</bean>
```

在上述 XML 文件中,使用 autowire="byName"声明 service 使用通过名字自动装配的方式,自动将 id 为 dao 的 bean 装配给 service。自动装配需要 IoC 容器自行查找匹配的值进行装配,因此当 bean 较多时，容易出现混淆的情况。下面详细介绍各种装配方式。

4.1.1　手动装配

在一个 Java 类中，有两种方法可以为一个实例的属性进行赋值，即 setter 方法和构造方法。Spring 框架的 IoC 容器也通过调用这两种方法为 bean 的属性赋值。下面使用 SalaryInfo 类说明两种方法的基本使用，代码如下所示：

```java
public class SalaryInfo {

    private int id;
    private double basicSalary;
    private double meritPay;
    private double basis;

    public SalaryInfo() {
        super();
    }

    public SalaryInfo(double basicSalary, double meritPay, double basis) {
        super();
        this.basicSalary = basicSalary;
        this.meritPay = meritPay;
        this.basis = basis;
    }

    public SalaryInfo(int id, double basicSalary, double meritPay, double basis) {
        super();
        this.id = id;
        this.basicSalary = basicSalary;
        this.meritPay = meritPay;
        this.basis = basis;
    }

    public int getId() {
        return id;
    }

    public void setId(int id) {
        this.id = id;
    }

    public double getBasicSalary() {
        return basicSalary;
    }
    public void setBasicSalary(double basicSalary) {
        this.basicSalary = basicSalary;
    }
```

```
    public double getMeritPay() {
        return meritPay;
    }
    public void setMeritPay(double meritPay) {
        this.meritPay = meritPay;
    }
    public double getBasis() {
        return basis;
    }
    public void setBasis(double basis) {
        this.basis = basis;
    }
}
```

在上述代码中，SalaryInfo 类定义了四个属性，均为基本数据类型及 String 类型，并定义了无参构造方法及 setter 方法。

（1）setter 方法注入。

setter 方法注入指的是调用类中的 setXXX 方法为属性赋值，其中 XXX 为属性名字。在 <bean></bean> 标签中，使用 <property></property> 进行装配时，IoC 容器则调用类的 setter 方法进行赋值。例如 <property name="basicSalary"> <value>10000</value></property>，将调用类中的 setBasicSalary 方法，将 10000 作为形式参数传入，进行赋值。代码如下所示：

```
<bean id="sInfo" class="com.chinasofti.salary.vo.SalaryInfo">
    <property name="id">
        <value>1</value>
    </property>
    <property name="basicSalary">
        <value>10000</value>
    </property>
    <property name="meritPay">
        <value>5000</value>
    </property>
    <property name="basis">
        <value>8000</value>
    </property>
</bean>
```

在上述配置中，对 SalaryInfo 类型的 bean，使用 <property></property> 进行装配，即调用对应的 setter 方法，将 value 值传入赋值，如果没有对应的 setter 方法，则发生错误。值得一提的是，此处演示的类属性类型均为基本数据类型或 String 类型，为其指定具体值时使用 <value></value> 即可。然而，在实际应用开发过程中，很多属性的类型往往不仅是基本数据类型和 String 类型，还可能是其他的引用类型、集合，甚至 null 等。当属性类型是其他类型时，就不再使用 <value></value>，而是使用其他标签进行装配，对此将在后续章节中介绍。

（2）构造方法注入。

构造方法注入指的是调用类中有参数的构造方法注入，例如 SalaryInfo 类中存在如下带参构造方法：

```
public SalaryInfo(int id, double basicSalary, double meritPay, double basis) {
        super();
        this.id = id;
        this.basicSalary = basicSalary;
        this.meritPay = meritPay;
        this.basis = basis;
}
```

使用<constructor-arg></constructor-arg>标签替代<property></property>进行装配，IoC 容器将调用构造方法进行注入。代码如下所示：

```
<bean id="sInfo2" class="com.chinasofti.salary.vo.SalaryInfo">
    <constructor-arg type="int">
        <value>1</value>
    </constructor-arg>
    <constructor-arg type="double">
        <value>10000</value>
    </constructor-arg>
    <constructor-arg type="double">
        <value>5000</value>
    </constructor-arg>
    <constructor-arg type="double">
        <value>8000</value>
    </constructor-arg>
</bean>
```

在上述 XML 文件中，使用<constructor-arg></constructor-arg>注入 bean，构造方法有多个参数，根据指定参数类型 type 的值，IoC 容器会调用匹配的构造方法进行赋值。在上述配置中，IoC 容器会调用构造方法 SalaryInfo（int，double，double，double）进行赋值。另外，也可以指定构造方法参数的索引值来进行注入，索引值从 0 开始，代码如下所示：

```
<bean id="sInfo3" class="com.chinasofti.salary.vo.SalaryInfo">
    <constructor-arg index="0">
        <value>1</value>
    </constructor-arg>
    <constructor-arg index="1">
        <value>8000</value>
    </constructor-arg>
    <constructor-arg index="2">
        <value>3000</value>
    </constructor-arg>
    <constructor-arg index="3">
        <value>8000</value>
    </constructor-arg>
</bean>
```

在上述 XML 文件中，使用索引值指定构造方法的参数顺序进行赋值。值得一提的是，由于一个类可能存在多个构造方法，所以使用构造方法赋值时可能存在歧义，不如 setter 方法明确，因此建议使用 setter 方法。

4.1.2　自动装配

自动装配（autowire）可以使 XML 文件更为精简。例如，导引案例中的 service 需要关联 dao，也就是使用 service 实例必须为其装配一个 dao 实例，dao 实现类代码如下所示：

```
public class EmployeeDAOJDBCImpl implements EmployeeDAO {
    @Override
    public Employee selectByNamePwd(String loginName, String empPwd) {
//省略其他代码……
```

service 实现类代码如下所示：

```
public class EmployeeServiceImpl implements EmployeeService {
    //关联dao对象
    private EmployeeDAO dao;
    //无参构造方法
    public EmployeeServiceImpl() {
        super();
    }
    //创建service对象时，为dao对象赋值
    public EmployeeServiceImpl(EmployeeDAO dao) {
        this.dao = dao;
    }
    //setter方法
    public void setDao(EmployeeDAO dao) {
        this.dao = dao;
    }
```

service 实现类关联 dao 对象，名字为 dao，类型为 EmployeeDAO。在使用 service 实例前，必须为其属性 dao 赋值。除使用上一节中的 \<property\> 及 \<constructor-arg\> 调用 setter 方法和构造方法进行手动装配外，还可以使用自动装配。自动装配有两种常用的方式，即通过类型的 byType 方式和通过名字的 byName 方式。

（1）byType 方式自动装配。

byType 方式自动装配指的是根据属性类型自动检测装配，代码如下所示：

```
<bean id="dao" class="com.chinasofti.salary.dao.EmployeeDAOJDBCImpl">
</bean>

<bean id="service" class="com.chinasofti.salary.service.EmployeeServiceImpl" autowire="byType">
</bean>
```

在上述 XML 文件中，使用 byType 方式自动装配 service，IoC 容器将查找 service 对应类 EmployeeServiceImpl 中的 setter 方法，找到 public void setDao（EmployeeDAO dao）方法，其参数类型是 EmployeeDAO，则接下来在 XML 中查找类型为 EmployeeDAO 的 bean，找到一个 id 为 dao 的 bean，类型是 EmployeeDAOJDBCImpl。由于 EmployeeDAOJDBCImpl 是 EmployeeDAO 的子类，所以 dao 是 EmployeeDAO 类型的 bean，IoC 容器就自动将 dao 注入

service 使用。如果 XML 中有多个类型是 EmployeeDAO 的 bean，则会报错。

（2）byName 方式自动装配。

byName 方式自动装配指的是根据属性名字自动检测装配，代码如下所示：

```
<bean id="dao" class="com.chinasofti.salary.dao.EmployeeDAOJDBCImpl">
</bean>

<bean id="service" class="com.chinasofti.salary.service.EmployeeServiceImpl" autowire="byName">
</bean>
```

在上述 XML 文件中，对 id 为 service 的 bean 声明了 autowire="byName"，IoC 容器将检测 EmployeeServiceImpl 中的 setter 方法，找到 public void setDao（EmployeeDAO dao）方法。因为方法名是 setDao，所以 IoC 容器认为属性名字是 dao，则到 XML 中查找名字是 dao 的 bean，找到后装配给 service，完成 byName 方式的自动装配。

4.2　不同类型的属性装配

在上面章节中，指定具体属性值的时候，使用的示例代码中的属性类型都是基本数据类型或 String 类型。在实际应用中，属性类型可以多种多样，可以归纳为基本数据类型和 String 类型、其他的 bean 类型、集合类型、null。本节学习每种类型的不同配置方法。

（1）基本数据类型和 String 类型。

基本数据类型和 String 类型在上面章节中已经多次使用，使用<value></value>直接赋值即可，不再赘述。

（2）其他 bean 类型。

如果 bean 的属性不是基本数据类型或 String 类型，而是其他的 bean，则不能使用<value></value>配置，而采用另外两种配置方式，分别为外部 bean 和内部 bean。依然以上述的 EmployeeDAO 及 EmployeeService 为例，使用手动装配方式来装配 service。service 需要一个 EmployeeDAO 类型的属性，在 XML 中已经定义了一个类型为 EmployeeDAO 的 bean，所以可以把这个 bean 注入 service。代码如下所示：

```
<bean id="dao" class="com.chinasofti.salary.dao.EmployeeDAOJDBCImpl">
</bean>

<bean id="service" class="com.chinasofti.salary.service.EmployeeServiceImpl">
    <property name="dao">
        <ref bean="dao"/>
    </property>
</bean>
```

在上述 XML 中，使用<ref bean="dao"/>为 service 注入属性，使用到已经定义好的 id 为 dao 的 bean，这样的 bean 称为外部 bean。注入外部 bean 还有一个等价的方式，代码如下所示：

```
<bean id="dao" class="com.chinasofti.salary.dao.EmployeeDAOJDBCImpl">
</bean>
```

```
<bean id="service" class="com.chinasofti.salary.service.EmployeeServiceImpl">
    <property name="dao" ref="dao"></property>
</bean>
```

上述两种方式完全等价，都是将一个已经定义好的 bean 注入另一个 bean 中，这种外部 bean 可以被注入多个 bean 中。如果某个 bean 不会被多个 bean 使用，则可以声明为内部 bean，代码如下所示：

```
<bean id="service" class="com.chinasofti.salary.service.EmployeeServiceImpl">
    <property name="dao">
        <bean class="com.chinasofti.salary.dao.EmployeeDAOJDBCImpl">
        </bean>
    </property>
</bean>
```

在上述 XML 中，使用内部 bean 注入 service 的属性 dao，比起外部 bean，内部 bean 只能在当前的 bean 中使用，不能被其他 bean 引用。

（3）集合类型。

在实际应用中，类和类之间可能是一对多的关联关系，那么就需要使用集合类型来持有"多"的一方的对象。例如，存在 Order 类和 Item 类，Order 类中关联多个 Item 实例，因此使用 List 集合来实现这样的一对多关联关系，代码如下所示：

```
public class Order {
    private String id;
    private Customer customer;
    private List<Item> items;
//省略其他代码……
```

当类的属性是集合类型时，也可以使用 IoC 容器进行注入。常用的集合类型有四种，即 List、Set、Map 及 Properties，本节将分别介绍这四种集合类型的配置方式。

① <list>。

如果属性是 List 或数组类型，IoC 容器将使用<list>元素进行配置。<list>元素中的子元素可以根据该 List 或数组对象中存储的元素类型进行选择，可以是<value>、<ref>、<null>、<list>等。代码如下所示：

```
<bean id="item1" class="com.chinasofti.cart.Item">
    <property name="itemid">
        <value>1</value>
    </property>
    <property name="name">
        <null/>
    </property>
    <property name="price">
        <value>34.5</value>
    </property>
</bean>
```

```
<bean id="item2" class="com.chinasofti.cart.Item">
    <property name="itemid">
        <value>2</value>
    </property>
    <property name="name">
        <value>DVD</value>
    </property>
    <property name="price">
        <value>23</value>
    </property>
</bean>

<bean id="cart" class="com.chinasofti.cart.Order">
    <property name="id">
        <value>1</value>
    </property>
    <property name="customer">
        <ref bean="customer"/>
    </property>
    <property name="items">
        <list>
            <ref bean="item1"/>
            <ref bean="item2"/>
        </list>
    </property>
</bean>
```

在上述配置中，首先创建了两个 Item 类的 bean，分别为 item1 和 item2。在 cart 的配置中，使用<list>元素将 item1 和 item2 添加到集合 items 中，赋值给属性 items。

② <set>。

当集合采用 Set 类型的集合类时，则采用<set>元素进行装配，用法与<list>相同。

③ <map>。

当集合采用 Map 类型的映射类时，则采用<map>元素进行装配。代码及语法结构如下所示：

```
<bean>
    <property name="">
        <map>
            <entry>
                <key>
                    <value></value>
                </key>
                <ref/>
            </entry>
        </map>
    </property>
```

```
</bean>
```

<map>元素下可以有多对条目元素，每个条目配置 Map 的一对键值对。其中<key>用来配置当前条目的键值，<key>元素内可以使用<value>、<ref>、<list>和<set>等各种类型元素，在上述示例中使用<value>。键值对中的值也可以是<value>、<ref>、<list>和<set>等任何类型元素，在上述示例中使用<ref>。

④ <props>。

如果集合采用 Properties 类型，则采用<props>进行配置。<props>元素的基本结构如下所示：

```
<bean>
    <property name="">
        <props>
            <prop key=""></prop>
            <prop key=""></prop>
        </props>
    </property>
</bean>
```

<props>的每个条目都只接受字符串类型的值，不能使用其他类型。

（4）null。

如果需要为某个属性指定 null 值，则可以使用如下配置：

```
<property name="name">
  <null></null>
</property>
```

或者使用如下配置：

```
<property name="name">
  <null/>
</property>
```

值得注意的是，如果使用下面的配置，则不是空值而是空字符串：

```
<property name="name">
  <value></value>
</property>
```

4.3　定制 bean 的生命周期

使用 Spring 框架的 IoC 容器管理 bean，本质上也是调用类的构造方法创建对象，区别在于不再需要开发人员编写代码，一切交给 IoC 容器管理。代码如下所示：

```
public class InitAndDestroy {
    private String value;

    public InitAndDestroy() {
        super();
```

```
        System.out.println("调用构造方法InitAndDestroy()");
    }
//省略其他代码……
```

在上述代码的 InitAndDestroy 类中，定义了属性和构造方法，构造方法中使用打印输出语句以便后续查看，在 Spring 框架的 XML 中配置如下 bean：

```
<bean id="initAndDestroy" class="com.chinasofti.test.InitAndDestroy"></bean>
```

在测试代码中获得该 bean，代码如下所示：

```
ClassPathXmlApplicationContext ctxt = new ClassPathXmlApplicationContext("applicationContext.xml");
InitAndDestroy initAndDestroy = (InitAndDestroy)ctxt.getBean("initAndDestroy");
```

输出如下结果：

```
调用构造方法InitAndDestroy()
```

可见，IoC 容器调用了构造方法实例化 bean。当上下文对象关闭后，该上下文中的所有 bean 对象将被视为垃圾等待回收。如果需要对 bean 的生命周期进行定制，则有三种常用的实现方法。

（1）在类中定义初始化方法及销毁方法。

为了能够自定义 bean 的初始化及销毁操作，可以在类中定义相关的方法，代码如下所示：

```
public class InitAndDestroy {
    private String value;

    public InitAndDestroy() {
        super();
        System.out.println("调用构造方法InitAndDestroy()");
    }

    public void init(){
        System.out.println("初始化方法");
    }
    public void destroy(){
        System.out.println("销毁方法");
    }

    //省略部分代码……
}
```

在上述代码的 InitAndDestroy 类中，增加了 init 和 destroy 方法，分别为初始化方法及销毁方法，对方法名可以自行定义，多数程序员习惯使用 init 表示初始化，使用 destroy 表示销毁。在 XML 中进行配置，代码如下所示：

```
<bean id="initAndDestroy2" class="com.chinasofti.test.InitAndDestroy" init-method="init" destroy-method="destroy"></bean>
```

在上述 XML 文件中，使用 init-method 定义了初始化方法为 init，使用 destroy-method 定义了销毁方法为 destroy，使用 initAndDestroy2 时，将先调用构造方法实例化，再调用 init 方法初始化，上下文对象关闭后，则调用 destroy 方法，使用如下测试代码：

```
InitAndDestroy initAndDestroy2 = (InitAndDestroy)ctxt.getBean("initAndDestroy2");
ctxt.close();
```

运行结果如下所示：

```
调用构造方法InitAndDestroy()
初始化方法
销毁方法
```

可见，如果需要在 bean 的生命周期中，加入自定义的初始化或销毁操作，则可以使用 init-method 和 destroy-method 指定对应的初始化及销毁方法。

（2）实现 API 中的接口。

除自定义初始化及销毁方法外，还可以通过实现 API 中的 InitializingBean 和 DisposableBean 接口来实现初始化及销毁。代码如下所示：

```
public class InitAndDestroy2 implements InitializingBean, DisposableBean {

    @Override
    public void destroy() throws Exception {
        System.out.println("调用destroy() ");
    }

    @Override
    public void afterPropertiesSet() throws Exception {
        System.out.println("调用afterPropertiesSet()");
    }
}
```

上述类 InitAndDestroy2 实现了接口 InitializingBean 及 DisposableBean，覆盖了其中的方法，afterPropertiesSet()为初始化方法，destroy()为销毁方法。使用如下代码测试：

```
InitAndDestroy2 initAndDestroy3=(InitAndDestroy2)ctxt.getBean("initAndDestroy3");
ctxt.close();
```

运行结果如下所示：

```
调用afterPropertiesSet()
调用destroy()
```

可见，通过实现接口后，不再需要配置 init-method 及 destroy-method，IoC 容器就可以调用类中重写的初始化及销毁方法。

（3）定义通用的初始化及销毁方法。

在一个项目组中，往往可以提前规范好初始化及销毁方法，然后配置给当前应用下的所有 bean 使用。代码如下所示：

```
<beans xmlns="http://www.springframework.org/schema/beans"
    xmlns:xsi=http://www.w3.org/2001/XMLSchema-instance
    xmlns:aop="http://www.springframework.org/schema/aop"
    xmlns:p=http://www.springframework.org/schema/p
    xmlns:context="http://www.springframework.org/schema/context"
    xsi:schemaLocation="http://www.springframework.org/schema/beans
    http://www.springframework.org/schema/beans/spring-beans-4.0.xsd
    http://www.springframework.org/schema/context
    http://www.springframework.org/schema/context/spring-context-4.3.xsd
    http://www.springframework.org/schema/aop
    http://www.springframework.org/schema/aop/spring-aop-4.0.xsd"
    default-init-method="initialize"
    default-destroy-method="dispose"
>
```

在上述 XML 中，在<beans>标签中指定了默认的初始化及销毁方法，那么不再需要在每个 bean 中指定初始化及销毁方法，只要在类中定义了 initialize 及 destroy 方法即可，IoC 容器将自动调用并进行初始化及销毁。

4.4　BeanFactoryAware 及 BeanNameAware

前面章节使用的 bean，都对容器毫无"知觉"，即 bean 不知道自己在哪个上下文中被创建，也不知道自己的名字等信息。如果 bean 需要获取对其 BeanFactory 的引用，可以使用 API 中定义的 BeanFactoryAware 接口。代码如下所示：

```
public class GetBeanFactory implements BeanFactoryAware{
    BeanFactory factory;

    @Override
    public void setBeanFactory(BeanFactory arg0) throws BeansException {
        this.factory=arg0;
    }

    public void showValue(){
        SalaryInfo bean=(SalaryInfo) factory.getBean("sInfo3");
        System.out.println(bean);
    }
}
```

在上述代码中，类 GetBeanFactory 实现了接口 BeanFactoryAware，并重写了接口中的 setBeanFactory 方法，该方法是 Spring 框架的回调方法，IoC 容器会自动调用，把当前 bean 所在的 BeanFactory 引用赋值给参数 factory。因此，在类 GetBeanFactory 中的是 showValue 方法，可以使用 factory 引用获取其他 bean。试想一下，在没有使用这个接口以前，这样的功能是无法实现的，因为 bean 无法知道自己所在的 BeanFactory。使用如下代码测试：

```
GetBeanFactory getBeanFactory = (GetBeanFactory)ctxt.getBean("getBeanFactory");
```

```
getBeanFactory.showValue();
```

在上述代码中获取 GetBeanFactory 类型的 bean, 调用其 showValue 方法, 即在执行 getBeanFactory 的方法时, 确实使用了 SalaryInfo 类型的 bean。运行结果如下所示:

```
SalaryInfo [basicSalary=8000.0, metritPay=3000.0, basis=8000.0]
```

与 BeanFactoryAware 类似, API 中还定义了一个接口 BeanNameAware, 用来获取 IoC 容器中定义的 bean 的 id。如果需要在类中使用到 bean 的 id 值, 就可以实现该接口, 代码如下所示:

```
public class GetBeanName implements BeanNameAware {
    private String id;

    @Override
    public void setBeanName(String arg0) {
        id=arg0;
    }

    public void showId(){
        System.out.println("id: "+id);
    }
}
```

在上述代码中, 类 GetBeanName 实现了接口 BeanNameAware, 重写了接口中的方法 setBeanName, 该方法是回调方法, IoC 容器会自动调用, 把 bean 的 id 值赋值给类的属性, 因此在 showId 方法中就可以直接使用 id 值。

4.5 Spring 方法注入

实际应用中, bean 之间总是存在一定的引用关系。如果一个 singleton bean 要引用另外一个 singleton bean, 或者一个非 singleton bean 要引用另外一个非 singleton bean, 则通常将一个 bean 定义为另一个 bean 的 property 值。然而, 对于具有不同 scope 的 bean 来说, 这样做就会有问题。例如, 调用一个 singleton 类型的 bean A 的某个方法时, 需要引用另一个非 singleton (prototype) 类型的 bean B, 对于 bean A 来说, 容器只会创建一个实例, 这样就没法在需要时每次让容器为 bean A 提供一个新的 bean B。

上一节中的 BeanFactoryAware 接口可以解决这个问题。但是, 由于实现了 API 中的接口, 所以破坏了 IoC 原则, 与 Spring 框架的耦合性增高。Spring 框架提供了方法注入的方式来解决不同 scope 的 bean 之间引用问题。代码如下所示:

```
public abstract class Command {
    public abstract void execute();
}

public class AddCommand extends Command {
    @Override
```

```
    public void execute() {
        System.out.println("执行Add操作……");
    }
}

public class DeleteCommand extends Command {
    @Override
    public void execute() {
        System.out.println("执行Delete操作……");
    }
}

public abstract class CommandManager {
    public abstract Command getCommand();
}
```

在上述代码中，定义了抽象父类 Command，两个子类 AddCommand 和 DeleteCommand 分别继承该抽象类，并重写了执行方法 execute。CommandManager 类是抽象类，定义 getCommand 方法返回一个具体的 Command 对象。在 XML 中定义 bean，其中 AddCommand 和 DeleteCommand 的 scope 是 prototype，CommandManager 的 scope 是 singleton，即属于不同的 scope。CommandManager 可以使用方法注入来查找使用定义好的 AddCommand 和 DeleteCommand，代码如下所示：

```xml
<bean id="addCommand" class="com.chinasofti.test.AddCommand"
scope="prototype"></bean>

<bean id="deleteCommand" class="com.chinasofti.test.DeleteCommand"
scope="prototype"></bean>

<bean id="command1" class="com.chinasofti.test.CommandManager">
    <lookup-method name="getCommand" bean="addCommand"/>
</bean>

<bean id="command2" class="com.chinasofti.test.CommandManager">
    <lookup-method name="getCommand" bean="deleteCommand"/>
</bean>
```

在上述 XML 配置文件中，定义的两个 scope 是 prototype 的 bean，分别是 AddCommand 和 DeleteCommand，定义了两个 CommandManager 类型的 bean，CommandManager 类中的 getCommand 方法需要返回一个 Command 类型的 bean，可以使用 lookup-method 来配置，指定方法名及 bean 的 id 值，则该 bean 作为方法的返回值使用。使用如下代码测试：

```java
CommandManager command1 = (CommandManager)ctxt.getBean("command1");
command1.getCommand().execute();
CommandManager command2 = (CommandManager)ctxt.getBean("command2");
command2.getCommand().execute();
```

在上述代码中，获得 IoC 容器中的两个 CommandManager 类型的 bean，进而调用 bean

的 getCommand 方法返回具体的 Command 对象，执行其 execute 方法，即 CommandManager 成功注入了具体的 Command 对象。运行结果如下所示：

执行Add操作……
执行Delete操作……

以上示例演示了 Spring 框架的方法注入方式，其中 lookup-method 必须满足一定规范，代码如下所示：

```
<public|protected> [abstract] <return-type> theMethodName(无参);
```

4.6　BeanPostProcessor 及 BeanFactoryPostProcessor 扩展点

Spring 框架提供了很多可扩展点，本节学习比较常用的 BeanPostProcessor 及 BeanFactory PostProcessor 扩展点。所谓扩展点，可以理解为自定义一些功能注册到 Spring 框架，框架的功能就得到扩展。

（1）BeanPostProcessor 扩展点。

如果需要扩展容器对 bean 实例化前后的操作，可以使用 BeanPostProcessor 扩展点。定义类实现 BeanPostProcessor 接口，重写接口中的方法，代码如下所示：

```java
public class MyBeanPostProcessor implements BeanPostProcessor {

    @Override
    public Object postProcessAfterInitialization(Object arg0, String arg1) throws BeansException {
        System.out.println("MyBeanPostProcessor->postProcessAfterInitialization");
        return arg0;
    }

    @Override
    public Object postProcessBeforeInitialization(Object arg0, String arg1) throws BeansException {
        System.out.println("MyBeanPostProcessor->postProcessBeforeInitialization");
        return arg0;
    }
}
```

在上述代码中，定义了类 MyBeanPostProcessor，该类实现扩展点接口 BeanPostProcessor，覆盖了其中的两个方法：① 方法 postProcessAfterInitialization 会在初始化之后调用；② postProcessBeforeInitialization 会在初始化之前调用。接下来，要把这个扩展点类注册到容器，只需要在 XML 中定义：

```xml
<bean class="com.chinasofti.test.MyBeanPostProcessor"></bean>
```

不要指定 bean 的 id 值，因为不会在程序中获取，容器会自动调用其方法。使用如下代码测试：

```
ClassPathXmlApplicationContext ctxt
```

```
= new ClassPathXmlApplicationContext("applicationContext2.xml");
InitAndDestroy2 bean=(InitAndDestroy2)ctxt.getBean("initAndDestroy");
```

上述代码中的 initAndDestroy 是 IoC 容器管理的 bean，因为扩展了 BeanPostProcessor，所以该 bean 也将使用到扩展的功能，运行结果如下所示：

```
调用构造方法InitAndDestroy2()
MyBeanPostProcessor->postProcessBeforeInitialization
调用初始化方法afterPropertiesSet()
MyBeanPostProcessor->postProcessAfterInitialization
```

在初始化前及初始化后，都调用了 MyBeanPostProcessor 类中的方法。当前上下文中的所有 bean 都将使用到 MyBeanPostProcessor 类的扩展点。

（2）BeanFactoryPostProcessor 扩展点。

BeanFactoryPostProcessor 是 另 一 个 扩 展 点 ， 与 BeanPostProcessor 的 区 别 在 于 BeanFactoryPostProcessor 能够访问 bean 的元数据，即配置信息，并能对其进行修改。 BeanFactoryPostProcessor 扩展点的功能会在所有 bean 实例化之前调用。定义类实现接口 BeanFactoryPostProcessor 即可，代码如下所示：

```
public class MyBeanFactoryPostProcessor implements BeanFactoryPostProcessor {
    @Override
    public void postProcessBeanFactory(ConfigurableListableBeanFactory beanFactory) throws
BeansException {
        BeanDefinition bd=beanFactory.getBeanDefinition("sInfo");
        MutablePropertyValues mp=bd.getPropertyValues();
        if(mp.contains("basis")){
            mp.addPropertyValue("basis", 3000);
        }
    }
}
```

类 MyBeanFactoryPostProcessor 实现了接口 BeanFactoryPostProcessor，重写接口中的方法 postProcessBeanFactory，方法中获取 sInfo，查找 bean 名字为 basis 的属性，将其值赋值为 3000。在 XML 中进行如下配置：

```
<bean class="com.chinasofti.test.MyBeanFactoryPostProcessor"></bean>

<bean id="sInfo" class="com.chinasofti.salary.vo.SalaryInfo">
    <property name="id">
        <value>1</value>
    </property>
    <property name="basicSalary">
        <value>10000</value>
    </property>
    <property name="meritPay">
        <value>5000</value>
    </property>
    <property name="basis">
```

```
            <value>8000</value>
        </property>
</bean>
```

在上述配置文件中，先注册了自定义的扩展类 MyBeanFactoryPostProcessor，然后定义了 id 为 sInfo 的 bean，其中 basis 属性为 8000。使用如下代码测试：

```
ClassPathXmlApplicationContext ctxt = new ClassPathXmlApplicationContext("applicationContext3.xml");
SalaryInfo sInfo=(SalaryInfo)ctxt.getBean("sInfo");
System.out.println(sInfo);
```

可见，sInfo 的 basis 配置为 8000，但是打印输出的 basis 属性为 3000，说明自定义的扩展类 MyBeanFactoryPostProcessor 已经生效，将 id 为 sInfo 的 bean 的 basis 属性值修改为 3000。运行结果如下所示：

```
SalaryInfo [basicSalary=10000.0, metritPay=5000.0, basis=3000.0]
```

4.7 ApplicationContext 事件

Spring 框架的 ApplicationContext 基于 Observer 模式提供了针对 bean 的事件传播功能。通过 ApplicationContext 的 publishEvent 方法，可以将事件通知系统内所有的 ApplicationListener 监听器。框架中定义了五种内置事件，如表 4-1 所示。

表 4-1　五种内置事件

事件	说明
ContextRefreshedEvent	当 ApplicationContext 初始化或刷新时发送的事件。这里的初始化意味着：所有的 bean 被装载，singleton 被预实例化，ApplicationContext 已就绪可用
ContextClosedEvent	当使用 ApplicationContext 的 close()方法结束上下文时发送的事件。这里的结束意味着：singleton bean 被销毁
RequestHandledEvent	一个与 Web 相关的事件，告诉所有的 bean 一个 HTTP 请求已经被响应了（也就是在一个请求结束后会发送该事件）。注意，只有在 Spring 中使用了 DispatcherServlet 的 Web 应用才能使用
ContextStartedEvent	当容器调用 ConfigurableApplicationContext 的 Start()方法启动/重新启动容器时触发该事件
ContextStopedEvent	当容器调用 ConfigurableApplicationContext 的 Stop()方法停止容器时触发该事件

除内置事件外，可以根据需要通过继承 ApplicationContextEvent 类自定义事件类型，代码如下所示：

```
public class WARNMsgEvent extends ApplicationContextEvent {

    private String targetAddress;
    private String content;

    public WARNMsgEvent(ApplicationContext source, String targetAddress, String content) {
        super(source);
        this.targetAddress = targetAddress;
        this.content = content;
```

```
    }

    public WARNMsgEvent(ApplicationContext source) {
        super(source);
    }

//省略其他setters和getters
```

在上述代码中，类 WARNMsgEvent 继承了事件类 ApplicationContextEvent，成为一个自定义的事件类型。有了事件后，需要有对应的事件监听器进行处理，可以通过实现接口 ApplicationListener<E>定义监听器，注意该接口是泛型接口，E 为具体要监听的事件类型，此处监听上面定义的 WARNMsgEvent 事件，代码如下所示：

```
public class WARNMsgListener implements ApplicationListener<WARNMsgEvent> {
    @Override
    public void onApplicationEvent(WARNMsgEvent event) {
        System.out.println("发生了报警事件，报警消息发送的目标是："
                            + event.getTargetAddress()
                            + ",报警消息的内容是:"
                            + event.getContent());
    }
}
```

如上所示，类 WARNMsgListener 实现了 ApplicationListener<WARNMsgEvent>，成为处理自定义事件类 WARNMsgEvent 的监听器，重写接口中的方法 onApplicationEvent，实现事件处理逻辑，此处为打印输出。监听器需要在 XML 中进行配置，代码如下所示：

```
<bean class="com.chinasofti.test.WARNMsgListener"></bean>
```

使用如下代码测试：

```
ApplicationContext ctx
    = new ClassPathXmlApplicationContext("applicationContext4.xml");
WARNMsgEvent event = new WARNMsgEvent(ctx, "管理员A的地址", "温度异常");
ctx.publishEvent(event);
```

在上述代码中，使用 ApplicationContext 中的 publishEvent 方法发布事件 event，event 是自定义的 WARNMsgEvent 时间，因为注册了监听器 WARNMsgListener，所以容器将把事件推送给 WARNMsgListener，调用其事件处理方法进行处理，运行结果如下所示：

发生了报警事件，报警消息发送的目标是：管理员A的地址，报警消息的内容是：温度异常

可见，发布事件后，容器自动将事件对象推送给对应的监听器进行处理。

第 **5** 章

使用注解装配 bean

5.1 利用注解进行 bean 的自动扫描管理

从 Spring 2.5 版本以后，就可以使用注解对 bean 进行注入，即不再在 XML 中描述 bean 的属性等，都改用注解在类的源代码中进行配置。同时，框架提供了自动扫描机制，可以在指定的路径下寻找标注了特定注解的类，并把这些类纳入 Spring 容器中管理，这种配置方法和在 XML 文件中使用 bean 节点配置组件本质相同。

要使用自动扫描管理，需要在 XML 中加入命名空间及 schema 说明，代码如下所示（粗体部分）：

```
<beans xmlns="http://www.springframework.org/schema/beans"
    xmlns:xsi="http://www.w3.org/2001/XMLSchema-instance"
    xmlns:aop="http://www.springframework.org/schema/aop"
    xmlns:p="http://www.springframework.org/schema/p"
    xmlns:context="http://www.springframework.org/schema/context"
    xsi:schemaLocation="http://www.springframework.org/schema/beans
    http://www.springframework.org/schema/beans/spring-beans-4.0.xsd
    http://www.springframework.org/schema/context
    http://www.springframework.org/schema/context/spring-context-4.3.xsd
    http://www.springframework.org/schema/aop
    http://www.springframework.org/schema/aop/spring-aop-4.0.xsd">
    <context:component-scan base-package="com.chinasofti.test.annotation">
    </context:component-scan>
</beans>
```

在上述配置中，Spring 框架将自动扫描 com.chinasofti.test.annotation 包下的类，将为有特定注解的类生成 bean，交由容器管理，与之前使用 XML 配置完全一样。例如，该包有如下类：

```
@Service("annoBean")
public class AnnotationBean {
}
```

该类使用到注解@Service，指定其名字为 annoBean，则容器将为其生成 id 为 annoBean 进行管理，与在 XML 中进行配置一样。代码如下所示：

```
ApplicationContext ctx
```

```
= new ClassPathXmlApplicationContext("annotationContext.xml");
AnnotationBean bean = (AnnotationBean)ctx.getBean("annoBean");
System.out.println(bean);
```

可见，注解注入的 bean 与 XML 注入的 bean 的使用方式完全相同。下节将详细介绍 Spring 框架中的常用注解。

5.2 组件注解

设置了自动扫描的包后，Spring 框架并非把所有的 Java 类都纳入核心容器中管理，只在类通过组件注解声明后才会被纳入核心容器中管理。目前，对类进行的注解有以下几种。

@Service：用于标注业务层组件。

@Controller：用于标注 Web 控制层组件，使用 Spring MVC 框架时会使用。

@Repository：用于标注数据访问组件，即 DAO 组件。

@Component：泛指组件，当组件不好归类时，可以使用这个注解进行标注。

在当前的 Spring 版本中，以上四种组件注解只是从逻辑上进行了语义分类，容器并不会对其区别对待。也就是说，即使将一个业务层组件注解为@Repository，也不会出错，但可读性变差。另外，也可能在后续版本中会有区别，所以建议使用时遵守其语义规范。除了上述四种注解，还有其他相关注解可以使用。

（1）@Service、@Controller、@Repository、@Component。

这四种注解都在类的级别使用，只有一个 value 属性，定义容器生成 bean 的 id 值。例如：

```
@Service("annoBean")
public class AnnotationBean {

}
```

在上述代码中，在类的级别使用注解@Service，其他三个注解用法类似。指定名字为 annoBean，相当于在 XML 中的如下配置：

```
<bean id="annoBean" class="com.chinasofti.test.annotation.AnnotationBean">
</bean>
```

（2）@Scope。

@Scope 注解在类的级别使用，指定 bean 的作用域，默认是 singleton，即单例。代码如下所示：

```
@Component("annoBean1")
@Scope("prototype")
public class AnnotationBean1 {
//省略其他代码……
```

在上述代码中，使用@Scope 指定 bean 的作用域是 prototype，相当于在 XML 中的如下配置：

```
<bean id="annoBean1" class="com.chinasofti.test.annotation.AnnotationBean1"
  scope="prototype">
```

```
</bean>
```

（3）@Value。

如果属性值是基本数据类型或 String 类型，可以使用@Value 注解，该注解在属性级别使用。代码如下所示：

```
@Component("annoBean1")
@Scope("prototype")
public class AnnotationBean1 {
    @Value("25")
    private int age;
    @Value("Jerry")
    private String name;
    //省略其他代码……
```

（4）@Autowired、@Qualifier。

如果属性值依赖其他 bean 进行注入，可以使用@Autowired 注解进行注入，该注解在属性级别使用，代码如下所示：

```
@Component("annoBean2")
@Scope("prototype")
public class AnnotationBean2 {

    @Autowired
    AnnotationBean bean;
    //省略其他代码……
```

在上述代码中，类 AnnotationBean2 的属性 bean 是 AnnotationBean 类型的，使用@Autowired 进行注解后，容器会默认使用 byType 方式去查找类型为 AnnotationBean 的 bean 进行注入。如果有多个 AnnotationBean 类型的 bean 存在，将产生歧义，这时可以使用@Qualifier 指定具体的名字，代码如下所示：

```
@Component("annoBean2")
@Scope("prototype")
public class AnnotationBean2 {
    @Autowired
    @Qualifier("annoBean")
    AnnotationBean bean;
    //省略其他代码……
```

（5）@Resource。

除了上述注解，Spring 还支持 J2EE 注解@Resource，@Resource 并不是 Spring 的注解，需要导入 javax. annotation.Resource。@Resource 的功能和@Autowired 的功能类似，都是进行依赖组件的装配配置，但是和@Autowired 相反，@Resource 默认的装配方式是 byName，可以通过配置指定按照 byType 方式装配。代码如下所示：

```
@Component("annoBean3")
@Scope("prototype")
```

```
public class AnnotationBean3 {

    @Resource
    AnnotationBean bean;

    public AnnotationBean getBean() {
        return bean;
    }
    public void setBean(AnnotationBean bean) {
        this.bean = bean;
    }
}
```

在上述代码中，使用@Resource 注解属性 bean，默认按照 byName 方式装配，即 IoC 容器将自动查找名字为 bean 的实例进行装配。如果需要，可以通过指定 type 属性，改为使用 byType方式自动装配，代码如下所示：

```
@Component("annoBean3")
@Scope("prototype")
public class AnnotationBean3 {

    @Resource(type=AnnotationBean.class)
    AnnotationBean bean;

    //省略其他代码……
```

（6）@PostConstruct、@PreDestroy。

在 XML 配置文件中，可以使用 init-method 和 destroy-method 方法配置初始化及销毁方法，同时也提供了注解定义初始化及销毁方法，代码如下所示：

```
@Component("annoBean4")
@Scope("prototype")
public class AnnotationBean4 {

    public AnnotationBean4(){
        System.out.println("调用构造方法：AnnotationBean4()");
    }

    @PostConstruct
    public void init(){
        System.out.println("初始化方法");
    }

    @PreDestroy
    public void destroy(){
        System.out.println("销毁方法");
    }
}
```

在上述代码中，使用@PostConstruct 注解了 init()方法为初始化方法，使用@PreDestroy 注解了 destroy()方法为销毁方法，与 XML 中的配置方式相同。

5.3　SpEL 表达式简介

SpEL 是 Spring 表达式语言的简称，SpEL 是一个支持运行时查询和操作对象的强大表达式语言。其语法类似于 EL，SpEL 使用#{…}作为定界符，所有在大括号中的字符都将被认为是 SpEL 表达式，为 bean 的属性进行动态赋值提供了便利。为了说明 SpEL 的主要用法，先准备两个基本类。类 Country 表示国家的一些基本信息，代码如下所示：

```
public class Country {
    //国际区域代码
    private String region;
    //国际语言代码
    private String language;
    //国际电话区号
    private String telcode;
}
```

类 Student 关联了 Country，代码如下所示：

```
public class Student {
    //学生姓名
    private String name;
    //学生母语
    private String motherLanguage;
    //学生所在国家
    private Country country;
}
```

在 XML 中配置三个 Country 类型的 bean，代码如下所示：

```
<bean id="china" class="com.chinasofti.test.spel.Country">
    <property name="region" value="CN"></property>
    <property name="language" value="zh-cn"></property>
    <property name="telcode" value="86"></property>
</bean>

<bean id="usa" class="com.chinasofti.test.spel.Country">
    <property name="region" value="US"></property>
    <property name="language" value="en-us"></property>
    <property name="telcode" value="1"></property>
</bean>

<bean id="uk" class="com.chinasofti.test.spel.Country">
    <property name="region" value="GB"></property>
    <property name="language" value="en-gb"></property>
```

```
    <property name="telcode" value="44"></property>
</bean>
```

在上述配置文件中，配置了三个 Country 类型的 bean，id 分别为 china、usa、uk，接下来使用 SpEL 配置 Student 类型的 bean。

（1）通过 bean 的 id 对 bean 进行引用。

如果一个 bean 的属性是另一个 bean，则可以使用 SpEL 直接进行引用，代码如下所示：

```
<bean id="stu1" class="com.chinasofti.test.spel.Student">
    <property name="name" value="#{'张然'}"></property>
    <property name="motherLanguage" value="中文"></property>
    <property name="country" value="#{china}"></property>
</bean>
```

在上述配置中，使用<property name="country" value="#{china}"></property>将 id 为 china 的 bean 注入属性 country。

（2）调用方法及引用对象中的属性。

使用 SpEL 可以方便地调用 bean 的方法，将方法返回值注入属性。也可以直接引用 bean 的属性进行注入，代码如下所示：

```
<bean id="stu2" class="com.chinasofti.test.spel.Student">
    <property name="name" value="#{'Helen'}"></property>
    <property name="motherLanguage" value="#{usa.getLanguage()}"></property>
    <property name="country" value="#{usa}"></property>
</bean>


<bean id="stu3" class="com.chinasofti.test.spel.Student">
    <property name="name" value="#{'John'}"></property>
    <property name="motherLanguage" value="#{uk.language}"></property>
    <property name="country" value="#{uk}"></property>
</bean>
```

在上述配置文件中，在为 stu2 的属性 motherLanguage 注入值时，使用了 usa 的方法 getLanguage 的返回值：<property name="motherLanguage" value="#{usa.getLanguage()}"></property>。在为 stu3 的属性 motherLanguage 注入值时，使用了 uk 的属性 language 的值：<property name="mother Language"value ="#{uk.language}"> </property>。

（3）计算表达式的值。

作为表达式语言，SpEL 可以支持各种运算，包括算术运算、比较运算、逻辑运算、选择运算等。

① 算术运算。

SpEL 支持 +、−、*、/、%、^ 运算（加、减、乘、除、取余、求幂运算）。代码如下所示：

```
<property name="adjustCount" value="#{item1.count+1}"></property>
```

在上述配置中，为属性 adjustCount 注入的值是 id 为 item1 的属性 count 值加 1 后的结果。

②比较运算。

SpEL 支持 <、>、==、!=、<=、>=（小于、大于、等于、不等于、小于或等于、大于或等于）比较运算。代码如下所示：

```
<property name="flag" value="#{item1.count ==0}"></property>
```

在上述配置中，为属性 flag 注入的值根据 item1 的属性 count 值来确定，如果 count 为 0，则 count==0 返回 true，flag 值为 true，否则为 false。

③逻辑运算。

SpEL 支持 and、or、not（与、或、取反）逻辑运算，代码如下所示：

```
<property name="status" value="#{item1.price>100 and item1.count<10}"></property>
```

在上述配置中，属性 status 的值取决于 item1 的 price 和 count 值，如果 price 大于 100 且 count 小于 10，则 status 为 true，否则为 false。

④选择运算。

SpEL 支持 ?: 运算符，类似于 if/else 运算逻辑，代码如下所示：

```
<property name="level" value="#{stu.score>90?'A':'B'"}"></property>
```

在上述配置中，为属性 level 注入的值根据 score 的值确定，如果 score 大于 90，则赋值为 A，否则赋值为 B。

（4）正则表达式的匹配。

为 bean 的属性注入值时，如果必须遵守一些规范，则可以使用 SpEL 进行正则表达式的匹配，代码如下所示：

```
<property name="validTel" value="#{stu.tel
matches '^((13[0-9])|(14[5|7])|(15([0-3]|[5-9]))|(18[0,5-9]))\\d{8}$'}"></property>
```

在上述配置中，验证 stu 的 tel 属性是否符合正则表达式规范，如果符合，则返回 true 注入 validTel，否则返回 false 进行注入。

（5）调用静态方法。

SpEL 可以通过 T()调用一个类的静态方法，在()中填写类的完整名称，将返回该类的一个实例，然后就可以调用相应的方法或属性，代码如下所示：

```
<property name="num" value="#{T(java.lang.Math).PI}"></property>
```

在上述配置中，使用 T(java.lang.Math)将返回 Math 类的一个实例，然后可以获取其属性 PI 的值赋值给 num。

第 6 章
Spring 框架 AOP 实现

6.1 AOP 实现原理

在第 2 章中已经简单地描述了 AOP（面向切面编程）的作用。AOP 能够将通用的功能与业务模块分离，是 OOP（面向对象编程）的延续和补充。下面用简单示例理解 AOP 的原理。

定义计算器接口 Calculator，代码如下所示：

```java
public interface Calculator {
    public abstract void add(double x,double y);
    public abstract void sub(double x,double y);
    public abstract void mul(double x,double y);
    public abstract void div(double x,double y);
}
```

接口中定义了加、减、乘、除四个方法，定义类实现该接口，代码如下所示：

```java
public class CalculatorImpl implements Calculator {

    @Override
    public void add(double x, double y) {
        System.out.println("日志：方法调用时间---" + new Date());
        System.out.println("add result = " + (x + y));
    }

    @Override
    public void sub(double x, double y) {
        System.out.println("日志：方法调用时间---" + new Date());
        System.out.println("sub result = " + (x - y));
    }

    @Override
    public void mul(double x, double y) {
        System.out.println("日志：方法调用时间---"+new Date());
        System.out.println("mul result="+(x*y));
    }
```

```
    @Override
    public void div(double x, double y) {
        System.out.println("日志: 方法调用时间---" + new Date());
        System.out.println("div result = " + (x / y));
    }
}
```

上述类 CalculatorImpl 实现了接口 Calculator, 重写了接口中的四个方法。每个方法中都先使用输出语句模拟了日志功能, 也就是要记录方法的调用时间。日志功能在每个方法中都使用, 则可以考虑单独定义日志类, 代码如下所示:

```
public class Logger {
    public static void log() {
        System.out.println("日志: 方法调用时间---" + new Date());
    }
}
```

在上述代码中, 使用类 Logger 中的方法 log 进行日志处理。那么接口的实现类就可以调用该方法进行日志处理, 代码如下所示:

```
public class CalculatorLogImpl implements Calculator {

    @Override
    public void add(double x, double y) {
        Logger.log();
        System.out.println("add result = " + (x + y));
    }

    @Override
    public void sub(double x, double y) {
        Logger.log();
        System.out.println("sub result = " + (x - y));
    }

    @Override
    public void mul(double x, double y) {
        Logger.log();
        System.out.println("mul result = " + (x * y));
    }

    @Override
    public void div(double x, double y) {
        Logger.log();
        System.out.println("div result = " + (x / y));
    }
}
```

虽然把日志功能独立编写到一个日志类中, 可以在多处重用, 但是业务类 CalculatorLogImpl

和日志类 Logger 之间依然存在耦合关系，如果业务类对日志的需求有变化（例如有的方法需要日志，有的方法不需要日志，有的方法需要执行前记录日志，有的方法需要执行后记录日志），则需要修改业务类的源代码。

接下来修改上述示例，演示 AOP 编程的基本步骤，不需要关注具体知识点，只初步了解实现的原理。

编写类 CalculatorAopImpl 实现接口 Calculator，方法中实现了计算器加、减、乘、除的功能，不再编写任何与日志相关的代码，代码如下所示：

```java
public class CalculatorAopImpl implements Calculator {

    @Override
    public void add(double x, double y) {
        System.out.println("add result = " + (x + y));
    }

    @Override
    public void sub(double x, double y) {
        System.out.println("sub result = " + (x - y));
    }

    @Override
    public void mul(double x, double y) {
        System.out.println("mul result = " + (x * y));
    }

    @Override
    public void div(double x, double y) {
        System.out.println("div result = " + (x / y));
    }

}
```

至此为止，计算器类和日志类还没有任何关系，如果需要带有日志功能的计算器，使用 Spring 框架进行配置即可，代码如下所示：

```xml
<bean id="cal" class="com.chinasofti.noaop.CalculatorAopImpl"></bean>

<bean id="logbefore"class="com.chinasofti.noaop.Logger"></bean>

<aop:config>
    <aop:aspect id="logaspect" ref="logbefore">
        <aop:pointcut id="logAllMethod"
            expression="execution(* com.chinasofti.noaop.Calculator.*(..))" />
        <aop:before method="log" pointcut-ref="logAllMethod" />
    </aop:aspect>
</aop:config>
```

在上述配置中，先配置了计算器实例 cal，然后配置了日志实例 logbefore，最后使用

<aop:config>将 logbefore 应用到 Calculator 接口的所有方法，使用<aop:before>指定日志方法将在 Calculator 中的每个方法调用前被调用。使用如下代码测试：

```
ApplicationContext ctx =
        new ClassPathXmlApplicationContext("applicationContext01.xml");
Calculator cal2 = ctx.getBean("cal", Calculator.class);
cal2.add(10, 11);
```

运行结果如下所示：

```
日志：add方法调用时间---Thu Dec 07 17:28:19 CST 2017
add result=21.0
```

可见，在真正调用计算器类中的 add 方法前，先调用了日志类方法。在示例代码中，计算器类和日志类一直没有任何交集，最后调用的 cal 实例是 Spring 框架根据 XML 中的配置信息生成的一个代理类的实例，这个代理类实现了接口 Calculator，在方法体中使用了计算器类及日志类中的功能，使用如下代码测试：

```
System.out.println(cal2.getClass().getName());
```

在上述代码中，输出 cal2 的类型，结果如下所示：

```
com.sun.proxy.$Proxy2
```

可见，类型的名字 com.sun.proxy.$Proxy2 并不是示例代码中定义的类型 Calculator，而是 API 中的代理类型。

Spring AOP 的基本实现原理是使用代理（Proxy）模式，利用 IoC 容器为业务类（例如示例中的 CalculatorLogImpl）生成代理类对象，生成的规则可以在 XML 中进行配置，后续也会学习使用注解方式。也就是说，Spring 框架能够使用 Logger 和 CalculatorLogImpl 类的基本信息，生成一个新的代理类，在这个代理类中拥有 CalculatorLogImpl 类中的所有方法，并能根据需要在这些方法中调用日志功能。这一切都不需要自行编写代码，也不用修改 CalculatorLogImpl 及 Logger 类，Spring 容器就可以代劳。这样一来，如果对日志功能的需求有变化，也不需要再去修改源代码，只要修改配置文件即可。

提到 Spring AOP，总要提及 AspectJ。AspectJ 是 Java 社区中最流行的 AOP 框架，它扩展了 Java 语言，定义了 AOP 语法，有一个专门的编译器用来生成遵守 Java 字节编码规范的 class 文件，采用的是静态代理的方式（在编译期生成代理类）实现 AOP 编程。可以说，AspectJ 与 Spring 框架毫无依赖关系，作为一个完全独立的 AOP 框架使用。Spring AOP 是 AOP 的一种实现方案，3.0 版本后依赖了 AspectJ 的部分功能，因此使用时要导入 AspectJ 的支持 jar 文件。

6.2 AOP 的核心术语

AOP 中有很多术语，要掌握 AOP，首先必须熟悉并理解这些术语。值得注意的是，这些术语并不是 Spring 框架所独有的术语，而是 AOP 中通用的术语。

（1）切面（Aspect）。

切面指一个关注点的模块化，如事务处理、日志管理，就是一个在 Java EE 企业应用中常见的切面。在企业应用编程中，先需要通过分析，抽取出通用的功能，即"切面"。在 Spring AOP 中，切面可以使用通用类或者在普通类中以@Aspect 标注（@AspectJ 风格）来实现。

（2）连接点（Joinpoint）。

连接点即程序执行过程中的特定的点。Spring 框架只支持方法作为连接点，如方法调用前、方法调用后、发生异常时等。

（3）通知（Advice）。

通知是切面的具体实现。通知将在切面的某个特定的连接点上执行动作，在 Spring 中执行的动作往往就是调用某类的具体方法。例如，在保存订单的功能模块中，进行日志管理（一个切面），具体是在保存订单的方法执行前（连接点）执行写日志（通知）的功能。其中，日志管理是很多功能模块中通用的功能，为一个切面；而具体是在保存订单前执行日志保存，那么在保存订单前这个点就是连接点；实现保存日志功能的类就是通知。

（4）切入点（Pointcut）。

切入点是所有连接点的集合，通知会在满足一个切入点表达式的所有连接点上运行。

（5）引入（Introduction）。

引入指在一个类中加入新的属性或方法。

（6）目标对象（Target Object）。

被一个或多个切面所通知（Advise）的对象称为目标对象。在目标对象的某些连接点上调用 Advice。

（7）AOP 代理（AOP Proxy）。

AOP 代理是 AOP 框架所生成的对象，该对象是目标对象的代理对象。代理对象能够在目标对象的基础上，在相应的连接点上调用通知。

（8）织入（Weaving）。

把切面连接到其他应用程序之上，创建一个被通知的对象的过程，被称为织入。Spring 框架是在运行时完成织入的。

以上八个术语是 AOP 中常用的术语，其中目标对象（Target Object）和通知（Advice）是两个在 AOP 编程中直接使用的概念，读者必须掌握。

6.3　使用 XML 配置装配 AOP

本节学习使用 XML 配置装配 AOP。首先，需要在<beans>根元素中导入 AOP 相关的命名空间，代码如下所示：

```
<beans xmlns="http://www.springframework.org/schema/beans"
    xmlns:xsi="http://www.w3.org/2001/XMLSchema-instance"
    xmlns:aop="http://www.springframework.org/schema/aop"
    xmlns:p="http://www.springframework.org/schema/p"
    xmlns:context="http://www.springframework.org/schema/context"
    xsi:schemaLocation="http://www.springframework.org/schema/beans
    http://www.springframework.org/schema/beans/spring-beans-4.3.xsd
```

http://www.springframework.org/schema/context
http://www.springframework.org/schema/context/spring-context-4.3.xsd
http://www.springframework.org/schema/aop
http://www.springframework.org/schema/aop/spring-aop-4.3.xsd">

在上述配置文件中，在<beans>根元素中使用 xmlns:aop 指定了 AOP 的命名空间，并在 xsi:schemaLocation 中指定了相关的 xsd 文件。如此一来，即可在 XML 中配置 AOP。

在 XML 中配置装配 AOP，主要使用<aop:config>标签，该标签放置在<beans></beans>中，可以有多个<aop:config>标签。<aop:config>标签下可以配置的子标签有<aop:pointcut>、<aop:advisor>、<aop:aspect>。如果这三个标签同时出现，则必须按照此顺序出现。其中，<aop:aspect>下又需要配置不同的通知类型，下一节学习 XML 配置的主要元素。

6.3.1　<aop:pointcut>

<aop:pointcut>用来配置切入点，一个<aop:config>下可以配置一到多个切入点，代码如下所示：

```
<aop:config>
    <aop:pointcut id="" expression=""/>
    <aop:pointcut id="" expression=""/>
</aop:config>
```

可见，配置切入点主要是指定 id 和表达式，id 可以自定义，不重复即可。expression 是表达式，用来描述切入的目标连接点，即哪些类型的哪些方法会作为切入点。切入点表达式的配置方法如表 6-1 所示。

表 6-1　切入点表达式的配置方法

方法	说明
execution	匹配方法执行的切入点，是最常使用的方法
within	限定匹配特定类型的切入点（在匹配的类型中定义的方法的执行）
this	限定实现特定接口的代理对象切入点
target	限定实现特定接口的目标对象（非代理对象）切入点
args	限定匹配特定的切入点，其中参数是指定类型的实例
@target	限定匹配特定的切入点，其中实际执行的对象本身已经有指定类型的注解
@args	限定匹配特定的切入点，其中实际传入参数运行时的类型有指定类型的注解
@within	限定匹配特定的切入点，其中切入点所在类型已指定注解
@annotation	限定匹配特定的切入点，其中切入点的主题有某种给定的注解

在编写切入点表达式时，主要使用三种通配符，如表 6-2 所示。

表 6-2　切入点表达式的通配符

通配符	使用说明
*	匹配任意数量的任意字符
..	匹配任何数量字符的重复，如在类型模式中匹配任何数量子包；而在方法参数模式中匹配任何数量参数
+	匹配指定类型的子类型，仅能作为后缀放在类型模式后面

通配符在配置切入点的表达式时非常关键，通配符使用示例如表 6-3 所示。

表 6-3　通配符使用示例

表达式	含义
com.chinasofti.Logger	匹配 com.chinasofti.Logger 类型
com.*.Logger	匹配 com 直接子包下的 Logger 类型，如 com.etc.Logger，但不匹配非直接子包，如 com.chinasofti.etc.Looer
com..*	匹配 com 包下任何直接子包、非直接子包中的任何类型
com.chinasofti.*er	匹配 com.chinasofti 包下所有以 er 结尾的类型
com.chinasofti.Logger+	匹配 com.chinasofti.Logger 类型的所有子类型

可见，配置切入点的重要部分就是表达式的编写，表达式可以匹配到某个类型（类或接口），也就是将类和接口中的所有方法作为切入点。也可以匹配到类或接口中的具体方法，也就是把类和接口中的方法有选择地作为切入点，通常，后者情况更多。表达式匹配某个类型的语法如下所示：

注解?类的全限定名字

问号表示可选项，也就是注解不是必须填写的。类型名称必须使用全限定名字，即完整的包名。表达式匹配方法的语法如下所示：

注解?修饰符? 返回值类型 方法所在类?方法名(参数列表) 异常列表?

可见，匹配方法时，注解、修饰符、方法所在类、异常列表都是可选项，而返回值类型、方法名、参数列表是必填项。在参数列表中，如果有多个参数，则使用逗号隔开。

1. Execution（方法表达式）

Spring AOP 切入点表达式使用最多的是"execution（方法表达式）"，下面列举常用的示例。

（1）execution(public * *(..))。

其中，public 是权限修饰符，第一个*表示任意返回值类型，第二个*表示任意方法名，(..)表示方法中可以有任意个参数，所以该表达式匹配任何公共方法。

（2）execution(* com.chinasofti.IPointcutService.*())。

第一个*表示任意返回值类型，com.chinasofti.表示 com.chinasofti 包及所有子包，IPointcutService.*表示 IPointcutService 中的任意方法，()表示无参方法，该表达式匹配 com.chinasofti 包及所有子包下 IPointcutService 接口的任何无参方法。

（3）execution (* com.chinasofti.*.*(..))。

第一个*表示任意返回值类型，com.chinasofti..表示 com.chinasofti 包及所有子包，第二个 *表示任意类名，第三个*表示任意方法名，(..)表示可以有任意个方法参数，所以该表达式匹配 com.chinasofti 包及所有子包下任何类的任何方法。

（4）execution (* com.chinasofti..IPointcutService.*(*))。

该表达式匹配 com.chinasofti 包及所有子包下 IPointcutService 接口的任何只有一个参数的方法。

（5）execution(* (! com.chinasofti.IPointcutService+).*(..))。

该表达式匹配非 com.chinasofti 包及所有子包下 IPointcutService 接口及子类型的任何方法。

（6）execution(* com.chinasofti.IPointcutService+.*())。

该表达式匹配 com.chinasofti 包及所有子包下 IPointcutService 接口及子类型的任何无参方法。

（7）execution(* com.chinasofti.IPointcut*.test*(java.util.Date))。

该表达式匹配 com.chinasofti 包及所有子包下 IPointcut 前缀类型的以 test 开头的只有一个参数类型为 java.util.Date 的方法。注意该匹配是优先根据方法签名的参数类型进行匹配的，而不是根据执行时传入的参数类型决定的。如定义方法 "public void test(Object obj);"，即使执行时传入 java.util.Date，也是不会匹配的。

（8）execution(*com.chinasofti.IPointcut*.test*(..) throws IllegalArgumentException, Array IndexOutOf BoundsException)。

因为 throws 用来描述方法需要抛出的异常，所以该表达式匹配 com.chinasofti 包及所有子包下以 IPointcut 为前缀的类或接口的任何方法，该方法需要抛出 IllegalArgumentException 和 ArrayIndexOutOfBoundsException 异常。

（9）execution (@java.lang.Deprecated * *(..))。

该表达式匹配任何使用了@java.lang.Deprecated 注解的方法。

（10）execution(@java.lang.Deprecated @com.chinasofti.Secure * *(..))。

该表达式匹配任何使用了@java.lang.Deprecated 和@com.chinasofti.Secure 注解的方法。

（11）execution(@(java.lang.Deprecated || com.chinasofti.Secure) * *(..))。

该表达式匹配任何使用了@java.lang.Deprecated 或@ com.chinasofti.Secure 注解的方法。

（12）execution((@com.chinasofti.Secure *) *(..))。

该表达式匹配任何返回值类型持有@com.chinasofti.Secure 的方法。

（13）execution(* (@com.chinasofti.Secure *).*(..))。

表达式匹配任何方法的类或接口持有注解@com.chinasofti.Secure 的方法。

2. Within（类型表达式）

within（类型表达式）可以用来匹配指定类型内的方法，within 表达式的参数可以使用通配符。

（1）within(com.chinasofti.*)。

within 是基于类型进行匹配的，该表达式匹配 com.chinasofti 包及任何子包中的任何类型的任何方法。

（2）within(com.chinasofti.IPointcutService+)。

该表达式匹配 com.chinasofti 包及任何子包中的 IPointcutService 类型及其子类型的任何方法。

（3）within(@com.chinasofti.Secure *)。

该表达式匹配任何使用了@com.chinasofti.Secure 注解的类型。注意：该注解必须在类的级别上使用，在接口上使用无效。

除了 execution 及 within，还有如表 6-1 所示的其他方法。在实际应用中，最常使用的是 execution 表达式。

6.3.2 <aop:aspect>

配置了<aop:pointcut>后，已经确定了系列的切入点，也就是确定了对哪些类的哪些方法进行增强。例如：

```
<aop:config>
        <aop:pointcut id="add"
                expression="execution(* com.chinasofti.xmlaop.Calculator.add(..))" />
        <aop:pointcut id="sub"
                expression="execution(* com.chinasofti.xmlaop.Calculator.sub(..))" />
</aop:config>
```

在<aop:config>下配置了两个<aop:pointcut>，使用 execution 表达式，其中 id 为 add 的 pointcut 定义 Calculator 类型的 add 方法为切入点，id 为 sub 的 pointcut 定义 Calculator 类型的 sub 方法为切入点。切入点的含义是当调用 add 方法及 sub 方法时，可以增强其功能。需要增强的功能都是通用的功能，被称为方面或切面（aspect），这些功能可以编写到一个简单的 Java 类中，代码如下所示：

```
public class Logger {
    public static void log() {
            System.out.println("方法被调用的时间---" + new Date());
    }
}
```

上述的 Logger 类就是一个普通的 Java 类，模拟定义了通用的日志功能。将这个类作为一个切面使用，需要使用 Spring 框架的 IoC 进行管理，并使用<aop:aspect>进行定义，代码如下所示：

```
<bean id="logger" class="com.chinasofti.xmlaop.Logger"></bean>

<aop:config>
    <aop:pointcut id="add"
            expression="execution(* com.chinasofti.xmlaop.Calculator.add(..))" />
    <aop:pointcut id="sub"
            expression="execution(* com.chinasofti.xmlaop.Calculator.sub(..))" />
    <aop:aspect id="logaspect" ref="logger"></aop:aspect>
</aop:config>
```

在上述 XML 文件中，首先定义了"日志切面 bean"logger，然后在<aop:config>中使用<aop:aspect>定义一个切面，id 为 logaspect，使用 ref 引用了"日志切面 bean"logger。也就是说，在该切面中可以使用 logger 中的方法。

至此为止，完成了下列三项工作：

①定义了两个切入点，可以对 add 方法和 sub 方法进行增强。

②定义了模拟日志功能的 bean，id 为 logger。

③定义了切面 logaspect，引用了 logger。

可见，切面 logaspect 已经关联到了 logger，但切面如何对切入点进行增强，还没有定义。把切面中的某个具体方法与一个具体的切入点关联起来，被称为"通知（Advice）"，需要在<aop:aspect>下进行配置，代码如下所示：

```xml
<bean id="cal" class="com.chinasofti.xmlaop.CalculatorAopImpl"></bean>

<bean id="logger" class="com.chinasofti.xmlaop.Logger"></bean>

<aop:config>
    <aop:pointcut id="testwithin"
            expression="within(com.chinasofti.xmlaop.CalculatorAopImpl)" />
    <aop:pointcut id="add"
            expression="execution(* com.chinasofti.xmlaop.Calculator.add(..))" />
    <aop:pointcut id="sub"
            expression="execution(* com.chinasofti.xmlaop.Calculator.sub(..))" />
    <aop:aspect id="logaspect" ref="logger">
        <aop:before method="log" pointcut-ref="add"/>
    </aop:aspect>
</aop:config>
```

在上述 XML 文件中，<aop:before>配置了一个前置通知，也就是说，该通知将在切入点匹配方法被调用前进行增强，使用到的是切面 logger 中的 log 方法。如果 logger 中存在多个方法，则可以选用不同的方法。上述配置将为 add 方法进行前置通知的增强，也就是在调用 add 方法前，将调用 logger 中的 log 方法。至此，已经可以使用 Spring 框架的 AOP 功能，使用如下代码测试：

```java
ApplicationContext ctx =
    new ClassPathXmlApplicationContext("applicationContext02.xml");
Calculator cal = (Calculator) ctx.getBean("cal");
cal.add(10, 11);
cal.sub(10, 11);
```

在上述代码中，调用了计算器的 add 方法和 sub 方法，输出结果如下所示：

```
方法被调用的时间---Wed Dec 13 10:52:55 CST 2017
add result=21.0
sub result=-1.0
```

可见，在调用 add 方法前调用了日志功能，而在调用 sub 方法前没有使用日志功能。这主要是因为配置了<aop:before method="log" pointcut-ref="add"/>这个"前置通知"，所以会在切入点 add 配置的方法调用前，调用 log 方法进行增强。除<aop:before>前置通知外，还有其他类型的通知，将在下一节详细介绍。

6.3.3　各类通知的 XML 配置

接口 Account 定义了银行账户的存款、取款及转账功能，代码如下所示：

```java
public interface Account {
    public double depoist(double amount);
    public double withdraw(double amount) throws BalanceException;
    public double transfer(Account t, double amount) throws BalanceException;
}
```

接口的存款转账方法，都声明抛出异常 BalanceException，异常类代码如下所示：

```java
public class BalanceException extends Exception {
    public BalanceException() {
        super();
    }

    public BalanceException(String message) {
        super(message);
    }
}
```

定义接口 Account 的实现类 AccountImpl，重写接口中的方法，代码如下所示：

```java
public class AccountImpl implements Account {
    private String id;
    private double balance;

    @Override
    public double depoist(double amount) {
        balance += amount;
        System.out.println("账号：" + id + "存入：" + amount + "余额：" + balance);
        return balance;

    }

    @Override
    public double withdraw(double amount) throws BalanceException {
        if (amount > balance) {
            throw new BalanceException("余额不足，不能取款");
        } else {
            balance -= amount;
            System.out.println("账号：" + id + "取款：" + amount + "余额：" + balance);
        }
        return balance;
    }
```

```java
@Override
public double transfer(Account t, double amount) throws BalanceException {
    if (amount > balance) {
        throw new BalanceException("余额不足，不能转账");
    } else {
        balance -= amount;
        System.out.println("账号<" + id + ">转账: " + amount + "余额为: " + balance);
    }
    return balance;
}
//省略构造方法、setters及getters
```

在上述代码中，重写了存款、取款及转账方法，当取款及转账超过余额时，抛出异常。创建通用功能类 DateLogger 并定义两个方法，分别记录方法开始被调用的时间及方法调用结束的时间，代码如下所示：

```java
public class DateLogger {
    public void start(){
        System.out.println("方法被调用的时间: "+new Date());
    }

    public void end(){
        System.out.println("方法调用结束的时间: "+new Date());
    }
}
```

在上述代码中，start 方法输出方法开始被调用的时间，end 方法输出方法调用结束的时间。在 XML 中配置目标对象、切面对象及切入点，代码如下所示：

```xml
<bean id="account01" class="com.chinasofti.xmlaop.AccountImpl">
    <property name="id" value="6225 8001 8763 0987"></property>
    <property name="balance" value="5000"></property>
</bean>

<bean id="account02" class="com.chinasofti.xmlaop.AccountImpl">
    <property name="id" value="6225 8001 2311 5678"></property>
    <property name="balance" value="9000"></property>
</bean>

<bean id="datelogger" class="com.chinasofti.xmlaop.DateLogger"></bean>

<aop:config>
<aop:pointcut expression="execution(* com.chinasofti.xmlaop.Account.*(..))"
            id="all" />
    <aop:aspect id="loggeraspect" ref="datelogger"></aop:aspect>
</aop:config>
```

在上述 XML 中配置了两个 Account 类型的 bean，分别为 account01 和 account02。配置

了切面 datelogger，在该切面中定义了 start 和 end 两个方法。在<aop:config>中定义了一个切入点，匹配的是 Account 中的所有方法。定义切面 loggeraspect，引用 datelogger，接下来就需要在<aop:aspect>中配置通知，使用切面中的具体方法对切入点的方法进行增强。

Spring 框架有五种常用的通知：前置通知（Before Advice）、后置通知（After (Finally) Advice）、返回后通知（After Returning Advice）、抛出异常后通知（After Throwing Advice）、环绕通知（Around Advice）。

1. 前置通知

前置通知指在某连接点（Join Point）之前执行的通知，但这个通知不能阻止连接点的执行（除非通知抛出一个异常）。前置通知的方法声明形式如下所示：

```
前置通知方法(JoinPoint?)
```

JoinPoint 是可选参数，如果需要获取连接点信息，可以在通知方法中声明 JoinPoint 类型参数，否则可以使用无参形式。

使用<aop:before >可以配置前置通知，代码如下所示：

```
<aop:config>
    <aop:pointcut expression="execution(* com.chinasofti.xmlaop.Account.*(..))"
     id="all" />
    <aop:aspect id="loggeraspect" ref="datelogger">
        <aop:before method="start" pointcut-ref="all" />
    </aop:aspect>
</aop:config>
```

在上述代码中配置了前置通知，在调用切入点匹配的所有方法前，都会先调用 datelogger 中的 start 方法。使用如下代码测试：

```
ApplicationContext ctx =
        new ClassPathXmlApplicationContext("applicationContext03.xml");
Account account01=(Account)ctx.getBean("account01");
Account account02=(Account)ctx.getBean("account02");

try {
    account01.depoist(1000);
    account01.withdraw(2000);
    account01.transfer(account02,100);
} catch (BalanceException e) {
    e.printStackTrace();
}
```

运行结果如下所示：

```
方法被调用的时间：Wed Dec 13 15:55:35 CST 2017
账号：6225 8001 8763 0987 存入：1000.0 余额：6000.0
方法被调用的时间：Wed Dec 13 15:55:35 CST 2017
账号：6225 8001 8763 0987 取款：2000.0 余额：4000.0
方法被调用的时间：Wed Dec 13 15:55:35 CST 2017
```

账号<6225 8001 8763 0987>转账：100.0 余额为：3900.0

可见，在每个方法被调用前，都执行了 datelogger 中的 start 方法。如果需要在切面的方法中获取连接点的信息，可以在切面方法中使用 JoinPoint 参数，修改 DateLogger 类，代码如下所示：

```
public class DateLogger {
    public void start(JoinPoint jp){
        Signature sig=jp.getSignature();
        System.out.println(sig.getName()+"方法被调用的时间："+new Date());
    }

    public void end(JoinPoint jp){
        Signature sig=jp.getSignature();
        System.out.println(sig.getName()+"方法调用结束的时间："+new Date());
    }
}
```

JoinPoint 对象封装了连接点的基本信息，可以获取连接点的方法声明信息 Signature，也可以获取目标对象等，具体使用 JoinPoint 中方法即可。在上述示例中，通过 JoinPoint 获取连接点的方法名字进行输出，再次测试结果如下所示：

```
depoist方法被调用的时间：Wed Dec 13 16:52:39 CST 2017
账号：6225 8001 8763 0987 存入：1000.0 余额：6000.0
withdraw方法被调用的时间：Wed Dec 13 16:52:39 CST 2017
账号：6225 8001 8763 0987 取款：2000.0 余额：4000.0
transfer方法被调用的时间：Wed Dec 13 16:52:39 CST 2017
账号<6225 8001 8763 0987>转账：100.0 余额为：3900.0
```

2. 后置通知

后置通知指在某连接点之后执行的通知，不论一个方法如何结束，在它结束后，后置通知都会运行，与 Java 中 finally 语句的语义逻辑类似，后置通知常用于释放资源。后置通知的方法声明形式如下所示：

```
后置通知方法(JoinPoint?)
```

JoinPoint 是可选参数，如果需要获取连接点信息，可以在后置通知方法中声明 JoinPoint 类型参数，否则可以使用无参形式。

与前置通知一样，可以在 XML 中配置后置通知，代码如下所示：

```
<aop:config>
    <aop:pointcut expression="execution(* com.chinasofti.xmlaop.Account.*(..))"
            id="all" />
    <aop:aspect id="loggeraspect" ref="datelogger">
        <aop:after method="end" pointcut-ref="all" />
    </aop:aspect>
</aop:config>
```

在上述配置文件中，使用<aop:after>配置了后置通知，使用 datelogger 中的 end 方法增强了 Account 类的所有方法，使用如下代码测试：

```
public static void main(String[] args) {
    ApplicationContext ctx =
        new ClassPathXmlApplicationContext("applicationContext03.xml");
    Account account01=(Account)ctx.getBean("account01");
    Account account02=(Account)ctx.getBean("account02");

    try {
        account01.depoist(1000);
        account01.withdraw(20000);
        account01.transfer(account02,100);
    } catch (BalanceException e) {
        System.out.println("余额不足，不能取款或转账。");
    }
}
```

在上述代码中，调用了存款、取款、转账方法。其中，取款方法金额超出余额，将抛出异常。运行结果如下所示：

```
depoist方法被调用的时间：Thu Dec 14 16:27:10 CST 2017
账号：6225 8001 8763 0987 存入：1000.0 余额：6000.0
depoist方法调用结束的时间：Thu Dec 14 16:27:10 CST 2017
withdraw方法被调用的时间：Thu Dec 14 16:27:10 CST 2017
withdraw方法调用结束的时间：Thu Dec 14 16:27:10 CST 2017
余额不足，不能取款或转账。
```

可见，后置通知在方法返回后总会被调用，即使抛出了异常也会被调用。修改测试代码，使得异常抛出后不被捕获，代码如下所示：

```
public static void main(String[] args) throws BalanceException {
    ApplicationContext ctx =
        new ClassPathXmlApplicationContext("applicationContext03.xml");
    Account account01=(Account)ctx.getBean("account01");
    Account account02=(Account)ctx.getBean("account02");
    account01.withdraw(20000);
}
```

在上述代码中，调用 withdraw 方法后没有处理异常，而是继续声明抛出，运行结果如下所示：

```
withdraw方法被调用的时间：Thu Dec 14 16:29:07 CST 2017
withdraw方法调用结束的时间：Thu Dec 14 16:29:07 CST 2017
Exception in thread "main" com.chinasofti.xmlaop.BalanceException: 余额不足，不能取款。
```

3. 返回后通知

返回后通知是在某连接点成功执行并返回后执行，如果该方法抛出异常，则不会执行返回后通知，即使异常被正常处理也不会执行。除此之外，返回后通知与后置通知的区别是，返回后通知可以使用连接点方法的返回值，而后置通知不可以。返回后通知方法的声明形式如下所示：

返回后通知方法(JoinPoint? Object?)

其中，JoinPoint 和 Object 都是可选参数。如果需要获取连接点的信息，则声明使用 JoinPoint 参数；如果需要使用连接点方法的返回值，则声明 Object 类型参数。创建新的切面 BalanceLogger，当账号余额变动时使用该切面的方法进行记录。代码如下所示：

```java
public class BalanceLogger {
    public void balanceChange(JoinPoint jp,Object balance) {
        Signature sg=jp.getSignature();
        System.out.println("由于调用了方法"+sg.getName()+",您的账户余额有变,当前余额为"+balance);
    }
}
```

上述类作为一个切面使用，方法 balanceChange 有两个参数，第一个参数是连接点对象，第二个参数是获取连接点方法的返回值，此处定义为 balance。在 XML 中使用 <aop:after-returning>进行配置，代码如下所示：

```xml
<bean id="balancelogger" class="com.chinasofti.xmlaop.BalanceLogger"></bean>

<aop:config>
    <aop:pointcut expression="execution(* com.chinasofti.xmlaop.Account.*(..))"
            id="all" />

    <aop:aspect id="balanceaspect" ref="balancelogger">
        <aop:after-returning method="balanceChange" pointcut-ref="all" returning="balance"/>
    </aop:aspect>
</aop:config>
```

<aop:after-returning>除配置 method 和 pointcut-ref 属性外，还需配置 returning 属性，指定返回值的名字，以便在切面的方法中使用。使用如下代码测试：

```java
ApplicationContext ctx =
    new ClassPathXmlApplicationContext("applicationContext03.xml");
Account account01=(Account)ctx.getBean("account01");
Account account02=(Account)ctx.getBean("account02");

try {
    account01.withdraw(2000);
} catch (BalanceException e) {
    System.out.println("余额不足，不能取款或转账。");
}
```

上述代码使用了取款方法，且余额足够，不会抛出异常，运行结果如下所示：

```
withdraw方法被调用的时间：Fri Dec 15 16:11:32 CST 2017
账号：6225 8001 8763 0987 取款：2000.0 余额：3000.0
由于调用了方法withdraw，您的账户余额有变，当前余额为3000.0
withdraw方法调用结束的时间：Fri Dec 15 16:11:32 CST 2017
```

可见，在 withdraw 方法正常返回后，调用了返回后通知，然后才调用了后置通知。修改测试代码，使得余额不足，抛出异常：

```
try {
    account01.withdraw(20000);
} catch (BalanceException e) {
    System.out.println("余额不足，不能取款或转账。");
}
```

在上述代码中，取款金额超出余额，将抛出异常，但是异常将被捕获处理，运行结果如下所示：

```
withdraw方法被调用的时间：Fri Dec 15 16:18:47 CST 2017
withdraw方法调用结束的时间：Fri Dec 15 16:18:47 CST 2017
余额不足，不能取款或转账。
```

4. 抛出异常后通知

抛出异常后通知在连接点匹配方法抛出异常退出时执行，抛出异常后通知的方法声明形式如下所示：

```
抛出异常后通知方法(JoinPoint?,Throwable?)
```

抛出异常后通知方法有两个可选参数：第一个是 JoinPoint 对象，可以用来获取连接点信息；第二个是任意异常类对象，该类型用来匹配通知，也就是当且仅当抛出该类型异常时才会被通知。抛出异常后通知在 XML 中使用 <aop: after-throwing>元素来声明，代码如下所示：

```xml
<aop:config>
    <aop:pointcut expression="execution(* com.chinasofti.xmlaop.Account.*(..))"
            id="all" />
    <aop:aspect id="balanceaspect" ref="balancelogger">
        <aop:after-returning method="balanceChange"
                pointcut-ref="all" returning="balance"/>
        <aop:after-throwing method="balanceNoChange"
                pointcut-ref="all" throwing="bEx"/>
    </aop:aspect>
</aop:config>
```

<aop:after-throwing>不仅需要配置 method 和 pointcut-ref 属性，还需要配置 throwing 属性，指定异常对象的名字，该名字与通知方法的参数名字相同。使用如下代码测试：

```
try {
    account01.withdraw(20000);
} catch (BalanceException e) {
```

```
        System.out.println("余额不足，不能取款或转账。");
    }
```

上述代码将抛出异常，并被捕获处理，运行结果如下所示：

```
withdraw方法被调用的时间：Fri Dec 15 16:33:08 CST 2017
调用方法withdraw失败，您的账户余额没有发生变化
withdraw方法调用结束的时间：Fri Dec 15 16:33:08 CST 2017
余额不足，不能取款或转账。
```

可见，抛出异常后，执行了抛出异常后通知，然后执行后置通知，最后执行了异常处理代码。修改测试代码，如下所示：

```
public static void main(String[] args) throws BalanceException     {
    ApplicationContext ctx =
                new ClassPathXmlApplicationContext("applicationContext03.xml");
    Account account01=(Account)ctx.getBean("account01");
    Account account02=(Account)ctx.getBean("account02");
    account01.withdraw(20000);
}
```

上述代码抛出异常但不处理，运行结果如下所示：

```
withdraw方法被调用的时间：Fri Dec 15 16:45:17 CST 2017
调用方法withdraw失败，您的账户余额没有发生变化
withdraw方法调用结束的时间：Fri Dec 15 16:45:17 CST 2017
Exception in thread "main" com.chinasofti.xmlaop.BalanceException: 余额不足，不能取款。
```

可见，即使抛出异常没有被处理，抛出异常后通知依然被执行。

5. 环绕通知

环绕通知是最强大的通知，能够实现上面四种通知的所有功能。环绕通知可以在一个方法执行之前或之后执行，而且它可以决定被增强的方法在什么时候执行、如何执行、是否执行。环绕通知方法声明形式如下所示：

```
环绕通知方法(ProceedingJoinPoint)
```

与其他通知方法不同，环绕通知方法必须有一个 ProceedingJoinPoint 类型参数，该类型是 JoinPoint 类型的子类，能够获取连接点的信息。其中最重要的方法是 proceed 方法，用来执行被增强的方法。

假设有一个银行账号黑名单，黑名单中的账号不能进行业务操作。判断账号是否在黑名单中可以用环绕通知实现，代码如下所示：

```
public class AccountValidator {
    //模拟账号黑名单
    private static AccountImpl[] blackAccounts = { new AccountImpl("6225 8001 2311 1234", 0.0),
new AccountImpl("6225 8001 2311 4632", 0.0), new AccountImpl("6225 8001 2311 6322", 0.0) };
    //环绕通知方法
    public Object validate(ProceedingJoinPoint pjp) throws BalanceException {
```

```
        boolean flag = true;
        //获取目标对象
        AccountImpl tAccount = (AccountImpl) pjp.getTarget();
        //判断是否在黑名单中
        for (AccountImpl a : blackAccounts) {
            //如果在黑名单中则抛出异常，不调用目标方法
            if (a.equals(tAccount)) {
                System.out.println("您的账户被列入黑名单，操作失败。");
                flag = false;
                throw new BalanceException("操作失败，余额未变。");
            }
        }
        //如果不在黑名单中，则调用目标方法
        if (flag == true) {
            try {
                Object object = pjp.proceed();
                return object;
            } catch (Throwable e) {
                e.printStackTrace();
            }
        }
        return tAccount.getBalance();
    }
}
```

在上述代码中，validate 方法是环绕通知方法，参数是 ProceedingJoinPoint 类型，该类型参数调用 proceed 方法将自动调用目标方法，如果不调用 proceed 方法，目标方法则不被执行。

环绕通知可以使用<aop:around>进行配置，代码如下所示：

```
<bean id="accountvalidator"
        class="com.chinasofti.xmlaop.AccountValidator"></bean>

<aop:config>
    <aop:pointcut expression="execution(* com.chinasofti.xmlaop.Account.*(..))"
            id="all" />
    <aop:pointcut
            expression="execution(* com.chinasofti.xmlaop.Account.transfer(..))"
            id="transfer" />
    <aop:aspect id="accountaspect" ref="accountvalidator">
        <aop:around method="validate" pointcut-ref="transfer" />
    </aop:aspect>
</aop:config>
```

在上述配置中，使用<aop:around>配置了环绕通知，指定了 method 和 pointcut-ref 属性，将环绕通知匹配给 transfer 方法进行增强。使用如下代码测试：

```
try {
    account03.transfer(account01, 1000);
```

```
        } catch (BalanceException e) {
            System.out.println("发生异常，转账失败。");
        }
```

在上述代码中，account03 是黑名单中的账户，运行结果如下所示：

```
transfer方法被调用的时间：Sat Dec 16 21:58:36 CST 2017
您的账户被列入黑名单，操作失败。
调用方法transfer失败，您的账户余额没有发生变化。
transfer方法调用结束的时间：Sat Dec 16 21:58:36 CST 2017
发生异常，转账失败。
```

可见，环绕通知对 transfer 方法进行了增强，由于 account03 是黑名单，所以没有调用 proceed 方法，transfer 方法没有被执行。

值得一提的是，虽然环绕通知功能强大，但是出于性能考虑，不要随意使用环绕通知，尽量使用最简单的通知类型实现功能。

6. 引入通知

除上述五种通知外，还可以使用引入通知。该通知与上述几种通知不同，主要是在切面中声明通知对象实现指定接口，并用该接口的一个实现类对象进行代理。本章示例中存在接口 Account 及 AccountImpl，部分代码如下所示：

```java
public interface Account {
    public double deposit(double amount);
    public double withdraw(double amount)throws BalanceException;
    public double transfer(Account t,double amount) throws BalanceException;
}

//实现类
public class AccountImpl implements Account {
    private String id;
    private double balance;

    public AccountImpl() {
        super();
    }
    //省略其他实现代码
}
```

接下来声明一个原始类 NewAccount，该类不实现任何接口，代码如下所示：

```java
public class NewAccount {
}
```

为了便于理解，该类中不添加任何代码。接下来在 XML 中进行如下配置：

```xml
<bean id="newAccount" class="com.chinasofti.xmlaop.NewAccount"></bean>

<bean id="account" class="com.chinasofti.xmlaop.AccountImpl">
```

```
        <property name="id" value="6225 8001 2311 5678"></property>
        <property name="balance" value="9000"></property>
    </bean>

    <aop:config>
        <aop:aspect id="introTest" ref="account">
        <aop:declare-parents types-matching="com.chinasofti.xmlaop.NewAccount"
            implement-interface="com.chinasofti.xmlaop.Account" delegate-ref="account" />
        </aop:aspect>
    </aop:config>
```

在上述配置中，先配置了原始类型 NewAccount 的 bean（id 为 newAccount），然后配置了接口实现类的 bean（id 为 account）。接下来在切面的配置中，引用了接口实现类 bean，并使用<aop:declare-parents>声明了类型匹配 NewAccount，接口类型为 Account，代理对象是 account。从而使得 newAccount 将被 account 代理，使用如下代码测试：

```
public static void main(String[] args) {
    ApplicationContext ctx =
                new ClassPathXmlApplicationContext("applicationContext04.xml");
    Account newAccount=(Account)ctx.getBean("newAccount");
    newAccount.deposit(1000);
}
```

在上述代码中，获取 newAccount 实例，因为使用 implement-interface 指定为 Account 接口，所以可以直接转换成 Account 类型，进而调用其中的 deposit 方法。运行结果如下：

```
账号：6225 8001 2311 5678 存入：1000.0 余额：　10000.0
```

可见，虽然 NewAccount 类中没有定义任何代码，也没有继承或实现任何接口，但是通过使用 Spring 的引入通知，可以指定一个接口的实现类作为代理，从而使用接口中的方法。

7．在通知方法中获取连接点方法参数

在实际应用中，有些场景需要在通知方法中使用连接点方法的实际参数，以便进行验证等操作。以下两种常用方式可以获取连接点方法参数。

（1）使用 JoinPoint 中的 getArgs()方法获取参数。

在任何一种类型的通知方法中，都可以声明可选的 JoinPoint 类型参数。在 JoinPoint 中定义了 getArgs 方法，能够返回当前被增强的连接点方法的所有实际参数，返回值为 Object[]。定义切面类 AmountValidator，演示该方法的使用，代码如下所示：

```
public class AmountValidator {
    public void amountValidate(JoinPoint jp){
        //使用getArgs方法获得连接点方法参数
        Object[] args=jp.getArgs();
        for(Object o:args){
            System.out.println("连接点的实际参数:"+o);
        }
    }
}
```

在上述代码中，使用 getArgs 方法返回当前被增强的连接点方法的所有实际参数。在 XML 中进行如下配置：

```xml
<bean id="amountvalidator"
            class="com.chinasofti.xmlaop.AmountValidator"></bean>
<aop:config>
    <aop:pointcut expression="execution(* com.chinasofti.xmlaop.Account.*(..))"
            id="all" />
    <aop:aspect id="amountaspect" ref="amountvalidator">
        <aop:before method="amountValidate" pointcut-ref="all" />
    </aop:aspect>
</aop:config>
```

在上述配置文件中，将 AmountValidator 中的 amountValidate 方法配置给 Account 所有方法前置通知使用。使用如下代码测试：

```java
try {
    account01.transfer(account02, 1000);
} catch (BalanceException e) {
    System.out.println("发生异常，转账失败。");
}
```

运行结果如下所示：

```
连接点的实际参数:AccountImpl [id=6225 8001 2311 5678, balance=9000.0]
连接点的实际参数:1000.0
```

可见，getArgs 方法获取了 transfer 方法的所有实际参数。

（2）使用 args()子表达式配置参数。

除调用 JoinPoint 的 getArgs 方法外，还可以使用 args()子表达式进行配置。首先在 AmountValidator 中增加带参数的通知方法，代码如下所示：

```java
public class AmountValidator {
    //定义带参数的通知方法
    public void amountValidateWithArgs(double amount){
        System.out.println("连接点的实际参数:"+amount);
    }
}
```

在上述代码中，定义了 amountValidateWithArgs 方法，该方法定义了 double 类型参数 amount。在 XML 中进行如下配置：

```xml
<bean id="amountvalidator"
            class="com.chinasofti.xmlaop.AmountValidator"></bean>
<aop:config>
    <aop:pointcut
            expression="execution(* com.chinasofti.xmlaop.Account.deposit(..))
            and args(amount)" id="deposit" />
    <aop:aspect id="amountaspect" ref="amountvalidator">
```

```
        <aop:before method="amountValidateWithArgs" pointcut-ref="deposit" />
    </aop:aspect>
</aop:config>
```

在上述 XML 文件中,在切入点的表达式中加入 and args(amount)子表达式,以便将 deposit
方法的实际参数传给通知方法使用。使用如下代码测试:

```
account01.deposit(1000);
```

测试结果如下所示:

```
连接点的实际参数:1000.0
```

6.3.4 <aop:advisor>

Advisor 的概念来自早期版本(Spring1.2)对 AOP 的支持,Advisor 就像一个小的自包含
的切面,这个切面只有一个通知。切面自身通过一个 bean 表示,并且必须实现一个特定的通
知接口,例如一个前置通知的 Advisor,代码如下所示:

```
public class LoggerAdvisor implements MethodBeforeAdvice {
    @Override
    public void before(Method arg0, Object[] arg1, Object arg2) throws Throwable {
        String mName=arg0.getName();
        System.out.println("LoggerAdvisor--->目前正在调用的方法是: "+mName);
    }
}
```

上述代码定义了一个前置通知的 Advisor 类,该类必须实现 MethodBeforeAdvice 接口,
重写接口中的 before 方法。接下来,在 XML 中进行配置:

```
<bean id="logadvisor" class="com.chinasofti.xmlaop.LoggerAdvisor"></bean>

<bean id="account" class="com.chinasofti.xmlaop.AccountImpl">
    <property name="id" value="6225 8001 2311 5678"></property>
    <property name="balance" value="9000"></property>
</bean>

<aop:config>
    <aop:pointcut expression="execution(* com.chinasofti.xmlaop.Account.*(..))" id="all" />
    <aop:advisor advice-ref="logadvisor" pointcut-ref="all" />
</aop:config>
```

在上述配置中,使用<aop:advisor>配置了 Advisor,起到与<aop:aspect>类似的功能。使用
如下代码测试:

```
ApplicationContext ctx =
            new ClassPathXmlApplicationContext("applicationContext05.xml");
Account account=(Account)ctx.getBean("account");
account.deposit(1000);
```

运行结果如下所示：

> LoggerAdvisor--->目前正在调用的方法是：deposit
> 账号：6225 8001 2311 5678 存入：1000.0 余额：10000.0

可见，使用 Advisor 实现了和 Aspect 类似的功能，区别在于 Advisor 的通知类必须实现相应的接口，而 Aspect 中的通知类可以是普通的 Java 类。除了上述示例提到的前置通知接口 MethodBeforeAdvice，还有后置通知接口 AfterReturningAdvice、环绕通知接口 MethodInterceptor，以及异常通知接口 ThrowsAdvice，均可以实现这些接口以便创建自定义的 Advisor，使用方法与示例代码雷同，不再赘述。

6.4 利用注解配置 AOP

在上述章节中学习了使用 XML 配置 AOP 的方法，除此之外，Spring 2.5 及其以后版本也可以使用注解配置 AOP。要想使用注解配置 AOP，首先需要在 XML 中配置自动扫描及自动代理，代码如下所示：

```
<context:component-scan base-package="com.chinasofti.annotationaop"></context:component-scan>
<aop:aspectj-autoproxy></aop:aspectj-autoproxy>
```

在上述配置文件中，<context:component-scan>指定了自动扫描包，在此包下的组件将被自动扫描，生成 IoC 容器管理的 bean 实例。<aop:aspectj-autoproxy>启用 Spring 对基于@AspectJ 的配置支持，自动代理指 Spring 会判断一个 bean 是否使用了一个或多个切面通知，据此自动生成相应的代理以拦截其方法调用，并且确认通知是否如期进行。依然以上述示例的银行账号模拟功能来说明注解配置 AOP，有以下主要步骤。

1. 声明目标对象类、接口及异常类等，并用注解配置为组件

目标对象类、接口及异常类等与使用 XML 配置 AOP 的代码相同，区别在于不再使用 XML 配置，可以使用注解声明为 bean，代码如下所示：

```
//异常类，与使用XML配置AOP完全相同
public class BalanceException extends Exception {
    public BalanceException() {
        super();
    }
    public BalanceException(String message) {
        super(message);
    }
}

//目标对象接口Account，与使用XML配置AOP完全相同
public interface Account {
    public double deposit(double amount);
    public double withdraw(double amount)throws BalanceException;
    public double transfer(Account t,double amount) throws BalanceException;
}
```

```
//目标对象实现类AccountImpl，代码与使用XML配置AOP完全相同，使用注解
@Component("account")
public class AccountImpl implements Account {
@Value("6225 8001 2311 4632")
private String id;
@Value("2000")
private double balance;

public AccountImpl() {
    super();
}

public AccountImpl(String id) {
    super();
    this.id = id;
}
//省略其他代码……
```

可见，与使用 XML 配置使用 AOP 相比，目标对象的代码没有区别，区别在于使用 @Component、@Value 等注解 bean，不再使用 XML 配置 bean。

2. 声明切面类

切面类的代码也与使用 XML 配置 AOP 类似，区别在于不再需要在 XML 中配置切面，使用@Aspect 和@Component 注解声明为切面即可，代码如下所示：

```
//日期日志切面类
@Aspect
@Component
public class DateLogger {
    public void start(JoinPoint jp){
        Signature sig=jp.getSignature();
        System.out.println(sig.getName()+"方法被调用的时间："+new Date());
    }

    public void end(JoinPoint jp){
        Signature sig=jp.getSignature();
        System.out.println(sig.getName()+"方法调用结束的时间："+new Date());
    }
}

//余额变动通知切面类
@Aspect
@Component
public class BalanceLogger {

    public void balanceChange(JoinPoint jp, Object balance) {
```

```
                Signature sg = jp.getSignature();
                System.out.println("由于调用了方法" + sg.getName() + "，您的账户余额有变，当前余额为" +
balance);
        }

        public void balanceNoChange(JoinPoint jp, BalanceException bEx) {
                Signature sg = jp.getSignature();
                System.out.println("调用方法" + sg.getName() + "失败，您的账户余额没有发生变化");
        }
    }

    //黑名单验证切面类
    @Aspect
    @Component
    public class AccountValidator {
        //模拟账号黑名单
        private static AccountImpl[] blackAccounts = { new AccountImpl("6225 8001 2311 1234", 0.0),   new
AccountImpl("6225 8001 2311 4632", 0.0), new AccountImpl("6225 8001 2311 6322", 0.0) };

        public Object validate(ProceedingJoinPoint pjp) throws BalanceException {
                boolean flag = true;
                //获取目标对象
                AccountImpl tAccount = (AccountImpl) pjp.getTarget();
                //判断是否在黑名单中
                for (AccountImpl a : blackAccounts) {
                        //如果在黑名单中则抛出异常，不调用目标方法
                        if (a.equals(tAccount)) {
                                System.out.println("您的账户被列入黑名单，操作失败。");
                                flag = false;
                                throw new BalanceException("操作失败，余额未变。");
                        }
                }
                //如果不在黑名单中则调用目标方法
                if (flag == true) {
                        try {
                                Object object = pjp.proceed();
                                return object;
                        } catch (Throwable e) {
                                e.printStackTrace();
                        }
                }
                return tAccount.getBalance();
        }
    }
```

可见，在使用注解配置 AOP 时，切面类的代码没有任何区别，只是不再需要使用 XML
进行配置，使用@Component 声明为组件 bean，使用@Aspect 声明为切面即可，Spring 框架
会自动将其作为切面对象处理。

3. 注解各类通知

与使用 XML 配置 AOP 一样，注解也可以配置各类通知，包括前置通知、后置通知、返回后通知、抛出异常后通知、环绕通知。下面将上述切面类中的方法注解为各类通知使用。

（1）注解前置通知。

使用 @Before 可以将某个切面类的某个方法注解为前置通知，与在 XML 中配置连接点一样，可以使用 execution 等表达式描述被通知的方法特征，代码如下所示：

```
@Aspect
@Component
public class DateLogger {
    @Before("execution(* com.chinasofti.annotationaop.Account.*(..))")
    public void start(JoinPoint jp){
        Signature sig=jp.getSignature();
        System.out.println(sig.getName()+"方法被调用的时间："+new Date());
    }
}
```

在上述代码中，使用 @Before 将 start 方法注解为前置通知，将通知到 Account 中所有的方法。

（2）注解后置通知。

使用 @After 可以将某个切面类的某个方法注解为后置通知，与在 XML 中配置连接点一样，可以使用 execution 等表达式描述被通知的方法特征，代码如下所示：

```
@Aspect
@Component
public class DateLogger {
    @After("execution(* com.chinasofti.annotationaop.Account.*(..))")
    public void end(JoinPoint jp){
        Signature sig=jp.getSignature();
        System.out.println(sig.getName()+"方法调用结束的时间："+new Date());
    }
}
```

在上述代码中，使用 @After 将 end 方法注解为后置通知，将通知到 Account 中所有的方法。

（3）注解返回后通知。

使用 @AfterReturning 可以将某个切面类的某个方法注解为返回后通知，与在 XML 中配置连接点一样，可以使用 execution 等表达式描述被通知的方法特征，代码如下所示：

```
@Aspect
@Component
public class BalanceLogger {

    @AfterReturning(value =
                    "execution(* com.chinasofti.annotationaop.Account.*(..))",
                    returning = "balance")
    public void balanceChange(JoinPoint jp, Object balance) {
        Signature sg = jp.getSignature();
```

```
    System.out.println("由于调用了方法" + sg.getName() + ",您的账户余额有变，当前余额为" +
balance);
        }
    }
```

在上述代码中，使用@AfterReturning 将 balanceChange 方法注解为返回后通知，将通知到 Account 中所有的方法，同时可以使用被通知方法的返回值 balance。

（4）注解抛出异常后通知。

使用@AfterThrowing 可以将某个切面类的某个方法注解为抛出异常后通知，与在 XML 中配置连接点一样，可以使用 execution 等表达式描述被通知的方法特征，代码如下所示：

```
@Aspect
@Component
public class BalanceLogger {

    @AfterThrowing(value =
            "execution(* com.chinasofti.annotationaop.Account.withdraw(..))",
            throwing = "bEx")
    public void balanceNoChange(JoinPoint jp, BalanceException bEx) {
        Signature sg = jp.getSignature();
        System.out.println("调用方法" + sg.getName() + "失败,您的账户余额没有发生变化");
    }
}
```

在上述代码中，使用@AfterThrowing 将 balanceNoChange 方法注解为抛出异常后通知，将通知 Account 中的 withdraw 方法，同时使用被通知方法抛出的异常对象。

（5）注解环绕通知

使用@Around 可以将某个切面类的某个方法注解为环绕通知，与在 XML 中配置连接点一样，可以使用 execution 等表达式描述被通知的方法特征，代码如下所示：

```
@Aspect
@Component
public class AccountValidator {
    //模拟账号黑名单
    private static AccountImpl[] blackAccounts = { new AccountImpl("6225 8001 2311 1234", 0.0),
            new AccountImpl("6225 8001 2311 4632", 0.0), new AccountImpl("6225 8001 2311 6322",
0.0) };

    //环绕通知方法
    @Around("execution(
                    * com.chinasofti.annotationaop.Account.withdraw(..))")
    public Object validate(ProceedingJoinPoint pjp) throws BalanceException {
        boolean flag = true;
    //省略其他代码……
    }
```

在上述代码中，使用@Around 将 validate 方法注解为环绕通知，将通知到 Account 中的 withdraw 方法。

第 **7** 章
Spring 框架对 Web 层及数据访问层的支持

7.1 Spring 框架对 Web 层的支持

Spring 框架对 Web 层提供了开放式支持，既可以使用 Spring 框架自己的 Spring MVC 框架，也可以集成其他第三方提供的 Web 框架，如 Struts 框架、Tapestry 框架和 JSF 框架等。本书第 3 部分将详细介绍 Spring MVC 框架，它也是目前企业中使用较多的 Web 层框架。

除了 Spring MVC 框架，Struts 框架是另一个应用较多的 Web 层框架，其版本经历了从 Struts1 框架到 Struts2 框架的发展，Struts2 框架与 Struts1 框架大不相同。实际上，Struts2 框架并不是在 Struts1 框架的基础上升级而来的，而是基于另一个框架即 WebWork 框架改造而成的。

目前，Spring MVC 框架的应用越来越多，但一些已有的项目依然架构在 Struts2 框架上。Spring 框架可以对 Struts2 框架进行支持，接下来将对导引案例进行改造，使用 Struts2 框架替代 Spring MVC 框架，演示 Spring 框架对 Struts2 框架集成的步骤。值得一提的是，Struts2 框架不是本书的重点。

（1）领域对象（Domain）。

领域对象与导引案例中的完全相同，使用 Employee.java 与 SalaryInfo.java 封装了员工及薪资信息，不再赘述。

（2）数据访问层（DAO）。

数据访问层使用 JDBC 实现，代码与导引案例中的完全相同，使用 Spring 的注解将其注解为 Spring 容器管理的组件即可，代码如下所示：

```
@Component("dao")
public class EmployeeDAOJDBCImpl implements EmployeeDAO {
    /**
     * 实现接口中的方法，根据登录名和密码进行查询，将查询到的记录封装成Employee对象返回，
如果返回空，则表示不存在
     */
    @Override
    public Employee selectByNamePwd(String loginName, String empPwd) {
    //省略其他代码……
```

在上述代码中，使用@Component("dao")进行了注解，Spring 的 IoC 容器将自动创建并管

理一个 id 为 dao 的 bean 对象。

（3）服务层（Service）。

服务层接口 EmployeeService.java 的代码与导引案例中的完全相同，不再赘述。服务层的实现类 EmployeeServiceImpl 代码也完全相同，但是需要使用 Spring 框架的注解，代码如下所示：

```
@Service("empService")
public class EmployeeServiceImpl implements EmployeeService {
    //关联DAO对象
    @Autowired
    private EmployeeDAO dao;

    public EmployeeServiceImpl() {
        super();
    }

    //省略其他代码……
```

在上述代码中，使用@Service("empService")进行注解，Spring 容器将自动创建并管理一个 id 为 empService 的 bean 对象。同时使用@Autowired 对属性 dao 进行了注解。

（4）控制器（Controller）。

控制器不再使用 Servlet，而是使用 Struts2 框架中的 Action，使用类 LoginAction 作为控制器使用，代码如下所示：

```
@Component("login")
public class LoginAction {
    private String loginName;
    private String empPwd;
    private String msg;
    private SalaryInfo sInfo;

    @Autowired
    @Qualifier("empService")
    private EmployeeService empService;

    //省略属性的getters和setters

    public String execute(){
        Employee rs=empService.login(loginName, empPwd);
        if(rs==null) {
            this.setMsg("登录失败，请检查用户名和密码。");
            return "fail";
        } else {
            SalaryInfo sInfo=empService.getSalary(rs.getId());
            this.setsInfo(sInfo);
            return "success";
        }
```

```
        }
    }
```

从上述代码可见，使用@Component("login")将 LoginAction 注解为 id 为 login 的 bean 对象，在 LoginAction 中声明了四个属性，其中 loginName 和 empPwd 是用户名和密码，用来接收 JSP 页面传递过来的请求参数，msg 用来保存返回到视图的消息，sInfo 用来保存查询到的薪资信息对象，以便传递到 JSP 页面进行显示，只要对这些属性声明符合规范的 getter 和 setters 方法，Struts2 框架就能够对其自动进行赋值。

值得注意的是，LoginAction 中声明了属性 empService，并使用@Autowired 及 @Qualifier("empService")进行了标注，Spring 框架将会自动把容器中 id 为 empService 的 bean 赋值给属性 empService。LoginAction 的核心执行方法是 execute 方法，该方法中直接使用了 empService 对象，通过调用 login 方法判断登录是否成功，返回不同的字符串表示不同的视图，具体视图会在配置文件中配置。

（5）视图（View）。

视图部分依然使用 JSP 组件实现，与导引案例中的完全一致，不再赘述。

（6）配置文件。

使用 Spring 框架继承 Struts2 框架，涉及三个主要的配置文件，分别是 web.xml、struts.xml 及 applicationContext.xml，代码如下所示。

①web.xml 文件：

```xml
<?xml version="1.0" encoding="UTF-8"?>
<web-app xmlns:xsi="http://www.w3.org/2001/XMLSchema-instance"
    xmlns=http://java.sun.com/xml/ns/Java EE
    xsi:schemaLocation=http://java.sun.com/xml/ns/Java EE
    http://java.sun.com/xml/ns/Java EE/web-app_3_0.xsd
    id="WebApp_ID" version="3.0">

    <context-param>
        <param-name>contextConfigLocation</param-name>
        <param-value>classpath:applicationContext.xml</param-value>
    </context-param>

    <listener>
        <listener-class>org.springframework.web.context.ContextLoaderListener</listener-class>
    </listener>

    <filter>
        <filter-name>struts</filter-name>
        <filter-class>org.apache.struts2.dispatcher.filter.StrutsPrepareAndExecuteFilter</filter-class>
    </filter>

    <filter-mapping>
        <filter-name>struts</filter-name>
        <url-pattern>*.action</url-pattern>
    </filter-mapping>
```

```
</web-app>
```

在 web.xml 文件中主要配置以下三个元素：

<context-param>配置 Spring 框架上下文文件的位置及名称。

<listener>配置监听器，用来进行 Spring 的上下文加载。

<filter>配置一个过滤器，使所有后缀为 action 的请求都经过 Struts2 框架进行访问。

②struts.xml 文件：

```xml
<?xml version="1.0" encoding="UTF-8"?>
<!DOCTYPE struts PUBLIC "-//Apache Software Foundation//DTD Struts Configuration 2.0//EN"
"http://struts.apache.org/dtds/struts-2.5.dtd" >
<struts>
        <package name="default" namespace="/" extends="struts-default">
            <action name="login" class="login">
                <result name="success">/salaryinfo.jsp</result>
                <result name="fail">/index.jsp</result>
            </action>
        </package>
</struts>
```

在 struts.xml 文件中，配置了名为 login 的 Action，注意 class="login"，此处的 login 即与 LoginAction 类中注解的名字一致，进而为此 Action 配置了两个结果视图，其中 success 对应 salaryinfo.jsp 页面，fail 对应 index.jsp 页面。

③applicationContext.xml 文件：

```xml
<?xml version="1.0" encoding="UTF-8"?>
<beans xmlns="http://www.springframework.org/schema/beans"
    xmlns:xsi="http://www.w3.org/2001/XMLSchema-instance"
    xmlns:aop="http://www.springframework.org/schema/aop"
    xmlns:p="http://www.springframework.org/schema/p"
    xmlns:context="http://www.springframework.org/schema/context"
    xsi:schemaLocation="http://www.springframework.org/schema/beans
    http://www.springframework.org/schema/beans/spring-beans-4.0.xsd
    http://www.springframework.org/schema/context
    http://www.springframework.org/schema/context/spring-context-4.3.xsd
    http://www.springframework.org/schema/aop
    http://www.springframework.org/schema/aop/spring-aop-4.0.xsd">

    <context:component-scan base-package="com.chinasofti"></context:component-scan>
</beans>
```

在 applicationContext.xml 文件中，配置了自动扫描 com.chinasofti 包下的所有类，只要是进行了注解的类，Spring 框架都将自动为其创建并装配 bean。

至此，已经把导引案例改造成使用 Spring 框架、JDBC 框架、Struts 框架实现。可见，Spring 框架可以很方便地对第三方提供的 Struts 框架进行集成，使得各层之间自动装配，进而得到良好的扩展性。

7.2 Spring 框架对数据访问层的支持

Spring 框架对数据访问层也提供了支持，在导引案例中已经初步展示了对数据访问层框架 MyBatis 的集成支持。本书第 4 部分将详细介绍 MyBatis 框架，在此不再赘述。除了对框架的支持，Spring 框架对 JDBC 数据访问也提供了支持，使得 JDBC 编程不再必须写烦琐的代码，变得更为简洁高效。本节主要介绍 Spring 框架对 JDBC 编程的支持。

JdbcTemplate 是 Spring 框架中 JDBC 编程相关包的核心类，只需要提供 driverClassName、url、username、password 等这些必要的数据库连接参数，程序就会自动地注入这些参数，去执行加载 JDBC 驱动程序、创建数据库的连接、创建一个 Statement 等 JDBC 的核心流程，因此大大简化了 JDBC 编程的复杂程度。同时，可以规避很多常见的错误，比如忘记关闭连接等。这些问题都会由 JdbcTemplate 类自动完成，只需要调用其中的方法执行 SQL 语句并提示结果即可。

另外，JdbcTemplate 是线程安全的，当配置一个它的实例进行共享注入时，不必担心会产生数据污染。

下面沿用导引案例中的 Employee 表具体介绍 JdbcTemplate 类。

1. 构造方法

JdbcTemplate 有以下三个构造方法。

（1）JdbcTemplate()。

使用这个构造方法可以得到一个新的 JdbcTemplate 实例（新的 JDBC 模板），但是由于没有给定数据源，因此想要实现这个实例，必须调用相关的方法进行设置。代码如下所示：

```
package com.chinasofti.demo;

import org.apache.commons.dbcp2.BasicDataSource;
import org.springframework.jdbc.core.JdbcTemplate;

public class Demo01 {

    public static void main(String[] args) {
        //实例化jdbcTemplate
        JdbcTemplate jdbcTemplate = new JdbcTemplate();

        //获取dbcp连接池，BasicDataSource是Java提供的公共接口DataSource的dbcp实现类
        BasicDataSource dataSource = new BasicDataSource();
        //对数据库信息进行设置
        dataSource.setDriverClassName("com.mysql.jdbc.Driver");
        dataSource.setUrl("jdbc:mysql://localhost:3306/test?useSSL=false&useUnicode=
true&characterEncoding=utf-8");
        dataSource.setUsername("root");
        dataSource.setPassword("1234");

        //对数据源进行设置
```

```
        jdbcTemplate.setDataSource(dataSource);

    }
}
```

在上述代码中，调用 JdbcTemplate 无参构造方法 JdbcTemplate()对 JdbcTemplate 进行了实例化，如图 7-1 所示。

```
//实例化jdbcTemplate
JdbcTemplate jdbcTemplate = new JdbcTemplate();
```

图 7-1　实例化 JdbcTemplate

由于没有给定数据源，因此需要调用 setDataSource 对数据源进行设置，如图 7-2 所示。

```
//对数据源进行设置
jdbcTemplate.setDataSource(dataSource);
```

图 7-2　对数据源进行设置

setDataSource 的参数是 DataSource，它是 Java 提供的公共接口，需要数据源提供它的实现类，在这里使用比较常用的 dbcp 连接池数据源的 DataSource 接口实现类 BasicDataSource 对数据库的各种信息进行配置，从而得到 dbcp 连接池的数据源，如图 7-3 所示。

```
//获取dbcp连接池，BasicDataSource是Java提供的公共接口DataSource的dbcp
实现类
BasicDataSource dataSource= new BasicDataSource();
//对数据库信息进行设置
dataSource.setDriverClassName("com.mysql.jdbc.Driver");
dataSource.setUrl("jdbc:mysql://localhost:3306/test?useSSL=false&u
seUnicode=true&characterEncoding=utf-8");
dataSource.setUsername("root");
dataSource.setPassword("1234");
```

图 7-3　获取 dbcp 连接池的数据源

注：在上述案例中把所有代码都写到了一个 main 方法中，这是为了让大家理解时更加具有连贯性，但在实际开发中一般需要对代码进行封装。在接下来的代码中，为了保证大家能够充分理解，将沿用此种写法。

（2）JdbcTemplate（DataSource dataSource）。

使用这个构造方法直接给定数据源可以得到一个新的 JdbcTemplate 实例（新的 JDBC 模板），代码如下所示：

```
package com.chinasofti.demo;

import org.apache.commons.dbcp2.BasicDataSource;
import org.springframework.jdbc.core.JdbcTemplate;

public class Demo02 {

public static void main(String[] args) {
    //获取dbcp连接池，BasicDataSource是Java提供的公共接口DataSource的dbcp实现类
```

```
        BasicDataSource dataSource = new BasicDataSource();
        //对数据库信息进行设置
        dataSource.setDriverClassName("com.mysql.jdbc.Driver");
        dataSource.setUrl("jdbc:mysql://localhost:3306/test?useSSL=false&useUnicode=true&characterEncodin
g=utf-8");
        dataSource.setUsername("root");
        dataSource.setPassword("1234");
        //实例化jdbcTemplate
        JdbcTemplate jdbcTemplate = new JdbcTemplate(dataSource);
        }
    }
```

（3）JdbcTemplate(DataSource dataSource,boolean lazyInit)。

Spring 包装了一个 SQLExceptionTranslator，在初始化 JdbcTemplate 类时默认采用的是懒加载（延时加载）策略，也就是不会触发异常转换程序的初始化（这里指初始化 SQLExceptionTranslator），在这个构造方法中可以通过第二个参数决定是否初始化 SQLExceptionTranslator。代码案例与之前的代码一致，只不过在 JdbcTemplate 初始化的时候增加一个标志参数，这里不再赘述。

注：此构造函数在实际开发中意义不大，偶尔会在测试中使用，简单了解即可。

2. 主要方法

JdbcTemplate 有很多方法，由于篇幅的原因不能对所有方法逐一进行介绍。下面对六种主要的方法进行介绍（其他的方法可以自行查阅官方文档）。

（1）execute 方法。

在 JdbcTemplate 中，execute 有很多重载方法，在这里介绍比较常用的 void execute(String sql)方法。

execute 方法会执行一条 SQL 语句，因为这个方法没有返回值且不能进行参数注册等，具有一定的局限性，所以通常用这个方法来执行 DDL 语句。

例如，在下面的代码中使用 execute 方法来创建一个名为 users 的新表。

```
package com.chinasofti.demo;

import org.apache.commons.dbcp2.BasicDataSource;
import org.springframework.jdbc.core.JdbcTemplate;

public class Demo03 {

    public static void main(String[] args) {
        //获取dbcp连接池，BasicDataSource是Java提供的公共接口DataSource的dbcp实现类
        BasicDataSource dataSource = new BasicDataSource();
        //对数据库信息进行设置
        dataSource.setDriverClassName("com.mysql.jdbc.Driver");
        dataSource.setUrl("jdbc:mysql://localhost:3306/test?useSSL=false&useUnicode=true&
characterEncoding=utf-8");
        dataSource.setUsername("root");
```

```
dataSource.setPassword("123");
//实例化jdbcTemplate
JdbcTemplate jdbcTemplate = new JdbcTemplate(dataSource);
//执行SQL语句
String sql = "CREATE TABLE users (user_id integer, name varchar(100))";
jdbcTemplate.execute(sql);
    }
}
```

（2）update 方法。

同样，update 也有很多重载的方法，这里介绍一个比较常用的方法 int update(String sql) 及 int update(String sql,Object... args)。

此方法会执行一条 SQL 语句，通常用它来执行 DML 语句，如果 SQL 语句中有条件参数，则可以通过 int update(String sql,Object... args)对参数进行注册，从而防止 SQL 注入的发生，否则可以直接使用 int update(String sql)方法。

在下面的案例代码中，通过 int update(String sql, Object... args)方法向 Employee 表中的 loginName、empPwd、empname 三个字段插入值。

```java
package com.chinasofti.demo;

import org.apache.commons.dbcp2.BasicDataSource;
import org.springframework.jdbc.core.JdbcTemplate;

public class Demo04 {

    public static void main(String [] args) {
        //获取dbcp连接池，BasicDataSource是Java提供的公共接口DataSource的dbcp实现类
        BasicDataSource dataSource = new BasicDataSource();
        //对数据库信息进行设置
        dataSource.setDriverClassName("com.mysql.jdbc.Driver");
        dataSource.setUrl("jdbc:mysql://localhost:3306/test?useSSL=false&useUnicode=true&characterEncoding=utf-8");
        dataSource.setUsername("root");
        dataSource.setPassword("123");

        //实例化jdbcTemplate
        JdbcTemplate jdbcTemplate = new JdbcTemplate(dataSource);

        //执行SQL语句
        String sql = "INSERT INTO Employee (loginName, empPwd,empname) VALUES (?,?,?)";
        int rows = jdbcTemplate.update(sql, "lucy", "123","wxh");
        System.out.println("rows="+rows);
    }
}
```

（3）batchUpdate 方法。

此方法用于批量处理，通常也用于执行 DML 语句。在众多重载方法中，经常使用的基

本方法主要有两个：int[]batchUpdate(String... sql)方法及 int[] batchUpdate(String sql, List <Object[]> batchArgs)方法。此时需要使用 JDBC 的驱动程序支持批处理，否则只能执行一条更新语句。

　　int[]batchUpdate(String... sql)方法：使用批处理对多个 SQL 语句进行执行处理。参数代表定义将要执行的 SQL 语句数组，返回值代表受每条语句影响的行数数组。代码如下所示：

```
package com.chinasofti.demo;

import org.apache.commons.dbcp2.BasicDataSource;
import org.springframework.jdbc.core.JdbcTemplate;

public class Demo06 {
    public static void main(String[] args) {
        //获取dbcp连接池，BasicDataSource是Java提供的公共接口DataSource的dbcp实现类
        BasicDataSource dataSource = new BasicDataSource();
        //对数据库信息进行设置
        dataSource.setDriverClassName("com.mysql.jdbc.Driver");
        dataSource.setUrl("jdbc:mysql://localhost:3306/test?useSSL=false&useUnicode=true&characterEncoding=utf-8");
        dataSource.setUsername("root");
        dataSource.setPassword("123");

        //实例化jdbcTemplate
        JdbcTemplate jdbcTemplate = new JdbcTemplate(dataSource);

        //执行SQL语句
        //String sql = "INSERT INTO Employee (loginName, empPwd,empname) VALUES ('lucy04','04','wxh04')";
        //String sql01 = "INSERT INTO Employee (loginName, empPwd,empname) VALUES ('lucy05','05','wxh05')";
        //String sql02 = "INSERT INTO Employee (loginName, empPwd,empname) VALUES ('lucy06','06','wxh06')";
        //int[] rows=jdbcTemplate.batchUpdate(sql,sql01,sql02 );

        String sql[] ={ "INSERT INTO Employee (loginName, empPwd,empname) VALUES ('lucy04','04','wxh04')",
                "INSERT INTO Employee (loginName, empPwd,empname) VALUES ('lucy05','05','wxh05')",
                "INSERT INTO Employee (loginName, empPwd,empname) VALUES ('lucy06','06','wxh06')"};
        int[] rows=jdbcTemplate.batchUpdate(sql);

        for(int i=0;i<rows.length;i++){
            System.out.println("rows="+rows[i]);
        }
    }
}
```

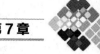

在上述代码中，参数使用的是数组，也可以不使用数组作为参数，参照上述代码中被注释掉的代码部分。

batchUpdate(String sql,List<Object[]> batchArgs)方法：使用批处理执行提供批量参数的单个 SQL 语句。第一个参数代表要执行的 sql 语句；第二个参数代表批量参数对象的列表；返回值是一个数组，代表包含受批处理中每个更新所影响的行数。代码如下所示：

```java
package com.chinasofti.demo;

import java.util.ArrayList;
import java.util.List;

import org.apache.commons.dbcp2.BasicDataSource;
import org.springframework.jdbc.core.JdbcTemplate;

public class Demo05 {
    public static void main(String[] args) {
        //获取dbcp连接池，BasicDataSource是Java提供的公共接口DataSource的dbcp实现类
        BasicDataSource dataSource = new BasicDataSource();
        //对数据库信息进行设置
        dataSource.setDriverClassName("com.mysql.jdbc.Driver");
        dataSource.setUrl("jdbc:mysql://localhost:3306/test?useSSL=false&useUnicode=true&
characterEncoding=utf-8");
        dataSource.setUsername("root");
        dataSource.setPassword("ctopwd#01");

        //实例化jdbcTemplate
        JdbcTemplate jdbcTemplate = new JdbcTemplate(dataSource);

        List<Object[]> batchArgs=new ArrayList<Object[]>();
        batchArgs.add(new Object[]{"lucy01","01","wxh01"});
        batchArgs.add(new Object[]{"lucy02","02","wxh02"});
        batchArgs.add(new Object[]{"lucy03","03","wxh03"});
        //执行SQL语句
        String sql = "INSERT INTO Employee (loginName, empPwd,empname) VALUES (?,?,?)";
        int[] rows=jdbcTemplate.batchUpdate(sql, batchArgs);
        for(int i=0;i<rows.length;i++){
            System.out.println("rows="+rows[i]);
        }
    }
}
```

（4）query 方法。

此方法一般配合回调接口使用，因此在后面"3．主要回调接口"中详细介绍。

（5）queryFor 方法。

常用的主要方法包括 queryForList、queryForMap、queryForObject，每个方法依然有很多重载方法。这里介绍基本的使用方法，如果读者想深入地学习，可以查询官方 API，根据这

些基本的使用方法来进行扩展。

　　List<Map<String,Object>> queryForList(String　sql, Object... args)：根据查询的注册参数列表，查询给定 SQL 的语句，返回一个 List 列表，列表中的每条数据都对应一行 SQL 表数据，每行的 SQL 表数据都是 queryForMap 方法的返回值（后面介绍 queryForMap 方法，这里可以理解为一个 Map）。代码如下所示：

```
package com.chinasofti.demo;

import java.util.List;
import java.util.Map;

import org.apache.commons.dbcp2.BasicDataSource;
import org.springframework.jdbc.core.JdbcTemplate;

public class Demo07 {
    public static void main(String[] args) {
        //获取dbcp连接池，BasicDataSource是Java提供的公共接口DataSource的dbcp实现类
        BasicDataSource dataSource = new BasicDataSource();
        //对数据库信息进行设置
        dataSource.setDriverClassName("com.mysql.jdbc.Driver");
        dataSource.setUrl("jdbc:mysql://localhost:3306/test?useSSL=false&useUnicode=true&
characterEncoding=utf-8");
        dataSource.setUsername("root");
        dataSource.setPassword("123");

        //实例化jdbcTemplate
        JdbcTemplate jdbcTemplate = new JdbcTemplate(dataSource);

        //执行SQL语句
        String sql="SELECT * FROM Employee WHERE level=?";
        List<Map<String,Object>> list=jdbcTemplate.queryForList(sql, 1);
        for (Map<String, Object> map : list) {
            System.out.println(map);
        }
    }
}
```

　　在上述代码中，queryForList 第二个参数可以根据是否有查询条件参数而选择是否是需要的，如果 SQL 语句为 "SELECT * FROM Employee"，则第二个参数是不需要的，改为"jdbcTemplate.queryForList(sql)"。在下面的 queryForMap、queryForObject 方法中是同样的，这里先进行说明，后面将不再赘述。

　　查询结果如图 7-4 所示。

```
log4j:WARN No appenders could be found for logger (org.springframework.jdbc.core.JdbcTemplate).
log4j:WARN Please initialize the log4j system properly.
log4j:WARN See http://logging.apache.org/log4j/1.2/faq.html#noconfig for more info.
{id=21, loginname=lucy01, emppwd=01, empname=wxh01, dept=null, pos=null, level=1}
{id=22, loginname=lucy02, emppwd=02, empname=wxh02, dept=null, pos=null, level=1}
{id=23, loginname=lucy03, emppwd=03, empname=wxh03, dept=null, pos=null, level=1}
{id=24, loginname=lucy04, emppwd=04, empname=wxh04, dept=null, pos=null, level=1}
{id=25, loginname=lucy05, emppwd=05, empname=wxh05, dept=null, pos=null, level=1}
```

图 7-4　查询结果

Map<String,Object> queryForMap(String sql,Object... args)：与 queryForList 类似，返回结果为一个 Map，但是此方法只能查询出 SQL 表中的一行数据，如果查询结果有多行数据，则会报 IncorrectResultSizeDataAccessException 异常。代码如下所示：

```java
package com.chinasofti.demo;

import java.util.Map;

import org.apache.commons.dbcp2.BasicDataSource;
import org.springframework.jdbc.core.JdbcTemplate;

public class Demo08 {
    public static void main(String[] args) {
        //获取dbcp连接池，BasicDataSource是Java提供的公共接口DataSource的dbcp实现类
        BasicDataSource dataSource = new BasicDataSource();
        //对数据库信息进行设置
        dataSource.setDriverClassName("com.mysql.jdbc.Driver");
        dataSource.setUrl("jdbc:mysql://localhost:3306/test?useSSL=false&useUnicode=true&characterEncoding=utf-8");
        dataSource.setUsername("root");
        dataSource.setPassword("123");

        //实例化jdbcTemplate
        JdbcTemplate jdbcTemplate = new JdbcTemplate(dataSource);

        //执行SQL语句
        String sql="SELECT * FROM Employee WHERE level=?";
        Map<String,Object> map=jdbcTemplate.queryForMap(sql, 2);
        System.out.println(map);
    }
}
```

查询结果如图 7-5 所示。

```
log4j:WARN No appenders could be found for logger (org.springframework.jdbc.core.JdbcTemplate).
log4j:WARN Please initialize the log4j system properly.
log4j:WARN See http://logging.apache.org/log4j/1.2/faq.html#noconfig for more info.
{id=26, loginname=lucy06, emppwd=06, empname=wxh06, dept=null, pos=null, level=2}
```

图 7-5　查询结果

<T>T queryForObject(String sql,Class<T> requiredType,Object... args)：与上述两个方法类

似，其查询的结果是单行单列，否则将报 IncorrectResultSizeDataAccessException 异常，而且需通过 Class<T> requiredType 参数指定查询对象的类型。其他的 queryFor×××方法有类似的重载方法。代码如下所示：

```
package com.chinasofti.demo;

import org.apache.commons.dbcp2.BasicDataSource;
import org.springframework.jdbc.core.JdbcTemplate;

public class Demo09 {
    public static void main(String[] args) {
        // 获取dbcp连接池，BasicDataSource是Java提供的公共接口DataSource的dbcp实现类
        BasicDataSource dataSource = new BasicDataSource();
        // 对数据库信息进行设置
        dataSource.setDriverClassName("com.mysql.jdbc.Driver");
        dataSource.setUrl("jdbc:mysql://localhost:3306/test?useSSL=false&useUnicode=true&characterEncoding=utf-8");
        dataSource.setUsername("root");
        dataSource.setPassword("123");

        //实例化jdbcTemplate
        JdbcTemplate jdbcTemplate = new JdbcTemplate(dataSource);

        //执行SQL语句
        String sql="SELECT loginName FROM Employee WHERE level=?";
        String loginName=jdbcTemplate.queryForObject(sql,String.class,2);
        System.out.println(loginName);
    }
}
```

查询结果如图 7-6 所示。

```
log4j:WARN No appenders could be found for logger (org.springframework.jdbc.core.JdbcTemplate).
log4j:WARN Please initialize the log4j system properly.
log4j:WARN See http://logging.apache.org/log4j/1.2/faq.html#noconfig for more info.
lucy06
```

图 7-6　查询结果

当然，也可通过<T> T queryForObject(String sql,RowMapper<T> rowMapper,Object...args) 方法，在参数中加入回调接口，把结果映射到实体类中。其他的 query 方法也有调用回调接口的重载方法，将在之后的内容中详细讲解。代码如下所示：

```
package com.chinasofti.demo;

public class EmployeeEntity {
    private Integer id;
    private String loginName;
    private String empPwd;
    private String empname;
```

```java
        private String dept;
        private String pos;
        private Integer level;
        public Integer getId() {
            return id;
        }
        public void setId(Integer id) {
            this.id = id;
        }
        public String getLoginname() {
            return loginName;
        }
        public void setLoginname(String loginName) {
            this.loginName = loginName;
        }
        public String getEmpPwd() {
            return empPwd;
        }
        public void setEmpPwd(String empPwd) {
            this.empPwd = empPwd;
        }
        public String getEmpname() {
            return empname;
        }
        public void setEmpname(String empname) {
            this.empname = empname;
        }
        public String getPos() {
            return pos;
        }
        public void setPos(String pos) {
            this.pos = pos;
        }
        public String getDept() {
            return dept;
        }
        public void setDept(String dept) {
            this.dept = dept;
        }
        public Integer getLevel() {
            return level;
        }
        public void setLevel(Integer level) {
            this.level = level;
        }
    }
}
```

```
package com.chinasofti.demo;

import org.apache.commons.dbcp2.BasicDataSource;
import org.springframework.jdbc.core.BeanPropertyRowMapper;
import org.springframework.jdbc.core.JdbcTemplate;

public class Demo10 {
    public static void main(String[] args) {
        //获取dbcp连接池，BasicDataSource是Java提供的公共接口DataSource的dbcp实现类
        BasicDataSource dataSource = new BasicDataSource();
        //对数据库信息进行设置
        dataSource.setDriverClassName("com.mysql.jdbc.Driver");
        dataSource.setUrl("jdbc:mysql://localhost:3306/test?useSSL=false&useUnicode=true&
characterEncoding=utf-8");
        dataSource.setUsername("root");
        dataSource.setPassword("123");

        //实例化jdbcTemplate
        JdbcTemplate jdbcTemplate = new JdbcTemplate(dataSource);

        //执行SQL语句
        String sql="SELECT loginName FROM Employee WHERE level=?";
        EmployeeEntity emp=jdbcTemplate.queryForObject(sql,new BeanPropertyRowMapper<>
(EmployeeEntity.class),2);
        System.out.println(emp.getLoginname());
    }
}
```

（6）call 方法。

这个方法一般用来执行 SQL 存储过程、函数等相关语句。它需要配合 CallableStatementCreator 回调接口实现，下面将对此进行较为详细的讲解。

3. 主要回调接口

JdbcTemplate 的主要回调接口有以下 11 种。

1）PreparedStatementCreator

这个接口用于预编译语句，它会创建一个给定 JdbcTemplate 连接（Connection）的 PreparedStatement。因为 PreparedStatement 实例里的 SQL 语句是已预编译的（PreparedStatement 对象已预编译过），所以运行效率较高。而且，它可以对 SQL 语句中的 "?" 占位符进行参数 注册，使安全性得到提高，可以有效地防止 SQL 注入。

使用 PreparedStatementCreator 接口需要实现一个返回 PreparedStatement 的方法： PreparedStatement createPreparedStatement(Connection conn)。

这个回调接口主要用于 JdbcTemplate 类的以下三个方法。

（1）<T> T execute(PreparedStatementCreator,PreparedStatementCallback)。

代码如下所示：

```java
package com.chinasofti.demo;

import java.sql.Connection;
import java.sql.PreparedStatement;
import java.sql.SQLException;

import org.apache.commons.dbcp2.BasicDataSource;
import org.springframework.dao.DataAccessException;
import org.springframework.jdbc.core.JdbcTemplate;
import org.springframework.jdbc.core.PreparedStatementCallback;
import org.springframework.jdbc.core.PreparedStatementCreator;

public class Demo11 {
    public static void main(String[] args) {
        //获取dbcp连接池，BasicDataSource是Java提供的公共接口DataSource的dbcp实现类
        BasicDataSource dataSource = new BasicDataSource();
        //对数据库信息进行设置
        dataSource.setDriverClassName("com.mysql.jdbc.Driver");
        dataSource.setUrl("jdbc:mysql://localhost:3306/test?useSSL=false&useUnicode=true&
characterEncoding=utf-8");
        dataSource.setUsername("root");
        dataSource.setPassword("123");

        //实例化jdbcTemplate
        JdbcTemplate jdbcTemplate =
                new JdbcTemplate(dataSource);

        //执行SQL语句
        Boolean isRes = jdbcTemplate.execute(new PreparedStatementCreator() {
            @Override
            public PreparedStatement createPreparedStatement(Connection conn) throws SQLException
{
                PreparedStatement ps =conn.prepareStatement("CREATE TABLE users (user_id
integer, name varchar(100))");
                return ps;
            }
        }, new PreparedStatementCallback<Boolean>() {
            @Override
            public Boolean doInPreparedStatement(PreparedStatement cs) throws SQLException,
DataAccessException {
                boolean isRes=cs.execute();
                return isRes;
            }
        });
        System.out.println(isRes);
    }
}
```

在上述代码中，通过实现回调接口 PreparedStatementCreator 的 createPreparedStatement 方法，在其中对 SQL 语句进行预编译，得到 PreparedStatement。之后又实现了 PreparedStatementCallback 接口（对此接口将在后面章节中进行介绍）的 doInPreparedStatement 方法进行回调传回，根据需要对 PreparedStatement 进行处理。

在代码中创建了一个表，没有结果集的产生，所以返回的是 false。执行结果如图 7-7 所示。

```
Markers  Properties  Servers  Data Source Explorer  Snippets  Problems  Console  Search

<terminated> Demo11 [Java Application] D:\Java\jre1.8.0_74\bin\javaw.exe (2019年11月1日 上午11:29:31)
log4j:WARN No appenders could be found for logger (org.springframework.jdbc.core.JdbcTemplate).
log4j:WARN Please initialize the log4j system properly.
log4j:WARN See http://logging.apache.org/log4j/1.2/faq.html#noconfig for more info.
false
```

图 7-7　执行结果

（2）void query(PreparedStatementCreator,RowCallbackHandler)。

此方法没有返回值，同样是在 PreparedStatementCreator 回调接口中实现 SQL 语句预编译。但与前一个方法不同的是，这次需要实现的是另外一个回调接口 RowCallbackHandler（对此接口将在后面章节中进行介绍）进行回调回传，得到的是一个 ResultSet 结果集而不是 PreparedStatement，需要自己对结果集 ResultSet 进行处理。

在下面的代码中，定义了一个 List，之后把得到的结果放入实体类中，然后把实体类对象放入 List 中，最后打印 List 的大小。实体类的定义延续使用之前的代码，这里不再赘述。代码如下所示：

```java
package com.chinasofti.demo;

import java.sql.Connection;
import java.sql.PreparedStatement;
import java.sql.ResultSet;
import java.sql.SQLException;
import java.util.ArrayList;
import java.util.List;

import org.apache.commons.dbcp2.BasicDataSource;
import org.springframework.jdbc.core.JdbcTemplate;
import org.springframework.jdbc.core.PreparedStatementCreator;
import org.springframework.jdbc.core.RowCallbackHandler;

public class Demo12 {
    public static void main(String[] args) {
        //获取dbcp连接池，BasicDataSource是Java提供的公共接口DataSource的dbcp实现类
        BasicDataSource dataSource = new BasicDataSource();
        //对数据库信息进行设置
        dataSource.setDriverClassName("com.mysql.jdbc.Driver");
        dataSource.setUrl("jdbc:mysql://localhost:3306/test?useSSL=false&useUnicode=true&characterEncoding=utf-8");
```

```
                dataSource.setUsername("root");
                dataSource.setPassword("123");

                //实例化jdbcTemplate
                JdbcTemplate jdbcTemplate =
                        new JdbcTemplate(dataSource);
                List<EmployeeEntity> list
                    = new ArrayList<EmployeeEntity>();
                //执行SQL语句
                jdbcTemplate.query(new PreparedStatementCreator() {
                    @Override
                    public PreparedStatement createPreparedStatement(Connection conn)
throws SQLException {
                            PreparedStatement ps =conn.prepareStatement
                                "SELECT * FROM employee WHERE level=?");
                            ps.setInt(1,1);
                            return ps;
                    }
                }, new RowCallbackHandler() {
                    @Override
                    public void processRow(ResultSet rs) throws SQLException {
                        while(rs.next()){
                            EmployeeEntity em=new EmployeeEntity();
                            list.add(em);
                        }
                    }
                });
                System.out.println(list.size());
        }
}
```

运行结果如图 7-8 所示。

```
Markers  Properties  Servers  Data Source Explorer  Snippets  Problems  Console ☒  Search

<terminated> Demo12 [Java Application] D:\Java\jre1.8.0_74\bin\javaw.exe (2019年10月31日 下午9:43:26)
log4j:WARN No appenders could be found for logger (org.springframework.jdbc.core.JdbcTemplate).
log4j:WARN Please initialize the log4j system properly.
log4j:WARN See http://logging.apache.org/log4j/1.2/faq.html#noconfig for more info.
4
```

图 7-8　运行结果

（3）int update(PreparedStatementCreator)。

通过实现 PreparedStatementCreator 回调接口执行一条 SQL 语句，通常用它来执行 DML 语句，返回值是受影响的行数，通过向数据库插入一条数据来进行展示。代码如下所示：

```
package com.chinasofti.demo;

import java.sql.Connection;
```

```
import java.sql.PreparedStatement;
import java.sql.SQLException;
import java.util.ArrayList;
import java.util.List;

import org.apache.commons.dbcp2.BasicDataSource;
import org.springframework.jdbc.core.JdbcTemplate;
import org.springframework.jdbc.core.PreparedStatementCreator;

public class Demo13 {
    public static void main(String[] args) {
        //获取dbcp连接池，BasicDataSource是Java提供的公共接口DataSource的dbcp实现类
        BasicDataSource dataSource = new BasicDataSource();
        //对数据库信息进行设置
        dataSource.setDriverClassName("com.mysql.jdbc.Driver");
        dataSource.setUrl("jdbc:mysql://localhost:3306/test?useSSL=false&useUnicode=true&
characterEncoding=utf-8");
        dataSource.setUsername("root");
        dataSource.setPassword("123");

        //实例化jdbcTemplate
        JdbcTemplate jdbcTemplate = new JdbcTemplate(dataSource);
        List<EmployeeEntity> list
                = new ArrayList<EmployeeEntity>();
        //执行SQL语句
        int row =
         jdbcTemplate.update(new PreparedStatementCreator() {
            @Override
            public PreparedStatement createPreparedStatement
                             (Connection conn) throws SQLException {
                PreparedStatement ps =conn.prepareStatement("INSERT INTO Employee (loginName,
empPwd,empname) VALUES (?,?,?)");
                ps.setString(1,"syq");
                ps.setString(2,"123");
                ps.setString(3,"songyongquan");
                return ps;
            }
        });
        System.out.println(row);

    }
}
```

运行结果如图 7-9 所示。

图 7-9　运行结果

2）CallableStatementCreator

此回调接口用来调用存储过程和自定义函数，通过实现此接口的 CallableStatement createCallableStatement(Connection conn)throws SQLException 方法，回调获取 JdbcTemplate 提供的 Connection，之后使用获取的该 Connection 创建相关 JDBC 的 CallableStatement。

使用此回调接口的 JdbcTemplate 类的主要方法有以下两个。

（1）Map<String,Object>call(CallableStatementCreator,List<SqlParameter>)。

此方法通过实现 CallableStatementCreator 回调接口执行存储过程或函数。第二个参数是一个 SqlParameter 类的 List 集合。SqlParameter 类用来描述存储过程参数及参数类型。代码如下所示：

```
package com.chinasofti.demo;

import java.sql.CallableStatement;
import java.sql.Connection;
import java.sql.SQLException;
import java.sql.Types;
import java.util.ArrayList;
import java.util.List;
import java.util.Map;

import org.apache.commons.dbcp2.BasicDataSource;
import org.springframework.jdbc.core.CallableStatementCreator;
import org.springframework.jdbc.core.JdbcTemplate;
import org.springframework.jdbc.core.SqlParameter;

public class Demo14 {
    public static void main(String[] args) {
        //获取dbcp连接池，BasicDataSource是Java提供的公共接口DataSource的dbcp实现类
        BasicDataSource dataSource = new BasicDataSource();
        //对数据库信息进行设置
        dataSource.setDriverClassName("com.mysql.jdbc.Driver");
```

```
        dataSource.setUrl("jdbc:mysql://localhost:3306/test?useSSL=false&useUnicode=true&
characterEncoding=utf-8");
        dataSource.setUsername("root");
        dataSource.setPassword("ctopwd#01");

        //实例化jdbcTemplate
        JdbcTemplate jdbcTemplate = new JdbcTemplate(dataSource);

        //①创建存储过程
        String procedureSql = "CREATE PROCEDURE INFO_LEVEL(IN p_level int(2)) " + "BEGIN "
                + "SELECT * FROM employee WHERE level=p_level; " + "END";
        jdbcTemplate.update(procedureSql);
        //②SqlParameter用于参数类型注册，第一个参数是name，它需要和存储过程中的输入参数名
称一致，这里是"p_level"；第二个参数为映射参数的类型
        List<SqlParameter> params = new ArrayList<SqlParameter>();
        params.add(new SqlParameter("p_level", Types.INTEGER));

        //③执行存储过程
        Map<String, Object> map = jdbcTemplate.call(new CallableStatementCreator() {
            @Override
            public CallableStatement createCallableStatement(Connection conn) throws SQLException {
                CallableStatement cstmt = conn.prepareCall("{call INFO_LEVEL(?)}");
                //④jdbc的存储过程参数注册，第一个参数与SqlParameter注册参数相对应
                cstmt.setInt("p_level", 2);
                return cstmt;
            }
        }, params);
        System.out.println(map);

    }
}
```

在上述代码中，定义了一个通过 Level 字段参数查询所有数据的存储过程，之后执行存储过程，获得数据。

注解①是通过 JdbcTemplate 的 update 方法创建了一个存储过程。

注解②SqlParameter 是用于参数类型注册，第一个参数是 name，它需要和存储过程中的输入参数名称一致，这里是"p_level"；第二个参数为映射参数的类型。

注解③是实现回调接口执行存储过程。

注解④是 jdbc 的存储过程参数注册，第一个参数是参数名称（name）与 SqlParameter 注册参数名称（name）相对应。

注：如果注册参数采用的是位置索引方式，比如改成 cstmt.setInt(1, 2)，则 SqlParameter 可以不进行注册。

运行结果如图 7-10 所示。

图 7-10　运行结果

（2）<T> T execute(CallableStatementCreator csc, CallableStatementCallback<T>action)。

此方法与上面介绍的 call 方法基本相同，call 方法的第二个参数是一个 List 集合，本方法的第二个参数是另外一个回调接口 CallableStatementCallback（对此接口将在后续章节中介绍），它用来接收并处理 CallableStatementCreator 回调接口的返回值 CallableStatement。代码如下所示：

```java
package com.chinasofti.demo;

import java.sql.CallableStatement;
import java.sql.Connection;
import java.sql.SQLException;

import org.apache.commons.dbcp2.BasicDataSource;
import org.springframework.dao.DataAccessException;
import org.springframework.jdbc.core.CallableStatementCallback;
import org.springframework.jdbc.core.CallableStatementCreator;
import org.springframework.jdbc.core.JdbcTemplate;

public class Demo15 {
    public static void main(String[] args) {
        //获取dbcp连接池，BasicDataSource是Java提供的公共接口DataSource的dbcp实现类
        BasicDataSource dataSource = new BasicDataSource();
        //对数据库信息进行设置
        dataSource.setDriverClassName("com.mysql.jdbc.Driver");
        dataSource.setUrl("jdbc:mysql://localhost:3306/test?useSSL=false&useUnicode=true&
characterEncoding=utf-8");
        dataSource.setUsername("root");
        dataSource.setPassword("123");

        //实例化jdbcTemplate
        JdbcTemplate jdbcTemplate = new JdbcTemplate(dataSource);

        //创建存储过程
        String procedureSql = "CREATE PROCEDURE CREATE_USERS() " + "BEGIN "
                + "CREATE TABLE users (user_id integer, name varchar(100)); " + "END";
        jdbcTemplate.update(procedureSql);

        //执行存储过程
        Boolean bol = jdbcTemplate.execute(new CallableStatementCreator() {
            @Override
```

```
                    public CallableStatement createCallableStatement(Connection conn) throws SQLException {
                        CallableStatement cstmt = conn.prepareCall("{call CREATE_USERS()}");
                        return cstmt;
                    }
            }, new CallableStatementCallback<Boolean>() {
                @Override
                public Boolean doInCallableStatement(CallableStatement cstmt) throws SQLException,
DataAccessException {
                        return cstmt.execute();
                    }
            }
            );
            System.out.println(bol);
        }
    }
```

在上述代码中，创建了一个存储过程，这个存储过程的作用是创建一个 users 表。接着，调用 JdbcTemplate 类的 execute 方法先实现了 CallableStatementCreator 回调接口，在其中注册执行存储过程的 SQL 语句，并得到 CallableStatement 的实例。之后，又实现了 CallableStatementCallback 回调接口，对 CallableStatement 实例进行处理，如果处理结果是一个 ResultSet 对象则返回 true。这里创建一个表，是没有 ResultSet 结果的，因此返回一个 false。运行结果如图 7-11 所示。

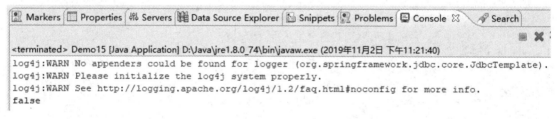

图 7-11　运行结果

3）PreparedStatementSetter

通过此回调接口可以获取 JdbcTemplate 模板提供的 PreparedStatement（前面对此接口已介绍过，这里不再赘述），可以自行对相应的预编译 SQL 语句及参数进行注册设置。JdbcTemplate 类主要有以下两个方法用到此回调接口。

（1）int update（String sql,PreparedStatementSetter pss）。

此方法第一个参数是用户提供的带占位符的 SQL 语句，第二个参数为需要实现的回调接口。下面以向既有的 Employee 表中插入一条数据为例。代码如下所示：

```
package com.chinasofti.demo;

import java.sql.PreparedStatement;
import java.sql.SQLException;

import org.apache.commons.dbcp2.BasicDataSource;
import org.springframework.jdbc.core.JdbcTemplate;
```

```
import org.springframework.jdbc.core.PreparedStatementSetter;

public class Demo16 {
    public static void main(String[] args) {
        //获取dbcp连接池，BasicDataSource是Java提供的公共接口DataSource的dbcp实现类
        BasicDataSource dataSource = new BasicDataSource();
        //对数据库信息进行设置
        dataSource.setDriverClassName("com.mysql.jdbc.Driver");
        dataSource.setUrl("jdbc:mysql://localhost:3306/test?useSSL=false&useUnicode=true&
characterEncoding=utf-8");
        dataSource.setUsername("root");
        dataSource.setPassword("ctopwd#01");

        //实例化jdbcTemplate
        JdbcTemplate jdbcTemplate = new JdbcTemplate(dataSource);
        //执行SQL语句
        String sql = "INSERT INTO Employee (loginName, empPwd,empname) VALUES (?,?,?)";
        int rows = jdbcTemplate.update(sql, new PreparedStatementSetter() {
            @Override
            public void setValues(PreparedStatement pstmt) throws SQLException {
                pstmt.setString(1, "syq01");
                pstmt.setString(2, "123");
                pstmt.setString(3, "songyongquan01");
        }});

        System.out.println(rows);
    }
}
```

在上述代码中，在 update 方法中传入了 SQL 语句，之后实现了 PreparedStatementSetter 接口的 setValues 方法，通过回调得到对 SQL 语句进行了预编译的 PreparedStatement 对象，最后对 SQL 语句的参数进行了注册，最终返回的是受影响的行数。运行结果如图 7-12 所示。

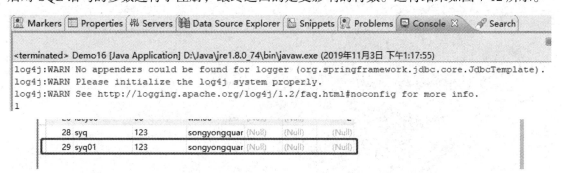

图 7-12　运行结果

（2）<T> T query(String sql,PreparedStatementSetter pss,ResultSetExtractor<T> rse)。
这个方法的前两个参数与上面的方法没有什么不同,第三个参数是一个 ResultSetExtractor

回调接口，这个接口可以获取 SQL 语句执行后获得的结果集，可以在其中自由地对结果集进行处理（在后面的内容中进行介绍）。实例代码如下所示：

```
package com.chinasofti.demo;

import java.sql.PreparedStatement;
import java.sql.ResultSet;
import java.sql.SQLException;
import java.util.ArrayList;
import java.util.List;

import org.apache.commons.dbcp2.BasicDataSource;
import org.springframework.dao.DataAccessException;
import org.springframework.jdbc.core.JdbcTemplate;
import org.springframework.jdbc.core.PreparedStatementSetter;
import org.springframework.jdbc.core.ResultSetExtractor;

public class Demo17 {
    public static void main(String[] args) {
        //获取dbcp连接池，BasicDataSource是Java提供的公共接口DataSource的dbcp实现类
        BasicDataSource dataSource = new BasicDataSource();
        //对数据库信息进行设置
        dataSource.setDriverClassName("com.mysql.jdbc.Driver");
        dataSource.setUrl("jdbc:mysql://localhost:3306/test?useSSL=false&useUnicode=true&
characterEncoding=utf-8");
        dataSource.setUsername("root");
        dataSource.setPassword("ctopwd#01");

        //实例化jdbcTemplate
        JdbcTemplate jdbcTemplate = new JdbcTemplate(dataSource);
        //执行SQL语句
        String sql = "SELECT * FROM Employee WHERE level=?";
        List<EmployeeEntity> list= jdbcTemplate.query(sql, new PreparedStatementSetter() {
            @Override
            public void setValues(PreparedStatement pstmt) throws SQLException {
                pstmt.setInt(1, 1);
            }
        },new ResultSetExtractor<List<EmployeeEntity>>(){
            @Override
            public List<EmployeeEntity> extractData(ResultSet rs) throws SQLException,
DataAccessException {
                List<EmployeeEntity> list = new ArrayList<EmployeeEntity>();
                while (rs.next()){
                    EmployeeEntity emp=new EmployeeEntity();
                    emp.setId(rs.getInt("id"));
                    emp.setLoginname(rs.getString("loginName"));
                    emp.setEmpPwd(rs.getString("empPwd"));
                    emp.setEmpname(rs.getString("empname"));
```

```
                    emp.setDept(rs.getString("dept"));
                    emp.setPos(rs.getString("pos"));
                    emp.setLevel(rs.getInt("level"));
                    list.add(emp);
                }
                return list;
            }

        });
        for(EmployeeEntity emp:list){
            System.out.println(emp.getId()+" "+emp.getLoginname()+" "+emp.getEmpPwd()+" "+emp.
getEmpname()+" "+emp.getDept()+" "+emp.getPos()+" "+emp.getLevel());
        }


    }
}
```

在上述代码中，执行了一条带有条件的查询语句，此语句的条件参数在 Prepared StatementSetter 回调接口的实现中进行了注册，容器在执行此 SQL 语句后生成了结果集，之后实现了 ResultSetExtractor 接口来获取并处理结果集。运行结果如图 7-13 所示。

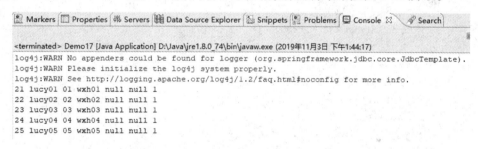

图 7-13　运行结果

4）BatchPreparedStatementSetter

此回调接口与 PreparedStatementSetter 回调接口比较类似。此回调接口有以下两个方法。

（1）void setValues(PreparedStatement ps,int i)：为给定的 PreparedStatement 设置参数，i 是索引从 0 开始到指定本批次的大小。

（2）int getBatchSize()：指定本批次的大小。

用到这个回调接口的 JdbcTemplate 类方法主要有 int[] batchUpdate(String sql, BatchPreparedStatementSetter pss)，该办法的第一个参数为批处理的 SQL 语句，第二个参数是需要实现的回调接口，返回值是一个整型数组，代表的是每次处理所影响的行数。实例代码如下所示：

```
package com.chinasofti.demo;

import java.sql.PreparedStatement;
import java.sql.SQLException;
import java.util.ArrayList;
import java.util.List;
```

```java
import org.apache.commons.dbcp2.BasicDataSource;
import org.springframework.jdbc.core.BatchPreparedStatementSetter;
import org.springframework.jdbc.core.JdbcTemplate;

public class Demo18 {
    public static void main(String[] args) {
        //获取dbcp连接池，BasicDataSource是Java提供的公共接口DataSource的dbcp实现类
        BasicDataSource dataSource = new BasicDataSource();
        //对数据库信息进行设置
        dataSource.setDriverClassName("com.mysql.jdbc.Driver");
        dataSource.setUrl("jdbc:mysql://localhost:3306/test?useSSL=false&useUnicode=true&characterEncoding=utf-8");
        dataSource.setUsername("root");
        dataSource.setPassword("ctopwd#01");
        //保存包含需要插入数据的实体类
        final List<EmployeeEntity> list = new ArrayList<EmployeeEntity>();
        for (int i = 0; i < 5; i++) {
            EmployeeEntity emp = new EmployeeEntity();
            emp.setLoginname("yq" + i);
            emp.setEmpPwd("123");
            emp.setEmpname("yangqiang" + i);
            list.add(emp);
        }
        //实例化jdbcTemplate
        JdbcTemplate jdbcTemplate = new JdbcTemplate(dataSource);
        //执行SQL语句
        String sql = "INSERT INTO Employee (loginName, empPwd,empname) VALUES (?,?,?)";
        int[] rows = jdbcTemplate.batchUpdate(sql, new BatchPreparedStatementSetter() {
            @Override
            public void setValues(PreparedStatement pstmt, int i) throws SQLException {
                EmployeeEntity emp = list.get(i);
                pstmt.setString(1, emp.getLoginname());
                pstmt.setString(2, emp.getEmpPwd());
                pstmt.setString(3, emp.getEmpname());
            }
            public int getBatchSize() {
                return list.size();
            }
        });
        for(int i=0;i<rows.length;i++){
            System.out.println(rows[i]);
        }
    }
}
```

在上述代码中，向 Employee 表中批处理插入数据，先把需要处理的数据封装成实体类放入 List 列表中，之后调用 batchUpdate 方法给的 SQL 语句，实现回调接口的两个方法在

setValues 方法中使用获取的 PreparedStatement 实例进行参数注册，参数来源于 List 列表，List 的索引最大值来源于 getBatchSize 方法进行的指定，最终返回值是每次插入受影响的行数。运行结果如图 7-14 所示。

```
Markers  Properties  Servers  Data Source Explorer  Snippets  Problems  Console ✕  Search

<terminated> Demo18 [Java Application] D:\Java\jre1.8.0_74\bin\javaw.exe (2019年11月3日 下午2:59:55)
log4j:WARN No appenders could be found for logger (org.springframework.jdbc.core.JdbcTemplate).
log4j:WARN Please initialize the log4j system properly.
log4j:WARN See http://logging.apache.org/log4j/1.2/faq.html#noconfig for more info.
1
1
1
1
1
```

	28 syq	123	songyongquar	(Null)	(Null)	(Null)
▶	29 syq01	123	songyongquar	(Null)	(Null)	(Null)
	35 yq0	123	yangqiang0	(Null)	(Null)	(Null)
	36 yq1	123	yangqiang1	(Null)	(Null)	(Null)
	37 yq2	123	yangqiang2	(Null)	(Null)	(Null)
	38 yq3	123	yangqiang3	(Null)	(Null)	(Null)
	39 yq4	123	yangqiang4	(Null)	(Null)	(Null)

图 7-14　运行结果

5）ConnectionCallback

此回调接口主要提供了一个扩展点，可以使用此回调接口自定义功能，它通过 doInConnection 方法得到一个 Connection。由于官方不太建议使用此方法，因此只做一个简单的介绍。使用此回调接口的主要方法如下。

<T> T execute(ConnectionCallback<T> action)：通过实现回调接口，获得 Connection 从而对数据库进行各种操作。

下面简单地使用此方法新建一个 users 表，代码如下所示：

```java
package com.chinasofti.demo;

import java.sql.Connection;
import java.sql.PreparedStatement;
import java.sql.SQLException;

import org.apache.commons.dbcp2.BasicDataSource;
import org.springframework.dao.DataAccessException;
import org.springframework.jdbc.core.ConnectionCallback;
import org.springframework.jdbc.core.JdbcTemplate;

public class Demo19 {
    public static void main(String[] args) {
        //获取dbcp连接池，BasicDataSource是Java提供的公共接口DataSource的dbcp实现类
        BasicDataSource dataSource = new BasicDataSource();
        //对数据库信息进行设置
        dataSource.setDriverClassName("com.mysql.jdbc.Driver");
```

```
            dataSource.setUrl("jdbc:mysql://localhost:3306/test?useSSL=false&useUnicode=true&
characterEncoding=utf-8");
            dataSource.setUsername("root");
            dataSource.setPassword("ctopwd#01");

            //实例化jdbcTemplate
            JdbcTemplate jdbcTemplate = new JdbcTemplate(dataSource);

            //执行SQL语句
            boolean bol = jdbcTemplate.execute(new ConnectionCallback<Boolean>(){
                @Override
                public Boolean doInConnection(Connection con) throws SQLException,
DataAccessException {
                    // TODO Auto-generated method stub
                    PreparedStatement ps=con.prepareStatement("CREATE TABLE users (user_id integer,
name varchar(100))");

                    boolean bol=ps.execute();
                    ps.close();
                    return bol;
                }
            });

            System.out.println(bol);
        }
    }
```

在上述代码中，定义返回值为布尔值，如果有返回结果集则返回 true，否则返回 false。
运行结果如图 7-15 所示。

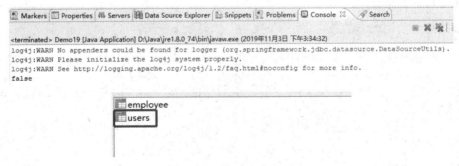

图 7-15　运行结果

6）StatementCallback

通过回调可以获取 JdbcTemplate 提供的 Statement，利用这个 Statement 可以执行任何
Statement 能做到的操作。用到这个回调接口的主要方法如下：

<T> T execute(StatementCallback<T> action)：通过回调接口得到 Statement 对象从而执行
SQL 语句，返回值可以自定义。一般不建议使用该方法，示例代码如下所示：

```
package com.chinasofti.demo;
```

```java
import java.sql.SQLException;
import java.sql.Statement;

import org.apache.commons.dbcp2.BasicDataSource;
import org.springframework.dao.DataAccessException;
import org.springframework.jdbc.core.JdbcTemplate;
import org.springframework.jdbc.core.StatementCallback;

public class Demo20 {
    public static void main(String[] args) {
        //获取dbcp连接池，BasicDataSource是Java提供的公共接口DataSource的dbcp实现类
        BasicDataSource dataSource = new BasicDataSource();
        //对数据库信息进行设置
        dataSource.setDriverClassName("com.mysql.jdbc.Driver");
        dataSource.setUrl("jdbc:mysql://localhost:3306/test?useSSL=false&useUnicode=true&characterEncoding=utf-8");
        dataSource.setUsername("root");
        dataSource.setPassword("ctopwd#01");

        //实例化jdbcTemplate
        JdbcTemplate jdbcTemplate = new JdbcTemplate(dataSource);

        //执行SQL语句
        boolean bol=jdbcTemplate.execute(new StatementCallback<Boolean>(){
            @Override
            public Boolean doInStatement(Statement arg0) throws SQLException, DataAccessException {
                // TODO Auto-generated method stub
                return arg0.execute("CREATE TABLE users (user_id integer, name varchar(100))");
            }
        });

        System.out.println(bol);
    }
}
```

把之前创建的 users 表删除，上述代码使用<T> T execute(StatementCallback<T> action)方法实现 StatementCallback 回调接口来创建 users 表，返回值与前面介绍的回调接口中的相同。

7）PreparedStatementCallback

与 StatementCallback 回调接口类似，区别在于它返回的是 PreparedStatement，因此可以进行参数注册，使用它的 JdbcTemplate 类方法主要有以下两个。

（1）<T> T execute(PreparedStatementCreator psc,PreparedStatementCallback<T> action)：此方法在介绍 PreparedStatementCreator 回调接口时已涉及，这里不再赘述。

（2）<T> T execute(String sql,PreparedStatementCallback<T> action)：此方法通过回调接口得到 PreparedStatement 对象（预编译），从而对第一个参数的 SQL 语句占位符的参数进行注

册。示例代码如下所示：

```
package com.chinasofti.demo;

import java.sql.PreparedStatement;
import java.sql.SQLException;

import org.apache.commons.dbcp2.BasicDataSource;
import org.springframework.dao.DataAccessException;
import org.springframework.jdbc.core.JdbcTemplate;
import org.springframework.jdbc.core.PreparedStatementCallback;

public class Demo22 {
    public static void main(String[] args) {
        //获取dbcp连接池，BasicDataSource是Java提供的公共接口DataSource的dbcp实现类
        BasicDataSource dataSource = new BasicDataSource();
        //对数据库信息进行设置
        dataSource.setDriverClassName("com.mysql.jdbc.Driver");
        dataSource.setUrl("jdbc:mysql://localhost:3306/test?useSSL=false&useUnicode=true&
characterEncoding=utf-8");
        dataSource.setUsername("root");
        dataSource.setPassword("ctopwd#01");

        //实例化jdbcTemplate
        JdbcTemplate jdbcTemplate = new JdbcTemplate(dataSource);

        //执行SQL语句
        String sql="INSERT INTO Employee (loginName, empPwd,empname) VALUES (?,?,?)";
        int rows=jdbcTemplate.execute(sql,new PreparedStatementCallback<Integer>(){
            @Override
            public Integer doInPreparedStatement(PreparedStatement ps) throws SQLException,
DataAccessException {
                ps.setString(1, "zh");
                ps.setString(2, "123");
                ps.setString(3, "zhouhai");
                return ps.executeUpdate();
            }
        });

        System.out.println(rows);
    }
}
```

在上述代码中，向 Employee 表中插入了一条数据，给定的 SQL 语句中的占位符在回调接口中进行了注册执行，返回受影响的行数，运行结果如图 7-16 所示。

图 7-16　运行结果

8）CallableStatementCallback

通过回调可以获取到 JdbcTemplate 提供的 CallableStatement 对象，利用这个 CallableStatement 对象可以执行任何 CallableStatement 能做到的操作。用到此回调接口的 JdbcTemplate 的方法主要有以下两个。

（1）<T> T execute(CallableStatementCreator csc,CallableStatementCallback<T> action)：此方法在介绍 CallableStatementCreator 回调接口时已涉及，这里不再赘述。

（2）<T> T execute(StringcallString,CallableStatementCallback<T> action)：通过 CallableStatementCallback 回调接口对已提供的预编译存储过程及自定义函数进行参数注册，实例代码如下所示：

```java
package com.chinasofti.demo;

import java.sql.CallableStatement;
import java.sql.SQLException;

import org.apache.commons.dbcp2.BasicDataSource;
import org.springframework.dao.DataAccessException;
import org.springframework.jdbc.core.CallableStatementCallback;
import org.springframework.jdbc.core.JdbcTemplate;

public class Demo23 {
    public static void main(String[] args) {
        //获取dbcp连接池，BasicDataSource是Java提供的公共接口DataSource的dbcp实现类
        BasicDataSource dataSource = new BasicDataSource();
        //对数据库信息进行设置
        dataSource.setDriverClassName("com.mysql.jdbc.Driver");
        dataSource.setUrl("jdbc:mysql://localhost:3306/test?useSSL=false&useUnicode=true&characterEncoding=utf-8");
        dataSource.setUsername("root");
        dataSource.setPassword("ctopwd#01");

        //实例化jdbcTemplate
        JdbcTemplate jdbcTemplate = new JdbcTemplate(dataSource);

        //创建存储过程
```

```
                String procedureSql = "CREATE PROCEDURE INSERT_EMP(IN p_loginName varchar(18),
p_empPwd varchar(18),p_empname varchar(18)) " + "BEGIN "
                    +"INSERT INTO Employee (loginName, empPwd,empname) VALUES (p_loginName,
p_empPwd,p_empname); " + "END";
            jdbcTemplate.update(procedureSql);

            //执行存储过程
            String callSql="{call INSERT_EMP(?,?,?)}";
            int rows = jdbcTemplate.execute(callSql,new CallableStatementCallback<Integer>() {
                @Override
                public Integer doInCallableStatement(CallableStatement cstmt) throws SQLException,
DataAccessException {
                    cstmt.setString(1, "zh01");
                    cstmt.setString(2, "123");
                    cstmt.setString(3, "zhouhai01");
                    return cstmt.executeUpdate();
                }
            });
            System.out.println(rows);
        }
    }
```

在上述代码中，创建了一个向 Employee 表中插入数据的存储过程 INSERT_EMP，定义了执行此存储过程的 SQL 语句，把其作为参数传入 execute 方法中。之后，实现 CallableStatementCallback 回调接口得到 CallableStatement 对象（预编译），利用 CallableStatement 对象对参数进行注册并执行存储过程，返回受影响的行数（返回值同样可以根据需要自己来定义，包括返回类型），运行结果如图 7-17 所示。

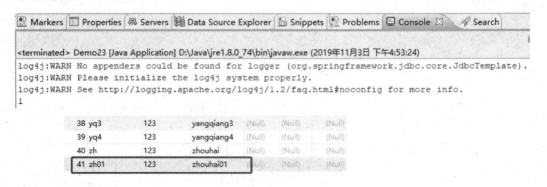

图 7-17　运行结果

9）RowMapper

此回调接口用于对结果集的每行数据进行重新处理，需实现方法 mapRow(ResultSet rs,int rowNum)来得到结果集与当前行的编号，完成对每行数据的处理。此回调函数并非经常使用，这里通过 JdbcTemplate 类的<T> List<T> query(String sql,RowMapper<T>rowMapper)方法进行简单的说明，示例代码如下所示：

```
package com.chinasofti.demo;
```

```
import java.sql.ResultSet;
import java.sql.SQLException;
import java.util.HashMap;
import java.util.List;
import java.util.Map;

import org.apache.commons.dbcp2.BasicDataSource;
import org.springframework.jdbc.core.JdbcTemplate;
import org.springframework.jdbc.core.RowMapper;

public class Demo24 {
    public static void main(String[] args) {
        //获取dbcp连接池，BasicDataSource是Java提供的公共接口DataSource的dbcp实现类
        BasicDataSource dataSource = new BasicDataSource();
        //对数据库信息进行设置
        dataSource.setDriverClassName("com.mysql.jdbc.Driver");
        dataSource.setUrl("jdbc:mysql://localhost:3306/test?useSSL=false&useUnicode=true&
characterEncoding=utf-8");
        dataSource.setUsername("root");
        dataSource.setPassword("ctopwd#01");

        //实例化jdbcTemplate
        JdbcTemplate jdbcTemplate = new JdbcTemplate(dataSource);

        //执行存储过程
        String sql = "SELECT * FROM Employee";
        List<Map<String, String>> result = jdbcTemplate.query(sql, new RowMapper<Map<String,
String>>() {

            @Override
            public Map<String, String> mapRow(ResultSet rs, int rowNum) throws SQLException {
                Map<String, String> map = new HashMap<String, String>();
                map.put("loginName", rs.getString("loginName"));
                map.put("empPwd", rs.getString("empPwd"));
                map.put("empname", rs.getString("empname"));
                return map;
            }
        });
        for(Map<String, String> map:result){
            System.out.println(map);
        }
    }
}
```

在上述代码中，通过查询语句查询出 Employee 表里的数据，通过 query 方法传入 SQL
语句，实现 RowMapper 的回调接口的 mapRow 方法，此方法得到结果集与当前的行数（处
理结果集无须使用 next 方法，模板会自动完成），返回值类型是自定义的，这里把结果放入

了 Map 中，因此返回一个 Map。最终，query 方法会得到一个存放 Map 的 List 列表，运行结果如图 7-18 所示。

```
Markers  Properties  Servers  Data Source Explorer  Snippets  Problems  Console ✕  Search

<terminated> Demo24 [Java Application] D:\Java\jre1.8.0_74\bin\javaw.exe (2019年11月3日 下午5:20:11)
log4j:WARN No appenders could be found for logger (org.springframework.jdbc.core.JdbcTemplate).
log4j:WARN Please initialize the log4j system properly.
log4j:WARN See http://logging.apache.org/log4j/1.2/faq.html#noconfig for more info.
{empname=wxh01, loginname=lucy01, emppwd=01}
{empname=wxh02, loginname=lucy02, emppwd=02}
{empname=wxh03, loginname=lucy03, emppwd=03}
{empname=wxh04, loginname=lucy04, emppwd=04}
{empname=wxh05, loginname=lucy05, emppwd=05}
{empname=wxh06, loginname=lucy06, emppwd=06}
{empname=songyongquan, loginname=syq, emppwd=123}
{empname=songyongquan01, loginname=syq01, emppwd=123}
{empname=yangqiang0, loginname=yq0, emppwd=123}
{empname=yangqiang1, loginname=yq1, emppwd=123}
{empname=yangqiang2, loginname=yq2, emppwd=123}
{empname=yangqiang3, loginname=yq3, emppwd=123}
{empname=yangqiang4, loginname=yq4, emppwd=123}
{empname=zhouhai, loginname=zh, emppwd=123}
{empname=zhouhai01, loginname=zh01, emppwd=123}
```

图 7-18 运行结果

10）RowCallbackHandler

此回调接口与之前的 RowMapper 接口基本类似，需实现方法 processRow(ResultSet rs)，此方法得到一个结果集（与 RowMapper 实现方法的区别是它没有返回值），需要对此结果集进行操作。在该回调方法中无须执行 rs.next()，该操作由 JdbcTemplate 执行，用户只需要在按行获取数据后处理。使用此接口的典型方法为：void query(String sql, RowCallbackHandler rch)，它与之前方法的区别是回调接口不同，而且此方法无返回值，不会像之前方法那样自动把结果放入 List 中，需要根据实际情况自行处理。

延续之前的逻辑把回调接口改为 RowCallbackHandler，代码如下所示：

```java
package com.chinasofti.demo;

import java.sql.ResultSet;
import java.sql.SQLException;
import java.util.ArrayList;
import java.util.HashMap;
import java.util.List;
import java.util.Map;

import org.apache.commons.dbcp2.BasicDataSource;
import org.springframework.jdbc.core.JdbcTemplate;
import org.springframework.jdbc.core.RowCallbackHandler;

public class Demo25 {
    public static void main(String[] args) {
        //获取dbcp连接池，BasicDataSource是Java提供的公共接口DataSource的dbcp实现类
        BasicDataSource dataSource = new BasicDataSource();
        //对数据库信息进行设置
        dataSource.setDriverClassName("com.mysql.jdbc.Driver");
```

```
                dataSource.setUrl("jdbc:mysql://localhost:3306/test?useSSL=false&useUnicode=true&
characterEncoding=utf-8");
                dataSource.setUsername("root");
                dataSource.setPassword("ctopwd#01");

                //实例化jdbcTemplate
                JdbcTemplate jdbcTemplate = new JdbcTemplate(dataSource);

                //执行存储过程
                final List<Map<String, String>> result=new ArrayList<Map<String, String>>();
                String sql = "SELECT * FROM Employee";
                jdbcTemplate.query(sql, new    RowCallbackHandler() {
                        @Override
                        public void processRow(ResultSet rs) throws SQLException {
                                // TODO Auto-generated method stub
                                Map<String, String> map = new HashMap<String, String>();
                                map.put("loginName", rs.getString("loginName"));
                                map.put("empPwd", rs.getString("empPwd"));
                                map.put("empname", rs.getString("empname"));
                                result.add(map);
                        }
                });
                for(Map<String, String> map:result){
                        System.out.println(map);
                }
        }
}
```

11）ResultSetExtractor

此回调接口同样是对结果集的处理，区别于之前的两个接口是结果集完全需要自己处理，模板不会帮助执行 next 方法，实现方法返回值的类型也需要自己根据实际情况定义。在之前介绍 PreparedStatementSetter 回调接口时已涉及这个回调接口，下面介绍另一个基本应用。

<T> T query(String sql,ResultSetExtractor<T> rse)：这个方法与之前 RowCallback Handler 及 RowMapper 接口的区别是①实现的回调接口不同；②返回值必须与 ResultSetExtractor 接口的实现方法的返回值一致。

继续使用上一个实例的业务，实例代码如下所示：

```
package com.chinasofti.demo;

import java.sql.ResultSet;
import java.sql.SQLException;
import java.util.ArrayList;
import java.util.HashMap;
import java.util.List;
import java.util.Map;
```

```
import org.apache.commons.dbcp2.BasicDataSource;
import org.springframework.dao.DataAccessException;
import org.springframework.jdbc.core.JdbcTemplate;
import org.springframework.jdbc.core.ResultSetExtractor;

public class Demo26 {
    public static void main(String[] args) {
        //获取dbcp连接池，BasicDataSource是Java提供的公共接口DataSource的dbcp实现类
        BasicDataSource dataSource = new BasicDataSource();
        //对数据库信息进行设置
        dataSource.setDriverClassName("com.mysql.jdbc.Driver");
        dataSource.setUrl("jdbc:mysql://localhost:3306/test?useSSL=false&useUnicode=true&
characterEncoding=utf-8");
        dataSource.setUsername("root");
        dataSource.setPassword("ctopwd#01");

        //实例化jdbcTemplate
        JdbcTemplate jdbcTemplate = new JdbcTemplate(dataSource);

        //执行存储过程
        String sql = "SELECT * FROM Employee";
        List<Map<String, String>> list = jdbcTemplate.query(sql, new ResultSetExtractor<List<Map<
String, String>>>() {
            @Override
            public List<Map<String, String>> extractData(ResultSet rs) throws SQLException,
DataAccessException {
                List<Map<String, String>> list=new ArrayList<Map<String, String>>();
                while(rs.next()){
                    Map<String, String> map = new HashMap<String, String>();
                    map.put("loginName", rs.getString("loginName"));
                    map.put("empPwd", rs.getString("empPwd"));
                    map.put("empname", rs.getString("empname"));
                    list.add(map);
                }
                return list;
            }
        });

        for(Map<String, String> map:list){
            System.out.println(map);
        }
    }
}
```

4.　Spring 配置

在 Spring 中获取 JdbcTemplate 模板的实例不能像示例代码一样，需要在 Spring 中进行配

置注入，从而得到 JdbcTemplate 模板的实例。

　　将配置文件起名为 springmvc-config.xml，放到项目的 WebContent/WEB-INF/目录下，配置文件内容示例如下所示：

```xml
<?xml version="1.0" encoding="UTF-8"?>
<beans xmlns="http://www.springframework.org/schema/beans"
    xmlns:xsi="http://www.w3.org/2001/XMLSchema-instance"
    xmlns:mvc="http://www.springframework.org/schema/mvc"
    xmlns:context="http://www.springframework.org/schema/context"
    xsi:schemaLocation="
        http://www.springframework.org/schema/beans
        http://www.springframework.org/schema/beans/spring-beans-4.2.xsd
        http://www.springframework.org/schema/mvc
        http://www.springframework.org/schema/mvc/spring-mvc-4.2.xsd
        http://www.springframework.org/schema/context
        http://www.springframework.org/schema/context/spring-context-4.2.xsd">

    <bean id="dataSource" class="org.springframework.jdbc.datasource.DriverManagerDataSource">
        <property name="username" value="root"></property>
        <property name="password" value="ctopwd#01"></property>
        <property name="url" value="jdbc:mysql://localhost:3306/test"></property>
        <property name="driverClassName" value="com.mysql.jdbc.Driver"></property>
    </bean>

    <bean id="jdbcTemplate" class="org.springframework.jdbc.core.JdbcTemplate">
        <property name="dataSource" ref="dataSource"></property>
    </bean>

</beans>
```

　　在上述代码中，首先在 dataSource 中配置数据库的相关信息，之后在 JdbcTemplate 中配置 dataSource 数据源。

　　在 Java 代码中，可以通过注入的方式得到 JdbcTemplate 的实例，通过对象可以执行插入数据的语句，示例代码如下：

```java
package com.chinasofti.demo;

import org.springframework.context.ApplicationContext;
import org.springframework.context.support.FileSystemXmlApplicationContext;
import org.springframework.jdbc.core.JdbcTemplate;

public class Demo27 {
    private static ApplicationContext context;

    public static void main(String[] args) {
        context = new FileSystemXmlApplicationContext("WebContent/WEB-INF/springmvc-config.xml");
```

```
//根据配置文件的bean得到JdbcTemplates实例
JdbcTemplate jdbcTemplate = (JdbcTemplate) context.getBean("jdbcTemplate");

//执行SQL语句
String sql = "INSERT INTO Employee (loginName, empPwd,empname) VALUES (?,?,?)";
int rows = jdbcTemplate.update(sql, "zh02", "123","zhouhai02");
System.out.println("rows="+rows);
    }
}
```

运行结果如图 7-19 所示。

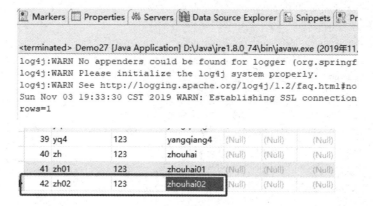

图 7–19　运行结果

也可以把配置信息写到一个外部文件中，提高程序的可维护性。例如，在 src 文件夹下新建一个文件 jdbc.properties，文件内容如下所示：

```
dataSource.driverClass=com.mysql.jdbc.Driver
dataSource.jdbcUrl=jdbc:mysql://localhost:3306/test?useSSL=false&useUnicode=true&characterEncoding=utf-8
dataSource.user=root
dataSource.password=ctopwd#01
```

之后，修改 springmvc-config.xml 配置文件：

```
<context:property-placeholder location="classpath:jdbc.properties"/>
<bean id="dataSource" class="org.springframework.jdbc.datasource.DriverManagerDataSource">
<property name="username" value="${dataSource.user}"></property>
        <property name="password" value="${dataSource.password}"></property>
        <property name="url" value="${dataSource.jdbcUrl}"></property>
        <property name="driverClassName" value="${dataSource.driverClass}"></property>
</bean>
```

在上述修改后的配置文件中，加入了<context:property-placeholder location="classpath:jdbc.properties"/>，从而导入 jdbc.properties，之后修改各个参数的 value 值，使用${XXX}来调用jdbc.properties 文件中的相关内容。Java 代码不变，产生的结果与之前一样。

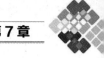

7.3 Spring 中的事务处理

Spring 不会直接处理事务，主要使用 PlatformTransactionManager 接口作为事务处理器。

Spring 为各个框架都提供了对应的事务处理器，各个框架对 PlatformTransactionManager 接口进行各自独立的实现，从而实现事务处理。

org.springframework.jdbc.datasource.DataSourceTransactionManager 是 Spring JDBC 或 iBatis 框架对 PlatformTransactionManager 接口的实现。

首先向数据库中插入两条数据，在第一条数据插入完成后，手动抛出异常，代码如下所示：

```
package com.chinasofti.demo;

import org.apache.commons.dbcp2.BasicDataSource;
import org.springframework.jdbc.core.JdbcTemplate;
public class Demo29 {
    public static void main(String[] args) {
        //获取dbcp连接池，BasicDataSource是Java提供的公共接口DataSource的dbcp实现类
        BasicDataSource dataSource = new BasicDataSource();
        //对数据库信息进行设置
        dataSource.setDriverClassName("com.mysql.jdbc.Driver");
        dataSource.setUrl("jdbc:mysql://localhost:3306/test?useSSL=false&useUnicode=true&characterEncoding=utf-8");
        dataSource.setUsername("root");
        dataSource.setPassword("ctopwd#01");

        //实例化jdbcTemplate
        JdbcTemplate jdbcTemplate = new JdbcTemplate(dataSource);

        //执行SQL语句
        String sql = "INSERT INTO Employee (loginName, empPwd,empname) VALUES (?,?,?)";
        try{
        jdbcTemplate.update(sql, "wsn", "123","wsn");
            int a=1/0;
            jdbcTemplate.update(sql, "wsn01", "123","wsn01");
        }catch(Exception e){
          e.printStackTrace();
        }
    }
}
```

在上述代码中，插入"wsn,123,wsn"这条数据之后，碰到了异常，实际业务中需要的这两条数据都不会被插入，但现在的情况是，第一条数据被插入了，碰到了异常，导致第二条数据没有被插入，如图 7-20 所示。

40	zh	123	zhouhai	(Null)	(Null)	(Null)
41	zh01	123	zhouhai01	(Null)	(Null)	(Null)
42	zh02	123	zhouhai02	(Null)	(Null)	(Null)
48	wsn	123	wsn	(Null)	(Null)	(Null)

图 7-20　数据异常

　　接着加入事务处理对象 DataSourceTransactionManager dtm=new DataSourceTransaction Manager(jdbcTemplate.getDataSource())，注意这里的构造方法参数 DataSource 是从 jdbcTemplate 模板中获取的，之后实例化一个 DefaultTransactionDefinition 对象，此对象的 getTransaction 方法可以用来开启事务，以及返回一个追踪事务状态类 TransactionStatus 的对象，紧接着对执行SQL语句的代码进行异常捕获，如果没有异常则调用DataSourceTransaction Manager 对象的 commit 方法提交，出现异常就进行 rollback 回滚，commit 和 rollback 方法有一个共同的参数即追踪事务状态类 TransactionStatus 的对象。代码如下所示：

```java
package com.chinasofti.demo;

import org.apache.commons.dbcp2.BasicDataSource;
import org.springframework.jdbc.core.JdbcTemplate;
import org.springframework.jdbc.datasource.DataSourceTransactionManager;
import org.springframework.transaction.TransactionStatus;
import org.springframework.transaction.support.DefaultTransactionDefinition;

public class Demo29 {
    public static void main(String[] args) {
        //获取dbcp连接池，BasicDataSource是Java提供的公共接口DataSource的dbcp实现类
        BasicDataSource dataSource = new BasicDataSource();
        //对数据库信息进行设置
        dataSource.setDriverClassName("com.mysql.jdbc.Driver");
        dataSource.setUrl("jdbc:mysql://localhost:3306/test?useSSL=false&useUnicode=true&characterEncoding=utf-8");
        dataSource.setUsername("root");
        dataSource.setPassword("ctopwd#01");

        //实例化jdbcTemplate
        JdbcTemplate jdbcTemplate = new JdbcTemplate(dataSource);

        //创建事务处理对象
        DataSourceTransactionManager dtm=new DataSourceTransactionManager(jdbcTemplate.getDataSource());
        DefaultTransactionDefinition def = new DefaultTransactionDefinition();
        TransactionStatus status = dtm.getTransaction(def); //获得事务状态

        //执行SQL语句
        String sql = "INSERT INTO Employee (loginName, empPwd,empname) VALUES (?,?,?)";
        try{
        jdbcTemplate.update(sql, "wsn", "123","wsn");
            int a=1/0;
```

```
                    jdbcTemplate.update(sql, "wsn01", "123","wsn01");
                    dtm.commit(status);
            }catch(Exception e){
            dtm.rollback(status);
            e.printStackTrace();
            }
        }
}
```

运行结果如图 7-21 所示。

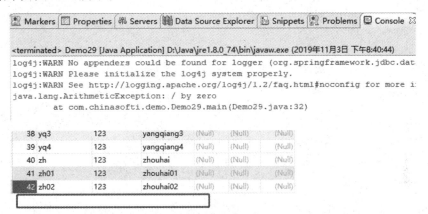

图 7-21　运行结果

可以看到，即使第一条数据没有异常，也不会被插入，也就是说在出现异常的时候，插入的数据被回滚了。

也可以把实例化放在配置文件中，使用时进行注入。配置文件代码示例如下：

```
<!-- 事务处理器 -->
<bean id="transactionManager"
   class="org.springframework.jdbc.datasource.DataSourceTransactionManager">
<property name="dataSource" ref="dataSource" />
</bean>
```

7.4　Spring 与 JNDI

Spring 的 JNDI 应用十分简单，下面以 Tomcat 服务器与 MySQL 数据库为例进行介绍。

（1）配置 JNDI 数据源。

在 Tomcat 安装目录下，打开 conf 文件夹，打开 context.xml 文件，在<context></context>标签之内插入如下代码：

```
<Resource name="jndiname" auth="Container" type="javax.sql.DataSource"
   maxActive="100" maxIdle="30" maxWait="10000" username="root" password="root"
   driverClassName="com.mysql.jdbc.Driver"
   url="jdbc:mysql://localhost:3306/test?useUnicode=true&characterEncoding=utf-8" />
```

或者在 webapp/META-INF 目录下新建一个 context.xml 文件，其内容如下所示：

```xml
<?xml version="1.0" encoding="UTF-8"?>
<Context reloadable="true">
    <Resource name=" jndiname " auth="Container" type="javax.sql.DataSource"
            maxActive="100" maxIdle="30" maxWait="10000"
            username="root" password="root"
            driverClassName="com.mysql.jdbc.Driver"
            url="jdbc:mysql://127.0.0.1:3306/test?useUnicode=true&amp;characterEncoding=utf-
8&amp;autoReconnect=true&amp;useSSL=true"
            removeAbandoned="true"
            removeAbandonedTimeout="10"
            logAbandoned="true"/>
</Context>
```

（2）在 Spring 的配置文件中加入 bean。

```xml
<bean id="dataSource" class="org.springframework.jndi.JndiObjectFactoryBean">
    <property name="jndiName" value="java:comp/env/mysql"/>
</bean>
```

（3）操作数据的框架引用定义的 dataSource 即可。

```xml
<bean id="jdbcTemplate" class="org.springframework.jdbc.core.JdbcTemplate">
    <property name="dataSource" ref="dataSource"></property>
</bean>
```

注：应把项目部署到相关服务器上进行 JNDI 测试，否则可能出现异常。

● 第 3 部分 ●

Spring MVC 框架

Spring MVC 框架是 Spring 框架的一部分。Spring MVC 是基于 Java 实现 MVC 框架模式的请求驱动类型的轻量级框架，是一款优秀的 Web 框架，已经超越 Struts2 框架，成为目前主流的 MVC 框架之一。

框架、设计模式这两个概念很容易被混淆。框架通常是代码重用，而设计模式是设计重用。设计模式是反复使用、多数人知晓、经过分类编目、代码设计经验的总结。使用设计模式是为了可重用代码，让代码更容易被他人理解，确保代码的可靠性、程序的重用性。框架是已经用代码实现的，既可以执行，也可以复用。设计模式是比框架更小的元素，一个框架往往会包含一个或多个设计模式。框架总是针对某一特定领域的，而设计模式则可以适用于各领域的应用。

本部分先介绍 Spring MVC 的基础结构和工作原理等内容，然后详细地介绍 Spring MVC 的处理器、注解、常用标签、数据转换与校验、国际化、文件上传和拦截器等内容。每个知识点的介绍采用理论与实践相结合的方式。

第 **8** 章

Spring MVC 框架快速入门

8.1 Spring MVC 框架的基础结构

Spring MVC 框架是 Spring 框架的一部分，Spring MVC 框架是基于 MVC 模式设计的一款优秀的 Web 框架，已经超越了 Struts2 框架，成为目前主流的 MVC 框架之一。Spring MVC框架的基础结构如图 8-1 所示。

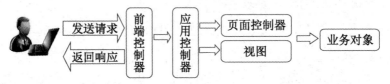

图 8-1　Spring MVC 框架的基础结构

如图 8-1 所示，用户发送请求后，该请求被前端控制器接收，经前端控制器解析后转发给应用控制器，经应用控制器进行相关处理后，调用页面控制器进行处理，页面控制器对参数等进行封装后调用具体的业务对象实现功能处理，将需返回的数据模型等返回给应用控制器，应用控制器根据收到的信息调用不同的视图呈现给用户。

图 8-1 只是简单地展示了 Spring MVC 框架运行的基础结构，Spring MVC 框架的基础结构可以分为以下四个部分。

（1）前端控制器。

前端控制器（Front Controller）负责为表现层提供统一访问点，统一回调相应的功能方法，从而避免出现重复的控制逻辑；同时，可为多个请求提供公用的处理功能，选择具体视图和功能处理，即所有的请求都最先被提交给前端控制器进行处理。Spring MVC 框架提供了内置的前端控制器，在开发中进行配置使用即可。

（2）应用控制器。

应用控制器（Application Controller）基于策略模式设计，用来选择具体视图技术和具体功能处理。Spring MVC 框架提供了内置的应用控制器，没有特殊需求，在开发中进行配置使用即可。

（3）页面控制器。

页面控制器（Page Controller）也被称为动作控制器或处理器（Handler）。页面控制器包含功能处理代码，主要用来收集参数并封装参数到业务对象，进而调用业务对象处理模型，将逻辑视图名发给前端控制器，最后由前端控制器委托给应用控制器选择具体视图来展示结果。页面控制器需要由开发人员自行定义，并进行配置使用。

（4）上下文。

上下文（Context）可以把需要在视图中展示的数据等放在上下文对象中，不再直接放在与 Servlet API 相关的请求对象中，从而实现与具体协议无关的访问。

8.2 前端控制器 DispatcherServlet

Spring MVC 框架是围绕前端控制器 DispatcherServlet 进行设计的，DispatcherServlet 作为集中访问点，接收客户端的任何请求，负责请求的分派，将请求转发给其他控制器。同时，DispatcherServlet 已经集成到 Spring 框架的 IoC 容器中，所以能够利用 Spring 框架所有特性带来的好处。

可以说，DispatcherServlet 的主要职责是调度工作，用于流程的控制，其职责可以概括为以下内容。

（1）如果请求类型是 multipart，则通过 MultipartResolver 进行文件上传解析。

（2）调用 HandlerMapping 将请求映射到处理器（返回 HandlerExecutionChain，它包括一个处理器及多个 HandlerInterceptor 拦截器）。

（3）通过 HandlerAdapter 支持多种类型的处理器（HandlerExecutionChain 中的处理器）。

（4）通过 ViewResolver 解析逻辑视图名，使其映射到具体视图。

（5）本地化解析。

（6）渲染具体的视图。

（7）将执行过程中发生的异常传递给 HandlerExceptionResolver 进行解析。

上述职责中的具体内容都会在后续章节中继续深入介绍，此处只做简单说明。

DispatcherServlet 是一个真正的 Servlet 组件，继承自 HttpServlet，不需要自行定义，只需要在 web.xml 中进行配置使用。下面是 DispatcherServlet 的一种配置方式：

```xml
<!-- 定义SpringMVC的前端控制器 -->
<servlet>
    <servlet-name>springmvc</servlet-name> ①
    <servlet-class>
        org.springframework.web.servlet.DispatcherServlet ②
    </servlet-class>
    <load-on-startup>1</load-on-startup> ③
</servlet>

<!-- 让SpringMVC的前端控制器拦截所有请求 -->
<servlet-mapping>
    <servlet-name>springmvc</servlet-name>
    <url-pattern>/</url-pattern> ④
</servlet-mapping>
```

上述配置文件是标准的 Java EE Servlet 配置，注解①配置了 DispatcherServlet 的名字，该名字有实际意义，Spring MVC 框架将根据这个名字查找与 Spring MVC 相关的配置文件。注解②配置了 DispatcherServlet 完整的包名类名，不能随意修改。注解③配置了该 Servlet 在容器启动时被初始化。注解④配置了 Servlet 的模式，使用 "/" 则表示所有请求都将被

DispatcherServlet 处理，从而进入 Spring MVC 框架的工作流程。

DispatcherServlet 的 url-pattern 配置可以有以下两种方法。

（1）使用"/"配置 url-pattern。

使用"/"配置 DispatcherServlet 时可以匹配所有请求路径。然而，如果请求的是 HTML、JS 或 CSS 等静态资源，则也会被 DispatcherServlet 进行处理，将发生错误，因静态资源都是由容器提供的默认 Servlet（defaultServlet）处理的。为了能够让默认的 Servlet 处理静态资源，如果使用 Tomcat 容器，可以在 web.xml 中进行如下配置：

```xml
<servlet-mapping>
    <servlet-name>default</servlet-name>
    <url-pattern>*.html</url-pattern>
</servlet-mapping>

<servlet-mapping>
    <servlet-name>default</servlet-name>
    <url-pattern>*.js</url-pattern>
</servlet-mapping>

<servlet-mapping>
    <servlet-name>default</servlet-name>
    <url-pattern>*.css</url-pattern>
</servlet-mapping>
```

上述配置信息必须在 DispatcherServlet 配置前，而且在不同的容器中，默认 Servlet 的名字有所不同。例如，Tomcat/Jetty/JBoss/GlassFish 自带的默认 Servlet 的名字为"default"；Resin 自带的默认 Servlet 的名字为"resin-file"等，使用时应根据实际情况进行配置。

（2）使用"*.*"后缀名配置 url-pattern。

除了使用"/"配置，还可以使用后缀名配置，如*.action、*.do 等。请求路径以指定后缀结尾时，则被拦截，进入 Spring MVC 框架的工作流程，不存在静态资源被拦截的问题。

DispatcherServlet 的 url-pattern 不可设置为"/*"，否则会覆盖容器中所有资源映射路径，导致静态资源强制使用 DispatcherServlet 进行处理，无法正常访问。

8.3　页面控制器 Controller

所有的请求都首先被 DispatcherServlet 处理，然后被转发给页面控制器处理。页面控制器与 DispatcherServlet 不同，与具体的业务逻辑有关，需自行定义。

在 Spring 2.5 版本前，页面控制器必须实现 API 中的 Controller 接口，覆盖其中特定的方法。在 Spring 2.5 版本后，页面控制器不再需要实现任何接口，可以是一个自定义的 Java 类，通过@Controller 注解指定其为页面控制器即可。代码如下所示：

```java
@Controller ①
public class EmployeeController {
    @RequestMapping(value="/login") ②
    public String login(String loginName,String empPwd, Model model) {
```

```
//登录逻辑
if(loginName!= null&&loginName.equals("admin")&&empPwd!=null
                        &&empPwd.equals("123")) {
        model.addAttribute("msg", "管理员，欢迎您。");
        return "welcome"; ③
} else {
        model.addAttribute("msg", "用户名或密码错误");
        return "index"; ④
    }
    }
}
```

在上述代码中，注解①使用@Controller 注解标注了类 EmployeeController 是页面控制器，Spring 框架的 IoC 容器将自动对其进行初始化并管理。注解②使用 RequestMapping (value="/login")标注了访问该控制器使用的映射路径为 login。Spring MVC 框架中的主要注解将在后续章节中介绍。注解③和注解④返回的字符串是视图的名称，框架将根据此名称返回不同的视图显示给用户。

在上述代码中，login 方法有三个参数，在页面控制器的方法中完全可以根据需要自定义若干个形式参数，其中 Model 是 API 中一个重要的类，下文将详细介绍。本节介绍的控制器完全是为了入门使用的，实际开发中的业务逻辑会比较复杂，页面控制器不会实现具体的业务功能，而会通过调用业务模型类实现相关功能。有关页面控制器的详细内容将在后续章节中继续介绍。

8.4 Spring MVC 配置文件

除了 Web 应用的 web.xml 配置文件，使用 Spring MVC 框架还需要特殊的配置文件。该文件默认存放在 WEB-INF 目录下，默认名字是 DispatcherServlet 的名字，即-servlet.xml。例如，在 web.xml 中使用<servlet-name>springmvc</servlet-name>将 DispatcherServlet 的名字命名为 springmvc，那么 Spring MVC 配置文件的默认名字就是 springmvc-servlet.xml。如果 XML 文件使用默认名字，并存放在默认的 WEB-INF 目录下，则不需要任何其他配置，框架能自行查找并使用。如果使用自定义的名字或者存放在其他目录下，则需要在 web.xml 中进行配置，代码如下所示：

```
<servlet>
    <servlet-name>springmvc</servlet-name>
    <servlet-class>
        org.springframework.web.servlet.DispatcherServlet
    </servlet-class>
    <init-param>
      <param-name>contextConfigLocation</param-name>
      <param-value>/WEB-INF/springmvc-config.xml</param-value>
    </init-param>
    <load-on-startup>1</load-on-startup>
</servlet>
```

在上述配置文件中，使用<init-param>配置了参数 contextConfigLocation 的值为/WEB-INF/

springmvc-config.xml，表示 Spring MVC 框架的配置文件存放在 WEB-INF/config 目录下，名字为 springmvc-servlet.xml。

在 Spring MVC 配置文件中可以配置很多信息，本节只展示基础的配置内容，代码如下所示：

```xml
<?xml version="1.0" encoding="UTF-8"?>
<beans xmlns="http://www.springframework.org/schema/beans"
    xmlns:xsi="http://www.w3.org/2001/XMLSchema-instance"
    xmlns:mvc="http://www.springframework.org/schema/mvc"
    xmlns:context="http://www.springframework.org/schema/context"
    xsi:schemaLocation="
        http://www.springframework.org/schema/beans
        http://www.springframework.org/schema/beans/spring-beans-4.2.xsd
        http://www.springframework.org/schema/mvc
        http://www.springframework.org/schema/mvc/spring-mvc-4.2.xsd
        http://www.springframework.org/schema/context
        http://www.springframework.org/schema/context/spring-context-4.2.xsd">

<!-- 自动扫描该包，SpringMVC会将包下用了@controller注解的类注册为Spring的controller -->
<context:component-scan base-package="com.chinasofti.chapter0201.controller"/> ①

<!-- 视图解析器 -->
<bean class="org.springframework.web.servlet.view.InternalResourceViewResolver"> ②
    <!-- 前缀 -->
    <property name="prefix">
        <value>/WEB-INF/views/</value>
    </property>
    <!-- 后缀 -->
    <property name="suffix">
        <value>.jsp</value>
    </property>
</bean>
</beans>
```

在上述配置文件中，注解①使用<context:component-scan>配置自动扫描包为 com.chinasofti. chapter0201.controller，从而使 Spring 框架能够自动扫描该包下的所有类，凡是使用了 Spring 注解标注的类都被当作 IoC 容器中的 bean 进行管理。因为使用@Controller 注解的类被解析为页面控制器使用，所以 EmployeeController 类被作为页面控制器使用。注解②配置了视图解析器，指定了视图的前缀和后缀，前缀为/WEB-INF/views/，后缀为.jsp，也就是说视图解析器会在 WEB-INF/views 目录下查找 JSP 文件，作为视图对象返回使用。

8.5　第一个实例

在了解了 Spring MVC 框架的基本结构并熟悉了主要组成部分的基本原理后，本节介绍一个 Spring MVC 实例。该实例以了解 Spring MVC 基本原理为主，不实现实际功能。

步骤 1：创建 Web 应用 chapter0201。

步骤2：从 Spring 官网下载 Spring 框架相关的*.jar 文件，复制到工程 WEB-INF/lib 目录下，如图 8-2 所示。

```
□ □ WEB-INF
   ⊞ □ config
   □ □ lib
      aspectj-1.8.13.jar
      aspectjweaver.jar
      commons-logging-1.2.jar
      javax.servlet.jsp.jstl-1.2.1.jar
      javax.servlet.jsp.jstl-api-1.2.1.jar
      mysql-connector-java-5.0.6-bin.jar
      spring-aop-4.3.9.RELEASE.jar
      spring-aspects-4.3.9.RELEASE.jar
      spring-beans-4.3.9.RELEASE.jar
      spring-context-4.3.9.RELEASE.jar
      spring-context-support-4.3.9.RELEASE.jar
      spring-core-4.3.9.RELEASE.jar
      spring-expression-4.3.9.RELEASE.jar
      spring-instrument-4.3.9.RELEASE.jar
      spring-instrument-tomcat-4.3.9.RELEASE.jar
      spring-jdbc-4.3.9.RELEASE.jar
      spring-jms-4.3.9.RELEASE.jar
      spring-messaging-4.3.9.RELEASE.jar
      spring-orm-4.3.9.RELEASE.jar
      spring-oxm-4.3.9.RELEASE.jar
      spring-test-4.3.9.RELEASE.jar
      spring-tx-4.3.9.RELEASE.jar
      spring-web-4.3.9.RELEASE.jar
      spring-webmvc-4.3.9.RELEASE.jar
      spring-webmvc-portlet-4.3.9.RELEASE.jar
      spring-websocket-4.3.9.RELEASE.jar
```

图 8-2　WEB-INF/lib 目录

步骤3：在 web.xml 中配置前端控制器 DispatcherServlet。

```xml
<welcome-file-list> ①
    <welcome-file>/WEB-INF/views/index.jsp</welcome-file>
</welcome-file-list>

<servlet-mapping> ②
    <servlet-name>default</servlet-name>
    <url-pattern>*.html</url-pattern>
</servlet-mapping>

<servlet-mapping> ③
    <servlet-name>default</servlet-name>
    <url-pattern>*.js</url-pattern>
</servlet-mapping>

<servlet-mapping> ④
    <servlet-name>default</servlet-name>
    <url-pattern>*.css</url-pattern>
</servlet-mapping>

<!-- 定义SpringMVC的前端控制器 -->
<servlet>
<servlet-name>springmvc</servlet-name> ⑤
    <servlet-class>
```

```
            org.springframework.web.servlet.DispatcherServlet
        </servlet-class>
        <init-param> ⑥
        <param-name>contextConfigLocation</param-name>
          <param-value>/WEB-INF/config/springmvc-servlet.xml</param-value>
        </init-param>
<load-on-startup>1</load-on-startup>
</servlet>

<!-- 让SpringMVC的前端控制器拦截所有请求 -->
<servlet-mapping> ⑦
        <servlet-name>springmvc</servlet-name>
        <url-pattern>/</url-pattern>
</servlet-mapping>
```

由上述代码中的注解⑥可见，指定了 Spring MVC 配置文件存储在 WEB-INF/config 下。

步骤 4：编写页面控制器。

页面控制器使用注解进行标注，填写用户名和密码（admin/123）并提交则登录成功，显示欢迎页面 welcome.jsp，登录失败则返回登录页面 index.jsp 并提示用户名或密码出错。同时，在 model 对象中存储了名字为 msg 的属性，用来显示到视图上。代码如下所示：

```java
@Controller
public class EmployeeController {

    @RequestMapping(value="/login")
    public String login(String loginName,String empPwd, Model model) {
        //登录逻辑
        if(loginName!= null&&loginName.equals("admin")&&empPwd!=null&&empPwd.equals("123")) {
            model.addAttribute("msg", "管理员，欢迎您。");
        return "welcome";
        } else {
            model.addAttribute("msg", "用户名或密码错误");
            return "index";
        }
    }
}
```

步骤 5：编写视图。

Spring MVC 框架可以自由选择不同的视图技术，本书选用 JSP 组件实现视图。实例中需要两个视图，即 index.jsp 和 welcome.jsp，为了保证访问安全，存放在 WEB-INF/views 目录下，index.jsp 的核心代码为：

```
<form action="login" method="post">①
  <fieldset>
    <legend>登录信息</legend>
    <table class="formtable">
      <tr>
        <td></td>
```

```
            <td><font color='red'>${requestScope.msg}</font></td>②
        </tr>

        <tr>
          <td>账号名:</td>
          <td><input id="loginName" name="loginName" type="text" /></td>
        </tr>

        <tr>
          <td>密　码:</td>
          <td><input id="empPwd" name="empPwd" type="password" /></td>
        </tr>

        <tr>
          <td colspan="2" class="command"><input type="submit"value="登录" class="clickbutton" /> </td>
        </tr>
      </table>
    </fieldset>
</form>
```

在上述表单代码中，注解①使用 action="login"指定表单将提交到 login，由于页面控制器 EmployeeController 的 login 方法使用了@RequestMapping(value="/login")注解，所以将调用该类的 login 方法。注解②从请求对象中获取 msg 属性进行显示，msg 属性在页面控制器 EmployeeController 中使用 Model 对象进行了保存。

welcome.jsp 文件只用于简单显示，并获取请求对象中的 msg 属性进行显示。代码如下所示：

```
<body>
登录成功, ${requestScope.msg}
</body>
```

步骤 6：编写 Spring MVC 配置文件。

准备好页面控制器及视图后，需要编写 Spring MVC 的配置文件，根据 web.xml 中的配置，该配置文件名称为 springmvc-servlet.xml，存放在 WEB-INF/config 下，代码如下所示：

```
<!-- 自动扫描该包，Spring MVC会将包下用了@controller注解的类注册为Spring的controller -->
<context:component-scan base-package="com.chinasofti.chapter0201.controller"/>

<!-- 视图解析器   -->
<bean class="org.springframework.web.servlet.view.InternalResourceViewResolver">
    <!-- 前缀 -->
    <property name="prefix">
        <value>/WEB-INF/views/</value>
    </property>
    <!-- 后缀 -->
    <property name="suffix">
        <value>.jsp</value>
    </property>
</bean>
```

至此，第一个实例已经完成，使用 http://localhost:8080/chapter0201/进行访问，显示 index.jsp 页面，如图 8-3 所示。

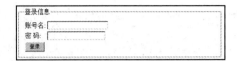

图 8-3　index.jsp 页面

输入用户名（账号名）admin 及密码 123 后，登录成功，跳转到 welcome.jsp 页面，如图 8-4 所示。

图 8-4　welcome.jsp 页面

输入其他用户名（账号名）和密码后，登录失败后跳转到 index.jsp 页面，如图 8-5 所示。

图 8-5　登录失败后跳转到 index.jsp 页面

8.6　Spring MVC 框架的工作原理

在上一节实现了一个简单的 Spring 实例，本节进一步分析 Spring MVC 框架的工作原理，在详细了解工作原理之前，先熟悉 Spring MVC 框架中的主要组件。

1. 前端控制器 DispatcherServlet

前端控制器 DispatcherServlet 由框架提供，不需要自行开发。DispatcherServlet 拦截所有的用户请求，是一个中心处理器，在很大程度上降低了其他组件之间的耦合度。DispatcherServlet 是 Spring MVC 框架 API 中的一个类，其核心方法的源代码如下所示：

```
protected void initStrategies(ApplicationContext context) {
    initMultipartResolver(context);
    initLocaleResolver(context);
    initThemeResolver(context);
    initHandlerMappings(context);
    initHandlerAdapters(context);
    initHandlerExceptionResolvers(context);
    initRequestToViewNameTranslator(context);
    initViewResolvers(context);
    initFlashMapManager(context);
}
```

可见，DispatcherServlet 类如同计算机中的 CPU，是 Spring MVC 框架的核心处理器，会初始化框架中的所有核心组件。

2. 处理器映射器 HandlerMapping

处理器映射器 HandlerMapping 由框架提供，不需要自行开发。HandlerMapping 负责根据用户请求（例如上节实例中的 index.jsp 请求 login 路径）找到自行开发的页面控制器（例如上节实例中的 EmployeeController）。HandlerMapping 是 Spring MVC 框架 API 中的一个接口，API 中提供了该接口的多个实现类，作为具体的映射器使用。接口中的核心方法的源代码如下所示：

HandlerExecutionChain getHandler(HttpServletRequest request) throws Exception;

可见，HandlerMapping 的主要职责是通过解析请求路径，将用户需要使用的处理器返回到一个 HandlerExecutionChain 对象中。

3. 处理器适配器 HandlerAdapter

处理器适配器 HandlerAdapter 由框架提供，不需要自行开发。HandlerAdapter 的主要职责是执行页面控制器（例如上节实例中的 EmployeeController），HandlerAdapter 应用了适配器模式。HandlerAdapter 是 Spring MVC 框架 API 中提供的接口，API 中定义了该接口的若干实现类，作为具体的处理器适配器使用，HandlerMapping 负责找到具体的页面控制器，HandlerAdapter 负责执行页面控制器，接口中的核心方法的源代码如下所示：

ModelAndView handler(HttpServletRequest request, HttpServletResponse response, Object handler) throws Exception;

HandlerAdapter 的主要职责是执行具体的页面控制器（Handler）对象，并返回 ModelAndView 对象。ModelAndView 对象封装了模型数据和视图的相关信息。

4. 结果数据 ModelAndView

HandlerAdapter 执行具体的页面控制器后，返回 ModelAndView 对象，该对象中封装了显示给用户的所有信息，包括模型数据及视图信息。ModelAndView 是 Spring MVC 框架 API 中的一个类，不需要自行开发。

5. 页面控制器 Handler

页面控制器也称为处理器，即 Handler。因为 Handler 涉及具体的业务请求，所以需要自行开发。在 Spring 2.5 版本以后，Handler 不再需要实现特定接口，使用注解即可。DispatcherServlet 称为前端控制器，Handler 则称为后端控制器，对具体的请求进行处理。与上文中的 HandlerMapping、HandlerAdapter 不同，Handler 只是一个称谓，并不是 Spring MVC 框架 API 中的接口或类，在 Spring 2.5 版本以后，凡是用@Controller 注解的 Java 类都可以作为 Handler 使用。

6. 视图解析器 ViewResolver

ViewResolver 将逻辑视图名解析成具体的页面地址，生成 View 视图对象，进行渲染后将处理结果通过页面展示给用户。ViewResolver 是 Spring MVC 框架 API 中的一个接口，API 中定义了该接口的多个具体实现类，可以解析不同的视图类型。接口 ViewResolver 的核心方法的源代码如下所示：

View resolveViewName(String viewName, Locale locale) throws Exception;

ViewResolver 通过视图名及区域信息返回一个 View 对象。

7. 视图 View

View 是 API 中定义的一个接口类型，在 API 中还实现了多个具体的 View 类来对应不同的视图组件类型，实现类支持不同的 View 类型，如 jsp、freemarker、pdf 等。View 接口中的核心方法的源代码如下所示：

```
void render(Map<String, ?> model, HttpServletRequest request, HttpServletResponse response) throws
Exception;
```

View 获取数据模型、请求、响应对象后，对视图进行渲染显示。

在了解了 Spring MVC 框架的核心组件后，可以用原理图的方式进一步理解 Spring MVC 框架的工作原理，如图 8-6 所示。

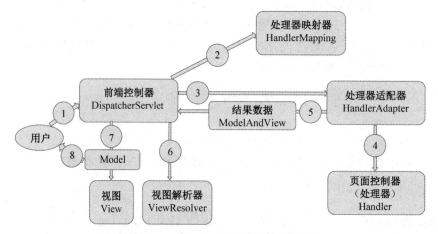

图 8-6　Spring MVC 框架的工作原理

Spring MVC 框架的基本工作流程如下。

（1）用户提交请求，请求路径匹配 web.xml 配置的 DispatcherServlet 的 url-pattern 值，请求被 DispatcherServlet 拦截，进入 Spring MVC 框架的工作流程。DispatcherServlet 进行系列初始化工作，即准备好框架需要的一些对象。

（2）DispatcherServlet 调用处理器映射器 HandlerMapping，HandlerMapping 根据用户请求路径查找对应的处理器，返回 HandlerExecutionChain 对象给 DispatcherServlet。

（3）DispatcherServlet 通过解析 HandlerExecutionChain 对象得到具体处理器的相关信息，调用处理器适配器 HandlerAdapter。

（4）HandlerAdapter 调用具体的处理器，执行相关的具体方法，进行业务处理。

（5）HandlerAdapter 运行处理器结束后，返回 ModelAndView 对象给 DispatcherServlet，该对象中封装了模型和视图相关的信息。

（6）DispatcherServlet 通过解析 ModelAndView 对象，获得视图信息，传递给视图解析器 ViewResolver 进行解析，解析后生成 View 对象返回给 DispatcherServlet。

（7）DispatcherServlet 通过解析 ModelAndView 对象获得模型数据，传递给视图 View 进行渲染，生成页面显示给用户。

第9章
Spring MVC 的处理器

9.1 处理器类

Spring MVC 的处理器类可以用以下两种方式实现。

（1）实现 Controller 接口。

在 Spring 2.5 版本之前，不支持使用注解方式的处理器，处理器类必须实现 Controller 接口，实现其中的处理方法。目前，在新系统中已经很少使用此方法，只在一些老旧系统中依然使用，这里不再赘述。

（2）注解方式。

在 Spring 2.5 版本之后，开始支持使用注解方式的处理器，不再需要实现特定的接口，普通的 Java 类即可以作为处理器使用，是目前使用最多的方式。使用注解方式的代码如下所示：

```
import org.springframework.stereotype.Controller;

@Controller
public class EmployeeController {

}
```

如上述代码所示，类 EmployeeController 只是一个普通的 Java 类，没有继承任何父类和接口，只要使用注解@Controller 标注就可以作为处理器使用。使用注解后，可以在 Spring MVC 的配置文件 XML 中"通知" Spring 容器扫描使用注解的类，自动实例化 bean 并进行管理，不需要在 XML 中进行 bean 相关的描述。在 Springmvc-servlet.xml 中进行如下配置：

```
<!-- 自动扫描该包，Spring MVC会将包下使用了@Controller注解的类注册为Spring的Controller -->
<context:component-scan base-package="com.chinasofti.chapter0202.controller"/>
```

通过上述配置，com.chinasofti.chapter0202.controller 包下所有使用注解的类都将被自动扫描，Spring 容器会对其进行实例化并管理，EmployeeController 使用了@Controller 注解进行标注，所以会被扫描到进行管理。

需要注意的是，配置<context:component-scan>元素需要在 XML 中导入 context 命名空间，在<beans>标签内加入如下配置信息：

```
<beans   xmlns:context=http://www.springframework.org/schema/context >
```

可见，使用注解方式声明一个处理器类非常简单，本书中的处理器均使用注解方式实现，处理器方法将在下一节介绍。

9.2 处理器方法

处理器类声明后，关键要实现处理器中的方法，一个处理器类中可以有多个方法，分别处理不同的业务逻辑。下面从注解、方法返回值、方法参数三个方面介绍处理器方法。

9.2.1 处理器方法的注解

在处理器类中定义处理器方法后，需要使用@RequestMapping 注解指示该方法对应的请求路径，代码如下所示：

```
@Controller
public class EmployeeController {

    @RequestMapping(value="/login")
    public String login(String loginName,String empPwd){
        String result=null;
        //TODO
        return result;
    }

    @RequestMapping(value="/register")
    public String register(String loginName,String empPwd){
        String result=null;
        //TODO
        return result;
    }
}
```

在上述代码中，使用@RequestMapping(value="/login")对处理器中的 login 方法进行注解，值为/login，@RequestMapping(value="/register")对处理器中的 register 方法进行注解，值为/register，所以当用户请求/login 路径时，将调用处理器中的 login 方法；当用户请求/register路径时，将调用处理器中的 register 方法。

9.2.2 处理器方法的参数

Spring MVC 框架处理器方法的参数非常灵活，可以是 HttpServletRequest、HttpServletResponse、HttpSession、自定义对象、String 等。Spring MVC 框架定义了接口HandlerMethodArgumentResolver 及其多个实现类，可以对方法参数进行解析。处理器方法的参数可以分为以下几类。

1. HttpServletRequest、HttpServletResponse、HttpSession

如果需要在处理器方法中使用请求、响应、会话对象，则可直接在处理器方法中使用接口类型 HttpServletRequest、HttpServletResponse、HttpSession 声明形式参数，Spring MVC 框架会自动将当前的相关对象传递给形式参数。代码如下所示：

```
@RequestMapping("/testReq")
    public String   testReq(HttpServletRequest req){
        System.out.println("code: "+req.getParameter("code"));
        return "test";
    }
```

使用 URL http://localhost:8080/chapter0202/testReq?code=110 进行访问，可以在控制台输出请求参数 code 的值，如图 9-1 所示。

```
code: 110
```

图 9-1　输出请求参数 code 的值

如果需要响应或者会话对象，使用方法与使用请求对象相同，虽然这样使用更便捷，但是同时会导致代码依赖 Servlet API，需谨慎使用。

2. 自定义对象

处理器方法的参数可以使用任意自定义的对象，框架将调用默认构造方法初始化对象，传递给方法使用，代码如下所示：

```
@RequestMapping("/testObj")
    public String   testObj(Employee e){
        System.out.println("e: "+e.getName());
        return "test";
    }

******************************Employee类******************************
public class Employee {

private String name;

public Employee(){
    name="unknown";
    System.out.println("Employee()");
}
}
```

在上述代码中，处理器方法 testObj 定义了 Employee 类型的参数，访问后，控制台将输出如下信息：

```
Employee()
e: unknown
```

可见，框架将自动调用 Employee 类无参构造方法进行实例化，进而将实例传递给处理器方法使用。

3. String

在处理器方法中，在多数情况下都需要先获取请求参数进行处理。当处理器方法的参数是 String 类型时，Spring MVC 框架将自动解析当前请求中的请求参数，通过名字进行匹配，传递给 String 类型的参数使用。代码如下所示：

```
@RequestMapping("/testStr")
    public String   testStr(String username,String pwd){
        System.out.println("username: "+username);
        System.out.println("password: "+pwd);
        return "test";
}
```

上述代码中的方法定义了两个 String 类型的参数，分别为 username 和 pwd，当请求该方法时，框架将解析当前请求中的请求参数，如果存在名为 username 和 pwd 的请求参数，则将参数值赋值给形式参数使用，否则形式参数值为默认值。使用 URLhttp://localhost:8080/chapter0202/testStr?username=wangxh&pwd=1234 访问处理器方法，传递了名为 username 及 pwd 的请求参数，则框架将 wangxh 及 1234 赋值给处理器方法的请求参数，控制台输出如下信息：

```
username: wangxh
password: 1234
```

处理器方法返回到 test.jsp 页面，在 test.jsp 页面中使用如下 EL 表达式显示用户名和密码：

```
username：${param.username}<br>
password：${param.pwd}<br>
```

运行后，test.jsp 页面上将显示 wangxh 及 1234，如图 9-2 所示。

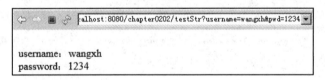

图 9-2　test.jsp 页面显示

4. Map

处理器方法可以使用 Map 类型的参数，框架会自动创建 Map 类型对象，传递给处理器方法使用，并将 Map 中存储的数据存储在请求对象中，作为请求范围属性使用。代码如下所示：

```
@RequestMapping("/testMap")
public String   testMap(Map m){
    m.put("mapMsg", "测试Map类型参数");
    return "test";
}
```

在上述代码中，处理器方法声明了类型为 Map 的形式参数，请求该方法时，框架会自动创建 Map 对象传递给方法使用。在 test.jsp 中使用如下代码获取 Map 对象：

```
通过Model传递的信息：${requestScope.mapMsg }<br>
```

访问 URL http://localhost:8080/chapter0202/testMap，可以在 test.jsp 中获得 Map 对象中存

储的属性信息，如图 9-3 所示。

通过Model传递的信息：测试Map类型参数

图 9-3　Map 对象中存储的属性信息

可见，Map 对象中的数据默认作为请求范围的属性存在，在视图中可以从请求对象中获取并显示。

5. Model

处理器方法可以使用 Model 类型的参数，Model 是 Spring MVC 框架定义的接口类型，该接口中定义了如下方法添加属性：addAttribute(String attributeName, Object attributeValue)。

使用上述方法，可将任意类型的对象作为属性存储到 Model 对象，代码如下所示：

```
@RequestMapping("/testModel")
public String    testModel(Model model){
    model.addAttribute("modelMsg", "测试Model类型参数");
    return "test";
}
```

存储在 Model 对象中的数据，可以在视图中从请求范围获取，test.jsp 中使用如下代码获取 Model 中的属性值：

```
通过Model传递的信息：${requestScope.modelMsg }<br>
```

访问 http://localhost:8080/chapter0202/testModel，可以在 test.jsp 中获得 Model 对象中存储的属性信息，如图 9-4 所示。

通过Model传递的信息：测试Model类型参数

图 9-4　Model 对象中存储的属性信息

可见，存储到 Model 对象中的属性默认被存储在请求范围，在视图中可以便捷地从请求对象中获取进行显示。

6. ModelMap

ModelMap 是 Spring MVC 框架中的一个类，间接地实现了 Model 接口及 Map 接口，可以作为处理器方法的参数类型使用，框架会自动创建该类实例。代码如下所示：

```
@RequestMapping("/testModelMap")
public String    testModelMap(ModelMap modelMap){
  modelMap.put("modelMapMsgPut", "测试ModelMap类型参数，使用put方法");
  modelMap.addAttribute("modelMapMsgAdd", "测试ModelMap类型参数，使用addAttribute方法");
  return "test";
}
```

在上述代码中，ModelMap 是处理器方法的参数类型，由于该类同时实现了 ModelMap 及 Map 接口，所以既可以使用 put 方法，也可以使用 addAttribute 方法存储相关属性。使用 ModelMap 存储的属性，会被框架自动存储在请求范围内，在 test.jsp 文件中，可以使用如下代码获取 ModelMap 中的属性：

> 通过ModelMap传递的信息：${requestScope.modelMapMsgPut }
> 通过ModelMap传递的信息：${requestScope.modelMapMsgAdd }

访问 http://localhost:8080/chapter0202/testModelMap，可以在 test.jsp 中获得 ModelMap 对象中存储的属性信息，如图 9-5 所示。

> 通过ModelMap传递的信息：测试ModelMap类型参数，使用put方法
> 通过ModelMap传递的信息：测试ModelMap类型参数，使用addAttribute方法

图 9-5　ModelMap 对象中存储的属性信息

可见，存储在 ModelMap 对象中的属性，默认被存放在请求范围，视图可以便捷地从请求对象中获取并显示。

7. 注解对象

处理器方法的参数可以使用 Sping MVC 框架的注解类型，如@CookieValue 可以将 Cookie 的值传递给处理器方法使用，@SessionAttributes 可以将当前会话中的属性传递给方法使用。关于注解的内容将在下一章详细介绍，此处不再展开。

除了上述提到的类型，处理器方法的参数还可以使用其他类型，如 ModelAndView、Reader/Writer、InputStream/OutputStream、Loacle 等，处理器方法的形式参数类型非常灵活，可以根据需要自行定义不同的参数列表。

9.2.3　处理器方法的返回值

Java 语言中的方法，除方法的参数列表外，另一个重要元素就是方法的返回值。处理器类中的方法可以有不同类型的返回值，可根据实际需要选择不同类型。常用的返回值类型如下。

（1）String。

如果处理器方法的返回值是字符串 String，则返回的字符串被解释为逻辑视图名，示例代码如下所示（代码只为演示知识点内容，不具备实际业务逻辑）：

```
@Controller
public class TestControllerReturn {
    @RequestMapping("/testString")
    public String  testString(Model model){
        model.addAttribute("returnMsg","处理器方法返回String类型");
        return "testReturn";
    }
}
```

如上所示，处理器中的 testString 方法返回值类型为 String，返回字符串 testReturn 时，Spring MVC 框架默认把 testReturn 解析为视图名称，到指定路径下查找相关视图组件，如果在 web.xml 中将视图的后缀配置为*.jsp，则查找 testReturn.jsp 页面并进行渲染显示。访问 http://localhost:8080/chapter0202/testString，将跳转到 testReturn.jsp 页面显示给用户，如图 9-6 所示。

目前的返回值类型是：处理器方法返回String类型

图 9-6　返回 String 类型

（2）ModelAndView。

ModelAndView 类型包含模型和视图两个部分，是 Spring MVC 框架中定义的接口，该接口中定义了相关方法用于处理模型和视图，常用方法如下。

① addObject(String attributeName, Object attributeValue)：使用键值对方式存储属性，相当于存储在请求范围内的属性，可以在 JSP 文件中获取。

② setViewName(String viewName)：设置视图名称，将被视图解析器解析。

处理器方法的返回值可以使用 ModelAndView 类型，同时返回数据及视图，代码如下所示：

```
@RequestMapping("/testModelAndView")
public ModelAndView testModelAndView(ModelAndView mv){
    mv.addObject("returnMsg","处理器方法返回ModelAndView类型");
    mv.setViewName("testReturn");
    return mv;
}
```

在上述代码中，返回值类型是 ModelAndView，并使用 addObject 存储了属性 returnMsg，使用 setViewName 设置视图名称为 testReturn，在 JSP 文件 testReturn.jsp 中可以获取 returnMsg 进行显示，代码如下所示：

目前的返回值类型是：${requestScope.returnMsg}

使用 http://localhost:8080/chapter0202/testModelAndView 进行访问，将跳转到 testReturn.jsp 页面，输出如图 9-7 所示的结果，可见，存储在 ModelAndView 中的数据等同于请求范围内的属性。

目前的返回值类型是：处理器方法返回ModelAndView类型

图 9-7　返回 ModelAndView 类型

（3）Map。

处理器方法的返回值类型可以使用 Map 类型，使用 Map 作为返回值类型时，只返回模型数据，逻辑视图名会通过 RequestToViewNameTranslator 实现类来解析，默认情况下将请求 URL 解析为视图，代码如下所示：

```
@RequestMapping("/testMapReturn")
public Map<String,String> testMap(){
    Map<String, String> map = new HashMap<String, String>();
    map.put("returnMsg","处理器方法返回Map类型");
    return map;
}
```

在上述代码中，处理器方法的返回值类型是 Map，可以使用 Map 的 put 方法存储属性，类似于请求对象中的 setAttribute 方法。但是，在返回 Map 类型时，不包含视图信息，默认根据处理器方法的 URL 解析为视图 URL。例如，上例中的方法可以通过 http://localhost:8080/chapter0202/testMapReturn 进行访问，经过解析，会跳转到 testMapReturn.jsp 页面进行显示，代码如下所示：

目前的返回值类型是：${requestScope.returnMsg}

可见，存储在 Map 中的数据可以从请求对象中获取并显示，显示结果如图 9-8 所示。

图 9-8　返回 Map 类型

可见，返回 Map 类型时，视图的 URL 受限于请求路径。例如，请求路径是/testMapReturn，则视图路径将被解析为/testMapReturn.jsp。

（4）void。

处理器方法的返回值类型可以使用 void，表示该方法直接写出响应内容，不跳转到其他视图组件，代码如下所示：

```
@RequestMapping("/testVoidReturn")
public void testVoidReturn(HttpServletResponse response){
    try {
        response.setContentType("text/html;charset=utf-8");
        PrintWriter out=response.getWriter();
        out.print("目前的处理器方法返回的是void");
    } catch (IOException e) {
        e.printStackTrace();
    }
}
```

在上述代码中，处理器方法的返回值类型是 void，在方法体中直接通过响应对象输出响应信息到用户端，不再需要跳转到其他视图组件，使用 http://localhost:8080/chapter0202/testVoidReturn 进行访问，显示结果如图 9-9 所示。

图 9-9　返回 void 类型

值得一提的是，如果一个处理器方法的返回值类型不是 void，但返回的是 null，则与返回值类型 void 具有相同效果，即直接输出响应信息到用户端，不会跳转到其他视图组件。

（5）其他任意类型返回值

很多初学者会尝试让处理器方法返回一个任意类型的对象，代码如下所示：

```
@RequestMapping("/testOtherReturn")
public Employee testOtherReturn(){
    Employee emp=new Employee();
    emp.setName("ChinaSofti");
    return emp;
```

```
    }
```

在上述代码中，处理器方法 testOtherReturn 返回一个自定义类型 Employee，在方法体中创建了 Employee 对象 emp 并返回。可以通过 http://localhost:8080/chapter0202/testOtherReturn 访问，视图解析器将解析调用 testOtherReturn.jsp 页面，尝试从请求范围内获取返回的 emp 对象，代码如下所示：

目前的返回值是：　${requestScope.emp}

上述代码运行后不会出现任何错误，不过在 testOtherReturn.jsp 页面不会输出 emp 对象信息，如图 9-10 所示。

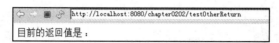

图 9-10　不会返回任意类型

可见，返回的对象 emp 并没有被保存到请求范围内，无法传递到视图组件。因此，从语法上说，处理器方法的返回值可使用任意类型，但由于返回值不会被进行默认的相关处理，框架不会识别相关的返回值，在视图中也无法使用，所以没有实际应用的意义。

第 **10** 章

Spring MVC 的注解

10.1 @Controller 注解

在类的级别使用@Controller 注解，用来标注一个类是 Spring MVC 框架中的处理器，代码如下所示：

```
@Controller
public class TestAnnotation {


}
```

上述代码中的类 TestAnnotation 将被识别为处理器使用，为了能够让框架进行自动扫描，需要在 Spring MVC 的 XML 文件中进行配置，代码如下所示：

```
<!-- 自动扫描该包，Spring MVC 会将包下使用了@controller 注解的类注册为 Spring 的 controller -->
<context:component-scan base-package="com.chinasofti.chapter0203.controller"/>
```

进行上述配置后，com.chinasofti.chapter0203.controller 包下的所有使用@Controller 注解的类都将被识别为处理器使用。

10.2 @RequestMapping 注解

使用@Controller 注解后，一个类将被识别为处理器使用。然而，一个应用下会有多个处理器，在一个处理器中也可能声明多个处理方法，因此需要唯一标记对这些处理器类及类中的方法进行区分，@RequestMapping 注解可完成此功能。@RequestMapping 可以用于类或方法，用 value 属性设置映射请求路径。代码如下所示：

```
@Controller
@RequestMapping(value="/annotation")
public class TestAnnotation {
}
```

在上述代码中，针对类 TestAnnotation 使用了映射路径/annotation，该路径相当于本类的一个根路径，类中的任何方法都基于该路径进行访问。值得一提的是，如果不需要为一个类设置根路径，则可以不在类的级别使用@RequestMapping 注解。处理器类的每个方法必须使用@RequestMapping 注解进行标注，代码如下所示：

```
@Controller
@RequestMapping(value="/annotation")
public class TestAnnotation {
    @RequestMapping(value="/testReqMapping")
    public String testReqMapping(){
        return "index";
    }
}
```

在上述代码中，处理器方法 testReqMapping 使用@RequestMapping(value="/testReqMapping") 设置了请求路径是/testReqMapping，类设置了根路径/annotation，访问该方法的完整 URL 是 http://localhost:8080/chapter0203/annotation/testReqMapping。

@RequestMapping 注解拥有多个属性，可以通过查看 API 帮助文档进行学习，常用的属性如下所述。

（1）value 属性。

value 属性是@RequestMapping 注解中最重要的属性，用来设置访问处理器类及方法的 URL。value 属性是 String 数组类型，即可以设置多个 value 值，多个值之间是"或"的关系，代码如下所示：

```
@RequestMapping(value={"/testReqMapping", "/testMapping"})
public String testReqMapping(){
    return "index";
}
```

在上述代码中，value 属性设置了两个值，用花括号{ }设置，每个值之间使用逗号隔开。由于设置了两个值，所以访问 testReqMapping 方法可以使用两个 URL 进行，分别是/annotation/testReqMapping 及/annotation/testMapping。

value 属性的值除了可以配置为特定的值，还可以使用模板方式配置，使用{变量名}作为占位符。例如，@RequestMapping(value="/users/{userId}")，其中{userId}是占位符，请求的 URL 可以是"/users/123456"或"/users/abcd"都可以匹配该模板方式配置的 value 属性值。

value 属性的值也可以使用 Ant 风格进行配置，Ant 中有三个通配符，分别是**、*及?。其中，? 可以匹配任何单字符，*可以匹配任意数量（包括 0 个）的字符，**可以匹配多个（包括 0 个）的目录。例如，@RequestMapping(value="/users/**")可以匹配"/users/abc/abc"，@RequestMapping (value="/product?")可匹配"/product1"或"/producta"，但不能匹配"/product"或"/productaa"；@RequestMapping(value="/product*")可匹配"/productabc"或"/product"，但不能匹配"/productabc/abc"。

在 Spring 3.1 版本后，value 属性的值也可以使用正则表达式设置，格式为{变量名：正则表达式}。

例如，@RequestMapping(value="/products/{categoryCode:\\d+}-{pageNumber:\\d+}")可以匹配"/products/123-1"，但不能匹配"/products/abc-1"，正则表达式可以设计成任意严格的规则。

（2）params 属性。

params 属性可以用来声明限定使用的请求参数的名字，该属性是字符串数组类型，可以有多个值，代码如下所示：

```
@RequestMapping(value={"/testReqMapping","/testMapping"},params={"username","pwd"})
public String testReqMapping(){
    return "index";
}
```

在上述代码中，使用 params={"username","pwd"}限制了请求参数的名字，当且仅当当前请求中包含名字为 username 和 pwd 两个请求参数时，才能访问成功，否则报错。请求参数的值为空也可以访问。值得注意的是，params 限制了必须有的请求参数，但是除此之外可以包含其他请求参数，也不影响正常访问。

上述处理器中的方法可以使用 URL http://localhost:8080/chapter0203/annotation/testMapping?username=admin&pwd=1 正常访问。如果需要对请求参数的取值进行限制，则同时指定请求参数的取值，代码如下所示：

```
@RequestMapping(value={"/testReqMapping","/testMapping"},params={"username=admin","pwd=1"} )
public String testReqMapping(){
    return "index";
}
```

在上述代码中，指定了请求参数 username 及 pwd 的值，当且仅当值匹配时才能访问，也就是说，使用 URL http://localhost:8080/chapter0203/annotation/testMapping?username=admin&pwd=1 才能正常访问。

另外，如果希望配置不包含某些参数才能访问的逻辑，则使用!设置，代码如下所示：

```
@RequestMapping(value={"/testReqMapping","/testMapping"},params="!add " )
public String testReqMapping(){
    return "index";
}
```

在上述代码中，使用 params="!add "配置了不包含名字为 add 的请求参数时，才能正常访问，否则访问出错。

（3）method 属性。

method 属性用来限制可以匹配的请求方法，该方法是 RequestMethod 类型的数组，可以同时配置多个，代码如下所示：

```
@RequestMapping(value={"/testReqMapping","/testMapping"},method=RequestMethod.POST )
public String testReqMapping(){
    return "index";
}
```

在上述代码中，使用 method=RequestMethod.POST 配置了请求方法，只有在通过 POST 方法请求时，才能成功地调用处理器方法，如果使用其他请求方法，则报错。

除 GET、POST 请求方法外，还有 HEAD、OPTIONS、PUT、DELETE、TRACE 方法，一般浏览器只支持 GET、POST 请求方法，如果需要浏览器支持 PUT、DELETE 等请求方法则只能模拟。DispatcherServlet 默认开启对 GET、POST、PUT、DELETE、HEAD 请求方法的支持,如果要支持 OPTIONS、TRACE 请求方法,则需要在 web.xml 中配置 DispatcherServlet 的初始化参数 dispatchOptionsRequest 及 dispatchTraceRequest,其值设置为 true 即可。

（4）headers 属性。

headers 属性可用来限制请求头信息,只有包含了 headers 属性指定的请求头信息的请求才能正常访问,headers 属性是字符串数组类型,可配置多个值,代码如下所示:

```
@RequestMapping(value={"/testReqMapping","/testMapping"},headers="Accept=application/xml")
public String testReqMapping(){
    return "index";
}
```

在上述代码中,使用 headers 属性限制了当前请求必须包含值为 application/xml 的 Accept 请求头信息,否则不能正常访问。

10.3　@SessionAttributes 注解

在默认情况下,Spring MVC 框架默认创建数据模型对象,并保存到请求范围,代码如下所示:

```
@RequestMapping(value={"/testSessionAttr"})
public String testSessionAttr(Model model,Map<String,Employee> map,ModelMap modelMap){
    Employee emp01=new Employee("Alice",19);
    Employee emp02=new Employee("John",22);
    Employee emp03=new Employee("Helen",32);
    model.addAttribute("modelEmp", emp01);
    map.put("mapEmp", emp02);
    modelMap.addAttribute("modelMapEmp", emp03);
    return "testSession";
}
```

在上述代码中,使用了常见的三种数据模型类型（Model、Map 及 ModelMap）,并分别存储了一个 Employee 对象,跳转到 testSession.jsp 中获取相关信息,代码如下所示:

```
从请求中获取 Model 中的 Employee 信息: ${requestScope.modelEmp}<br><br>
从会话中获取 Model 中的 Employee 信息: ${sessionScope.modelEmp}<br><br>
从请求中获取 Map 中的 Employee 信息: ${requestScope.mapEmp}<br><br>
从会话中获取 Map 中的 Employee 信息: ${sessionScope.mapEmp}<br><br>
从请求中获取 ModelMap 中的 Employee 信息: ${requestScope.modelMapEmp}<br><br>
从会话中获取 ModelMap 中的 Employee 信息: ${sessionScope.modelMapEmp}<br><br>
```

在上述代码中,分别从请求和会话范围内获取数据模型中存储的 Employee 实例,结果如下所示:

从请求中获取Model中的Employee信息：Employee [name=Alice, age=19]

从会话中获取Model中的Employee信息：

从请求中获取Map中的Employee信息：Employee [name=John, age=22]

从会话中获取Map中的Employee信息：

从请求中获取ModelMap中的Employee信息：Employee [name=Helen, age=32]

从会话中获取ModelMap中的Employee信息：

可见，在默认情况下，模型数据都保存在请求范围内，所以在会话范围内无法获取相关 Employee 对象。如果需要将模型数据存储在会话范围内，则使用@SessionAttributes 注解，该注解在类的级别使用，可以使用模型数据的名称或者模型数据的类型来限定哪些数据存储到会话范围内，代码如下所示：

```
@SessionAttributes(value={"modelEmp","mapEmp"})
public class TestAnnotation {
    @RequestMapping(value={"/testSessionAttr"})
    public String testSessionAttr(Model model,Map<String,Employee> map,ModelMap modelMap){
        Employee emp01=new Employee("Alice",19);
        Employee emp02=new Employee("John",22);
        Employee emp03=new Employee("Helen",32);
        model.addAttribute("modelEmp", emp01);
        map.put("mapEmp", emp02);
        modelMap.addAttribute("modelMapEmp", emp03);
        return "testSession";
    }
}
```

在上述代码中，在类的级别使用@SessionAttributes(value={"modelEmp","mapEmp"})注解，将 modelEmp 及 mapEmp 两个属性值存储到会话范围内，再次访问，结果如下所示：

从请求中获取Model中的Employee信息：Employee [name=Alice, age=19]

从会话中获取Model中的Employee信息：Employee [name=Alice, age=19]

从请求中获取Map中的Employee信息：Employee [name=John, age=22]

从会话中获取Map中的Employee信息：Employee [name=John, age=22]

从请求中获取ModelMap中的Employee信息：Employee [name=Helen, age=32]

从会话中获取ModelMap中的Employee信息：

可见，除 ModelMap 中的 Employee 对象外，Model 和 Map 都已经被保存到会话范围内。除使用 value 指定属性名称外，还可以使用 types 指定类型进行限定，代码如下所示：

```
@SessiónAttributes(types=Employee.class)
public String testSessionAttr(Model model,Map<String,Employee> map,ModelMap modelMap){
    Employee emp01=new Employee("Alice",19);
    Employee emp02=new Employee("John",22);
```

```
        Employee emp03=new Employee("Helen",32);
        model.addAttribute("modelEmp", emp01);
        map.put("mapEmp", emp02);
        modelMap.addAttribute("modelMapEmp", emp03);
        return "testSession";
    }
```

在上述代码中，使用@SessionAttributes(types=Employee.class)限定了所有 Employee 类型的模型数据都将被存储在会话范围内，再次使用该方法，结果如下所示：

```
从请求中获取Model中的Employee信息：Employee [name=Alice, age=19]

从会话中获取Model中的Employee信息：Employee [name=Alice, age=19]

从请求中获取Map中的Employee信息：Employee [name=John, age=22]

从会话中获取Map中的Employee信息：Employee [name=John, age=22]

从请求中获取ModelMap中的Employee信息：Employee [name=Helen, age=32]

从会话中获取ModelMap中的Employee信息：Employee [name=Helen, age=32]
```

由于所有模型数据都是 Employee 类型，所以都被存储在会话范围内，都在 JSP 中成功获取并显示。

10.4 @ModelAttribute 注解

到目前为止，处理器里的方法都必须使用@RequestMapping 注解才能被框架访问。除了@RequestMapping 注解，使用@ModelAttribute 注解的处理器方法也能够被框架访问，而且会默认在访问使用@RequestMapping 注解的处理器方法之前访问，代码如下所示：

```
@ModelAttribute
public void init(Model model,String name,int age){
    Employee emp01=new Employee(name,age);
    model.addAttribute("modelEmp", emp01);
}
```

在上述代码中，对 init 方法使用@ModelAttribute 注解，该方法没有返回值，有三个形式参数，方法体中使用形式参数 name 和 age 初始化 Employee 实例，并把该实例以 modelEmp 名字存储在数据模型 model 中。另外，声明如下所示的处理器方法：

```
@RequestMapping(value={"/testModelAttr"})
public String testModelAttr(){
    return "testModelAttr";
}
```

在上述代码中，testModelAttr 方法只返回了视图名称。然而，由于@ModelAttribute 注解的方法总会在访问使用@RequestMapping 注解的方法前被调用，所以虽然 testModelAttr 方法中没有任何其他操作，但实际上目前数据模型 Model 中已经存储了 modelEmp 属性，在

testModelAttr.jsp 中可以获取显示属性值，代码如下所示：

从请求中获取 Model 中的 Employee 信息：${requestScope.modelEmp}

使用 URL http://localhost:8080/chapter0203/annotation/testModelAttr?name=Helen&age=99 进行访问，显示结果如下所示：

从请求中获取Model中的Employee信息：Employee [name=Helen, age=99]

可见，使用@ModelAttribute 注解的方法会被自动提前调用，因此可以在该方法中进行一些初始化操作，根据需要将相关数据存储到数据模型中，以便在处理器方法中使用。

上述 init 方法没有返回值，当该方法有返回值时，可以使用@ModelAttribute 注解获取返回值，返回值被默认存储在请求范围内，代码如下所示：

```
@ModelAttribute("emp")
public Employee init(Model model,String name,int age){
    Employee emp01=new Employee(name,age);
    model.addAttribute("modelEmp", emp01);
    return emp01;
}

@RequestMapping(value={"/testModelAttr"})
public String testModelAttr(){
    return "testModelAttr";
}
```

在上述代码中，init 方法返回 Employee 实例，@ModelAttribute("emp")注解使用 emp 作为名字，将该实例存储到数据模型中，保存在请求范围内。同时，因为使用了 model.addAttribute ("modelEmp", emp01);保存属性，所以在请求范围内同时存在名字为 modelEmp 的 Employee 实例，在 testAttri.jsp 中均可获取使用，代码如下所示：

从请求中获取 Model 中的 Employee 信息：${requestScope.modelEmp}

获取 ModelAttribute 的 Employee 信息：${requestScope.emp}

使用 URL http://localhost:8080/chapter0203/annotation/testModelAttr?name=Helen&age=99 访问，显示结果如下所示：

从请求中获取Model中的Employee信息：Employee [name=Helen, age=99]
获取ModelAttribute的Employee信息：Employee [name=Helen, age=99]

视图同时使用了 emp 及 modelEmp 两个属性。

如果处理器方法需要使用@ModelAttribute("emp")注解方法的返回值作为参数，则可以在方法参数上使用该注解，代码如下所示：

```
@ModelAttribute("emp")
public Employee init(Model model,String name,int age){
    Employee emp01=new Employee(name,age);
```

```
        model.addAttribute("modelEmp", emp01);
        return emp01;
}


@RequestMapping(value={"/testModelAttr"})
public String testModelAttr(@ModelAttribute("emp") Employee e){
        e.setAge(200);
        return "testModelAttr";
}
```

在上述代码中，对方法 testModelAttr 的参数使用了注解@ModelAttribute("emp") 将数据模型属性 emp 绑定到形式参数 e，在方法中对 e 修改了 age 属性，再次使用 URL http://localhost:8080/chapter0203/annotation/testModelAttr?name=Helen&age=99 访问，显示结果如下所示：

```
从请求中获取Model中的Employee信息：Employee [name=Helen, age=200]

获取ModelAttribute的Employee信息：Employee [name=Helen, age=200]
```

10.5 参数绑定相关注解

除了@Controller 及@RequestMapping 注解，Spring MVC 框架还定义了一系列与处理器方法的形式参数绑定相关的注解。前面已介绍过处理器方法的形式参数，已知 Spring MVC 框架可以自动将与形式参数同名的请求参数绑定到 String 类型的形式参数，同时也可以默认创建 Model、ModelMap、Map 类型的参数传递给处理方法使用，并将这些对象保存到请求对象中。除此之外，框架还定义了系列注解将其他信息绑定到参数。

10.5.1 @RequestParam 注解

Spring MVC 框架能够自动将请求参数传递给处理器的方法，在默认情况下通过名字进行匹配，代码如下所示：

```
@RequestMapping(value={"/testReqParam"})
public String testReqParam(String msg){
        System.out.println("msg: "+msg);
        return "index";
}
```

在上述代码中，处理器方法 testReqParam 定义了名为 msg 的 String 类型的形式参数，如果请求中存在名为 msg 的请求参数，则 Spring MVC 框架自动将请求参数的值传递给形式参数 msg 使用。使用 URL http://localhost:8080/chapter0203/annotation/testReqParam?msg=Hello, Chinasofti 进行访问，传递了请求参数 msg，Spring MVC 框架把 msg 的值 "Hello,Chinasofti" 传递给方法的形式参数 msg 使用，控制台输出如下所示：

```
msg: Hello,Chinasofti
```

由于请求参数名 msg 与方法形式参数名 msg 相同，所以默认进行了绑定。如果请求参数名与形式参数名不一致，则可以使用@RequestParam 注解进行绑定。代码如下所示：

```
@RequestMapping(value={"/testReqParam"})
public String testReqParam(@RequestParam(name="message")String msg){
    System.out.println("msg: "+msg);
    return "index";
}
```

在上述代码中，将名为 message 的请求参数赋值给名为 msg 的请求参数使用。注解 @RequestParam 还可以使用其他几个属性，代码如下所示：

```
@RequestMapping(value={"/testReqParam"})
public String testReqParam(@RequestParam(name="message", required=false,defaultValue="Hello")String
msg){
    System.out.println("msg: "+msg);
    return "index";
}
```

在上述代码中，使用了@RequestParam 注解的 name、required 及 defaultValue 属性，name 定义了请求参数名，required 定义此请求参数是否为必须的，defaultValue 设置请求参数 message 的默认值为 Hello。

10.5.2　@RequestHeader 注解

@RequestHeader 注解的用法与@RequestParam 注解类似，区别是@RequestHeader 注解用来将请求头的信息绑定到请求参数，代码如下所示：

```
@RequestMapping(value={"/testReqHeader"})
public String testReqHeader(@RequestHeader(name="user-Agent", required=false,defaultValue="unknown")
String agent){
    System.out.println("user-Agent: "+agent);
    return "index";
}
```

在上述代码中，使用@RequestHeader 注解将名为 user-Agent 的请求头值传递给形式参数 agent 使用，required 设置为该请求头不是必须的，defaultValue 设置该请求头的默认值是 unknown。

10.5.3　@PathVariable 注解

上面介绍@RequestMapping 注解配置时，提到可以使用占位符配置 URL，占位符的值可以使用@PathVariable 注解获取并绑定到处理器方法的形式参数进行使用，代码如下所示：

```
@RequestMapping(value={"/test/{mod}/{code}"})
public String testPathVar(@PathVariable(name="mod")String mod,
@PathVariable(name="code") String code){
    System.out.println("mod: "+mod+" code: "+code);
    return "index";
}
```

在上述代码中，URL 中有两个占位符，分别是 mod 和 code，可以使用@PathVariable 注解获取 mod 及 code 的值，绑定到处理器方法 testPathVar 的形式参数进行使用。

10.5.4　@CookieValue 注解

如果需要将某个 Cookie 的值绑定到处理器方法的形式参数，则可以使用@CookieValue 注解，代码如下所示：

```
@RequestMapping(value={"/testCookie"})
public String testCookie(@CookieValue(name="JSESSIONID")String id){
    System.out.println("cookie jsessionid: "+id);
    return "index";
}
```

在上述代码中，使用@CookieValue(name="JSESSIONID")注解将名字为 JSESSIONID 的 Cookie 对象的值绑定给形式参数 id 进行使用。

10.6　其他注解

10.6.1　@ResponseBody 注解

在之前的章节中，向用户返回的视图都使用 HTML 格式。在实际应用中，有时需要返回其他格式的数据，如 JSON、XML 等。此时，就可以使用@ResponseBody 注解，使处理器方法返回的对象通过适当的转换器转换为指定格式后，写入响应中，即使用@ResponseBody 注解离不开转换器，在后续章节中将详细介绍数据格式转换。JSP 文件 testResponseBody.jsp 中的核心代码如下所示：

```
<script type="text/javascript">
$(document).ready(function(){
    testResponseBody();
});
function testResponseBody(){
    $.post("${pageContext.request.contextPath}/annotation/testResponseBody",null,
            function(data){
        $.each(data,function(){
                var tr   = $("<tr align='center'/>");
                $("<td/>").html(this.name).appendTo(tr);
                $("<td/>").html(this.age).appendTo(tr);
                $("#emptable").append(tr);
        })
    },"json");
}
</script>

</head>
<body>
```

```
<table id="emptable" border="1"    style="border-collapse: collapse;">
    <tr align="center">
        <th>姓名</th>
        <th>年龄</th>
        </tr>
</table>
```

在上述代码中，请求提交到 URL 为 annotation/testResponseBody 的处理器方法，返回的数据以 JSON 格式进行解析，填充到表格中。处理器方法的代码如下所示：

```
@RequestMapping("/testResponseBody")
@ResponseBody
public Object testResponseBody() {
    List<Employee> result = new ArrayList< Employee>();
    Employee emp01=new Employee("Alice",19);
    Employee emp02=new Employee("John",22);
    Employee emp03=new Employee("Helen",12);
    result.add(emp01);
    result.add(emp02);
    result.add(emp03);
    return result;
}
```

在上述代码中，处理器方法的返回值是 List 列表对象，使用@ResponseBody 注解，返回值可以使用 JSON 格式。在 XML 中配置转换器，代码如下所示：

```
<mvc:annotation-driven>
    <!-- 设置不使用默认的消息转换器 -->
    <mvc:message-converters register-defaults="false">
        <bean id="fastJsonHttpMessageConverter"
        class="com.alibaba.fastjson.support.spring.FastJsonHttpMessageConverter">
            <property name="supportedMediaTypes">
                <list>
                    <value>text/html;charset=UTF-8</value>
                    <value>application/json;charset=UTF-8</value>
                </list>
            </property>
        </bean>
    </mvc:message-converters>
</mvc:annotation-driven>
```

在上述配置文件中，配置了转换器 FastJsonHttpMessageConverter 的 bean，并指定了返回类型包含 JSON 类型。FastJsonHttpMessageConverter 是第三方框架中的类，需要在工程中引入 fastjson.jar 类库。访问 http://localhost:8080/chapter0203/testResponseBody.jsp，将处理器方法返回的 List 列表中的 Employee 实例显示在表格中。

10.6.2　@ResponseStatus 注解

@ResponseStatus 注解可以用来标注异常类，它有两个属性，即 value 和 reason。其中，

value 属性是 HTTP 状态码，如 404、500 等；reason 属性表示抛出异常后的提示信息。代码
如下所示：

```
@ResponseStatus(value=HttpStatus.FORBIDDEN, reason="数据为空")
public class NoDataException extends RuntimeException {
    public NoDataException() {
        super();
    }

    public NoDataException(String message) {
        super(message);
    }
}
```

在上述代码中，NoDataException 是自定义的一个异常类，使用@ResponseStatus 注解标
注 HTTP 状态码为禁止访问 403，提示信息是数据为空，在处理器方法中抛出该异常，代码
如下所示：

```
@RequestMapping("/testResponseStatus")
public Object testResponseStatus(String data) {
    if(data==null||data.equals("")){
        throw new NoDataException();
    }
    return "index";
}
```

在上述代码中，处理器方法 testResponseStatus 抛出了异常 NoDataException，如图 10-1 所示。

图 10-1　异常 NoDataException

可见，当处理器方法抛出异常后，会使用@ResponseStatus 注解定义的信息进行异常处理。

10.6.3　@RequestBody 注解

在实际应用中，页面中的数据往往以 JSON 对象的形式传递到后台，Spring MVC 框架提供
了@RequestBody 注解用于接收请求中的 JSON 数据，直接封装成对象使用。页面代码如下所示：

```
<script type="text/javascript">
$(document).ready(function(){
    testRequestBody();
});

function testRequestBody(){
    $.ajax("${pageContext.request.contextPath}/annotation/testRequestBody",
```

```
                        {
                        dataType : "json",
                        type : "post",
                        contentType:"application/json",
                        //发送到服务器的数据
                        data:JSON.stringify({name : "李贝贝", age : 25}),
                        async:    true ,
                        //回调函数
                        success :function(data){
                                console.log(data);
                                $("#name").html(data.name);
                                $("#age").html(data.age);
                        },

                                error:function(){
                                alert("数据发送失败");
                                }
                });
        }
</script>
</head>
<body>
姓名：<span id="name"></span><br>
年龄：<span id="age"></span><br>
</body>
```

在上述代码中，将字符串<name:"李贝贝", age:25>以 JSON 格式发到处理器/annotation/
testRequestBody 中，处理器的代码如下所示：

```
@RequestMapping("/testRequestBody")
public void testRequestBody(@RequestBody Employee emp,
        HttpServletResponse response)
        throws JsonGenerationException, JsonMappingException, IOException {
    ObjectMapper mapper = new ObjectMapper();
    response.setContentType("text/html;charset=UTF-8");
    emp.setAge(emp.getAge()+1);
    response.getWriter().println(mapper.writeValueAsString(emp));
}
```

在上述代码中，使用@RequestBody 注解声明处理器方法的参数 emp，因此 emp 将自动
封装<name : "李贝贝", age: 25>作为属性，在方法中将年龄加 1 后写回到客户端，则 age 变为
26，名字不变。使用 http://localhost:8080/chapter0203/testRequestBody.jsp 进行访问，页面显示
结果如图 10-2 所示。

http://localhost:8080/chapter0203/testRequestBody.jsp

姓名：李贝贝
年龄：26

图 10-2　页面显示结果

如图 10-2 所示，返回页面的姓名不变，年龄已经加 1。如果修改处理器方法的源代码，则不使用@RequestBody 注解，代码如下所示：

```
@RequestMapping("/testRequestBody")
 public void testRequestBody(Employee emp,HttpServletResponse response) throws JsonGenerationException,
JsonMappingException, IOException {
      ObjectMapper mapper = new ObjectMapper();
      response.setContentType("text/html;charset=UTF-8");
      emp.setAge(emp.getAge()+1);
      response.getWriter().println(mapper.writeValueAsString(emp));
 }
```

使用 http://localhost:8080/chapter0203/testRequestBody.jsp 进行访问，页面显示结果如图 10-3 所示。

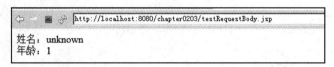

图 10-3　页面显示结果

如图 10-3 所示，当没有使用@RequestBody 注解时，参数 emp 没有封装页面传过来的 JSON 数据，所以返回的是 unknown 和 1。

第 **11** 章

Spring MVC 的常用标签

11.1 标签概述

Spring MVC 提供大量标签，主要用于实现表单元素，可以在视图页面 FormWithTag.jsp 中使用。使用 Spring MVC 的标签开发视图页面 FormWithTag.jsp，可以比较便捷地与模型数据进行绑定，从而简化开发。本节先通过简单代码介绍 Spring MVC 的标签的使用步骤及作用。

在 JSP 中使用 Spring MVC 的标签库，首先需要使用 @taglib 进行引入，代码如下所示：

```
<%@ taglib prefix="form" uri="http://www.springframework.org/tags/form" %>
```

接下来就可以使用 form 作为前缀，使用标签库中的标签，视图页面 formWithTag.jsp 的代码如下所示：

```
<form:form method="post" action="register">
    <table>
        <tr>
            <td>姓名:</td>
            <td><form:input path="name"/></td>
        </tr>
        <tr>
            <td>密码:</td>
            <td><form:password path="pwd"/></td>
        </tr>
        <tr>
            <td>年龄:</td>
            <td><form:input path="age"/></td>
        </tr>
    </table>
    <input type="submit" value="注册">
</form:form>
```

在上述代码中，使用了 form 标签渲染表单元素，使用 input、password 标签分别渲染文本框及密码框。使用 form 标签后，可以自动与处理器（register）的模型属性数据进行绑定，默认属性名字是 command，处理器的代码如下所示：

```
@Controller
public class EmployeeController {
    @RequestMapping(value="/register")
    public String register(Model model,String name,Integer age,String pwd) {
        String result="FormWithTag";
        Employee e=new Employee(name+" 返回",age,pwd);
        model.addAttribute("command", e);
        return result;
    }
}
```

在上述代码中，将表单中的 name、age、pwd 封装成 Employee 对象，并将该对象保存为名字为 command 的属性，返回视图页面 FormWithTag.jsp。为了说明运行过程，在 name 后追加 "返回" 作为标记。

访问 http://localhost:8080/chapter0204/register，显示注册页面，如图 11-1 所示。

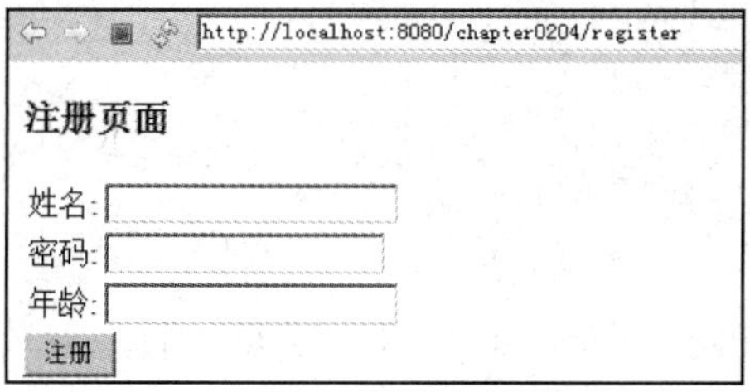

图 11-1　注册页面

在注册页面中填写相关信息，如图 11-2 所示。

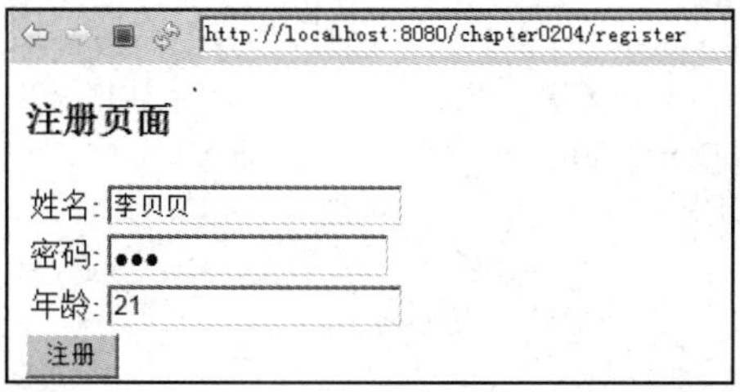

图 11-2　填写相关信息

单击 "注册" 按钮后，将调用处理器的方法，跳转到注册页面，如图 11-3 所示。

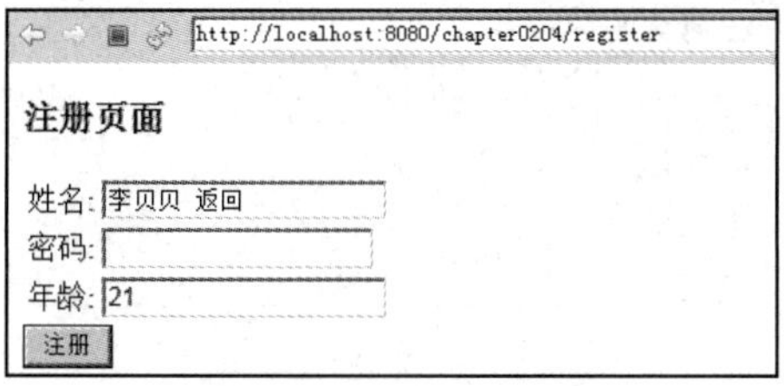

图 11-3　注册页面

可见，使用了 Spring MVC 的标签后，能够自动绑定到模型数据属性，并自动获取相关值。例如，"姓名"文本框的 path 为 name，所以自动获取 command 中的 name 进行显示。

为了进一步理解标签的作用，编写 FormWithoutTag.jsp 页面代码，不使用 Spring MVC 框架的标签，代码如下所示：

```
<form    method="post" action="register">
    <table>
        <tr>
            <td>姓名:</td>
            <td><input type="text" name="name"/></td>
        </tr>
        <tr>
            <td>密码:</td>
            <td><input type="password" name="pwd"/></td>
        </tr>
        <tr>
            <td>年龄:</td>
            <td><input type="text" name="age"/></td>
        </tr>
    </table>
    <input type="submit" value="注册">
</form>
```

在上述代码中，没有使用 Spring MVC 框架的标签。修改处理器代码，跳转到 FormWithoutTag.jsp 中，代码如下所示：

```
@Controller
public class EmployeeController {
    @RequestMapping(value="/register")
    public String register(Model model,String name,Integer age,String pwd){
        String result="FormWithoutTag";
        Employee e=new Employee(name+" 返回",age,pwd);
        model.addAttribute("command", e);
        return result;
    }
}
```

再次进行访问，输入相关信息，如图 11-4 所示。

http://localhost:8080/chapter0204/register

注册页面

姓名: 李贝贝
密码: ●●●
年龄: 21
注册

图 11-4　输入相关信息

单击"注册"按钮后，请求提交到处理器，再次跳转到 FormWithoutTag.jsp 页面，显示结果如图 11-5 所示。

```
⇦ ⇨ ■ ✐    http://localhost:8080/chapter0204/register
```

注册页面

姓名: [＿＿＿＿＿＿＿＿]
密码: [＿＿＿＿＿＿＿＿]
年龄: [＿＿＿＿＿＿＿＿]
[注册]

图 11-5　显示结果

由显示结果可知，没有把相关信息返回到视图，即如果不使用 Spring MVC 的标签，视图中的表单无法与处理器中的相关属性数据绑定。

综上所述，使用 Spring MVC 的标签的步骤简单，只要使用@taglib 引入即可。标签能够自动与模型数据进行绑定，从而简化视图开发。

11.2　常用表单标签

Spring MVC 提供多个表单标签，如<form:input/>、<form:password/>等。这些标签可以使用 HTML 的属性，如 value、name 等，也可以使用 Spring MVC 定义的属性，各表单标签中通用的属性如下。

- htmlEscape：定义是否对表单值的 HTML 特殊字符进行转换，默认值为 true。
- cssClass：定义该表单对应的 CSS 类名。
- cssStyle：定义该表单对应的 CSS 样式。
- cssErrorClas：表单的数据存在错误时采取的 CSS 样式。
- path：对应 html 元素的 name 属性，能够支持级联属性（类似于 user.address.name）。

为了演示各表单标签的具体使用，准备数据模型类 TagsModel，封装各种类型的数据，后续在表单标签中进行使用。部分代码如下所示：

```java
import java.util.List;
import java.util.Map;
public class TagsModel {
    private String username;
    private String password;
    private boolean testBoolean;
    private String[] selectArray;
    private String[] testArray;
    private Integer radiobuttonId;
    private Integer selectId;
    private List<Integer> selectIds;
    private Map<Integer, String> testMap;
    private String remark;
```

```
        public void setUsername(String username) {
            this.username = username;
        }

        public void setPassword(String password) {
            this.password = password;
        }
    //省略其他 gettes 和 setters
```

在上述类 TagsModel 中，封装了各种不同类型的数据，之后会用于与表单标签进行绑定使用，说明表单标签的作用。同时，定义控制器 TagsController，控制器的 URL 是 testtag.action，接受数据模型 model。代码如下所示：

```
@Controller
public class TagsController {
    @RequestMapping(value = "/testtag.action")
    public String testTag(Model model) {
    //省略具体代码，后续完善
    }
}
```

11.2.1　form 标签

form 标签用来定义表单元素，它能够自动地将 Model 中的一个属性值与表单进行绑定，从而允许在表单中方便地使用此属性。默认情况下，绑定的属性名字是 command，代码如下所示：

```
<form:form    method="post">
</form:form>
```

在上述代码中，该表单将自动绑定 Model 中名为 command 的属性。如果该属性不存在，则出现错误。如果需要绑定的属性名称不是 command，则可以使用 modelAttribute 指定具体名称，代码如下所示：

```
<form:form modelAttribute="contentModel" method="post">
</form:form>
```

在上述代码中，使用 modelAttribute 指定绑定的属性名称是 contentModel，那么表单将自动绑定 Model 中名为 contentModel 的属性。

11.2.2　input 标签

input 标签用来定义表单中的文本框，input 可以使用 path 属性绑定表单对应的属性对象的属性值，代码如下所示：

```
<form:form modelAttribute="contentModel" method="post">
    input 标签：<form:input path="username" />
</form:form>
```

在上述代码中，input 将绑定 contentModel 属性中的 username 的值，在控制器 TagsController 中加入如下代码：

```
@RequestMapping(value = "/testtag.action")
public String testTag(Model model) {
    if (!model.containsAttribute("contentModel")) {
        TagsModel tagsModel = new TagsModel();
        tagsModel.setUsername("中软国际");
        model.addAttribute("contentModel", tagsModel);
    }
    return "tagstest";
}
```

在上述代码中，在属性对象 contentModel 中设置了 username 的值为"中软国际"，通过 http://localhost:8080/chapter0204/testtag.action 进行访问，将显示文本框，效果如图 11-6 所示。

http://localhost:8080/chapter0204/testtag.action
input 标签：中软国际

图 11-6　显示文本框的效果

可见，Spring MVC 的 input 标签与 HTML 的文本框的区别在于，input 标签能够自动绑定表单对应的模型数据属性。

11.2.3　password 标签

password 标签定义了密码输入框，与 input 标签类似，与 HTML 中的密码输入框相比，password 标签能够使用 path 绑定模型数据的相关属性。代码如下所示：

```
<form:form modelAttribute="contentModel" method="post">
    input 标签：<form:input path="username" />
    <br />
    password 标签：<form:password path="password" />
    <br />
</form:form>
```

在上述代码中，使用 password 标签定义密码输入框，使用 path 绑定了 contentModel 对象中名为 password 的属性。修改控制器 TagsController，代码如下所示：

```
public class TagsController {
    @RequestMapping(value = "/testtag.action")
    public String testTag(Model model) {
        if (!model.containsAttribute("contentModel")) {
            TagsModel tagsModel = new TagsModel();
            tagsModel.setUsername("中软国际");
            tagsModel.setPassword("chinasofti");
            model.addAttribute("contentModel", tagsModel);
        }
        return "tagstest";
```

```
        }
    }
```

在上述代码中，若 contentModel 对象的属性 password 设置为 chinasofti，则页面中的密码输入框的值将被修改为 chinasofit。

11.2.4　checkbox 及 checkboxes 标签

1. checkbox 标签

checkbox 标签用来定义复选框，可以使用 path 绑定模型数据的属性，属性的数据类型可以是布尔类型或者列表（包括数组、List 及 Set 类型）。代码如下所示：

```
绑定 boolean 的 checkbox 标签：
<form:checkbox path="testBoolean" /><br />
```

在上述代码中，checkbox 绑定了一个布尔类型的属性 testBoolean，当该属性值为 true 时，则 checkbox 被选中；当值为 false 时，则 checkbox 不被选中。修改 TagsController 代码如下所示：

```
public class TagsController {
    @RequestMapping(value = "/testtag.action")
    public String testTag(Model model) {
        if (!model.containsAttribute("contentModel")) {
            TagsModel tagsModel = new TagsModel();
            tagsModel.setTestBoolean(true);
            model.addAttribute("contentModel", tagsModel);
        }
        return "tagstest";
    }
}
```

在上述代码中，将属性 testBoolean 设置为 true，当绑定的布尔值是 true 时，则默认被选中。通过 http://localhost:8080/chapter0204/testtag.action 进行访问，显示效果如下所示：

绑定 boolean 的 checkbox 标签：☑

除了可以绑定布尔值，还可以绑定列表数据，具体包括数组、List、Set 类型。以绑定数组类型为例，代码如下所示：

```
绑定 Array 的 checkbox 标签：<br />
<form:checkbox path="testArray" value="Oracle" />1、Oracle
<form:checkbox path="testArray" value="MySQL" />2、MySQL
<form:checkbox path="testArray" value="MongoDB" />3、MongoDB
<form:checkbox path="testArray" value="DB2" />4、DB2<br />
```

在上述代码中，声明了 4 个复选框，复选框的值分别为 Oracle、MySQL、MongoDB 及 DB2。使用 path 属性绑定了模型数据的 testArray 属性，当数组 testArray 中存在的值与复选框的值匹配时，则该复选框被选中。修改 TagsController 代码如下所示：

```
tagsModel.setTestArray(new String[] { "Oracle", "MySQL", "DB2" });
```

在上述代码中，testArray 数组中包含 Oracle、MySQL 及 DB2 的值，通过 URL http://localhost: 8080/chapter0204/testtag.action 进行访问，显示效果如下所示：

绑定Array的checkbox 标签：
☑1、Oracle ☑2、MySQL □3、MongoDB ☑4、DB2

如上所示，value 与数组中包含的值匹配的复选框均被选中。

2. checkboxes 标签

checkbox 标签能够定义一个单独的复选框。如果需要定义一组复选框，则需要定义多次。Spring MVC 框架提供了另外一个标签即 checkboxes，它可以用来定义一组复选框。该标签除使用 path 属性外，还需要使用 items 属性，items 属性的值可以是数组、List、Set 或者 Map，用来指定复选框的标签和值。代码如下所示：

```
绑定 Array 的 checkboxes 标签：<br />
<form:checkboxes path="selectArray" items="${contentModel.testArray}" /><br />
```

在上述代码中，checkboxes 标签使用 path 指定了数据模型的属性 selectArray，该属性是数组类型，该数组中存在的值将被认为选中。使用 items 指定了另一个属性 testArray，该数组中存在的值是所有的复选框的数据。在 TagsController.java 中加入如下代码：

```
tagsModel.setSelectArray(new String[] { "Oracle" });
tagsModel.setTestArray(new String[] { "Oracle", "MySQL", "DB2" });
```

在上述代码中，selectArray 存储了 Oracle 字符串，testArray 存储了 Oracle、MySQL 及 DB2 字符串。显示页面中将显示三个复选框，其中 Oracle 被选中，通过 http://localhost:8080/ chapter0204/testtag.action 进行访问，显示效果如下所：

绑定Array的checkboxes 标签：
☑Oracle □MySQL □DB2

checkbox 标签绑定 List、Set 类型的属性的方法与数组相似。当使用数组、List 及 Set 作为数据源的时候，可见复选框的值与标签相同，都是使用数据源中的数据。如果希望复选框的值与标签不同，则可以使用 Map 作为数据源，Map 中的 key 将作为复选框的 value，而 Map 中的 value 作为复选框的 label。代码如下所示：

```
绑定 Map 的 checkboxes 标签：<br />
<form:checkboxes path="selectIds" items="${testMap}" />
```

在上述代码中，items 指定的 testMap 是 Map 类型的属性，path 关联的 selectIds 是数组。当数组 selectIds 中的值与 Map 中元素的 key 匹配时，则该复选框被选中。在 TagsController.java 中添加如下代码：

```
tagsModel.setSelectIds(Arrays.asList(1, 2));
Map<String,String> testMap=new HashMap<String,String>();
testMap.put("1", "Java");
testMap.put("2", "Python");
```

```
testMap.put("3", "JavaScript");
testMap.put("4", "R");

model.addAttribute("testMap",testMap );
```

在上述代码中，selectIds 中包含了 1 和 2 两个值，Map 对象中添加了四组键值对，前两组的 key 与 selectIds 中的值匹配，所以默认前两个复选框被选中。Map 对象的 value 将作为复选框的标签显示。通过 http://localhost:8080/chapter0204/testtag.action 进行访问，显示效果如下所示。

绑定Map的checkboxes标签：
☑Java☑Python☐JavaScript☐R

复选框的标签为 Map 中的 value，而复选框的值为 Map 中的 key。

在上述示例中，使用字符串作为复选框的数据源。在实际开发中，很可能使用具体的实体对象作为复选框的数据源。例如：

```
public class Course {
    private int id;
    private String title;

    public Course() {
        super();
    }

    public Course(int id, String title) {
        super();
        this.id = id;
        this.title = title;
    }
    //省略其他代码……
```

上述类 Course 是一个实体类，在复选框的数据源是数组、List 或 Set 时，可以将 Course 对象作为实际数据存储，而不是字符串。代码如下所示：

```
List<Course> cList = new ArrayList<Course>();
cList.add(new Course(1,"软件工程导论"));
cList.add(new Course(2,"需求分析"));
cList.add(new Course(3,"软件测试"));
cList.add(new Course(4,"项目管理"));

tagsModel.setcList(cList);
model.addAttribute("cList",cList );
```

在上述代码中，创建集合对象 cList，该集合对象中的元素是 Course 对象，并作为属性存储。可以将该集合作为数据源使用，由于集合元素是实体对象，所以需要指定使用对象的具体属性来作为复选框的 value 及 label，分别使用 itemValue 及 itemLabel 指定即可。代码如下所示：

使用实体对象的 checkboxes 标签：
<form:checkboxes path="selectIds" itemLabel="title" itemValue='id' items="${cList}" />

在上述代码中，path 绑定了 selectIds 属性，该属性是数组，包含 1 和 2 两个字符串值。items 定义了数据源，为集合对象 cList。由于集合中的元素是实体类型 Course，所以需要说明使用 Course 的哪个属性作为复选框的 value 和 label。其中，itemLabel 指定 Course 的 title 属性作为复选框的 label 显示，itemValue 指定使用 Course 的 id 作为复选框的 value 使用。当 selectIds 数组中的值与集合中 Coures 对象的 id 匹配时，该复选框被选中。通过 http://localhost:8080/chapter0204/testtag.action 进行访问，显示效果如下所示。

使用实体对象的checkboxes标签：
☑软件工程导论 ☑需求分析 ☐软件测试 ☐项目管理

如上所示，由于软件工程导论、需求分析、软件测试、项目管理均为数据源集合对象中 Course 对象的 title 值，软件工程导论与需求分析的 id 分别是 1 和 2，与 selectIds 中的值匹配，所以被选中。

11.2.5　radiobutton 及 radiobuttons 标签

1. radiobutton 标签

radiobutton 标签用来定义一个单选按钮，使用 path 属性绑定模型数据中的某个属性，使用 value 属性指定该单选按钮的值，当 value 的值与 path 绑定的属性值相同时，该单选按钮被选中。代码如下所示：

绑定 Integer 的 radiobutton 标签：
<form:radiobutton path="radiobuttonId" value="0" />0
<form:radiobutton path="radiobuttonId" value="1" />1
<form:radiobutton path="radiobuttonId" value="2" />2

在上述代码中，使用 radiobutton 标签定义了三个单选按钮，使用 path 绑定了属性 radiobuttonId。在 TagsController.java 中加入如下代码：

tagsModel.setRadiobuttonId(1);

在上述代码中，radiobuttonId 的值为 1，第二个单选按钮的 value 与其匹配，因此第二个单选按钮被选中，使用 URL http://localhost:8080/chapter0204/testtag.action 进行访问，显示效果如下所示。

绑定Integer的radiobutton 标签：
○0 ◉1 ○2

可见，由于第二个 radiobutton 的 value 与绑定的属性 radiobuttonId 相同，所以被选中。

2. radiobuttons 标签

使用 radiobutton 标签只能生成一个单选按钮，而使用 radiobuttons 标签能生成一组单选按钮，这类似于 checkboxes 标签与 checkbox 标签的区别。

radiobuttons 标签除使用 path 属性外，还必须定义 items 属性，items 属性可以是数组、

List、Set 或者 Map，用来指定单选按钮组的数据源，当 path 绑定的属性值与数据源中的某个值匹配时，则默认被选中。代码如下所示：

```
绑定 List 的 radiobuttons 标签：<br />
<form:radiobuttons path="radiobuttonId" items="${rList}"/>
```

在上述代码中，使用 radiobuttons 标签生成一组标签，数据源使用 rList 属性的元素生成，是 List 类型的集合，path 绑定的属性是 radiobuttonId。在 TagsController 中加入如下代码：

```
tagsModel.setRadiobuttonId(1);

List<Integer> rList=new ArrayList<Integer>();
rList.add(1);
rList.add(2);
rList.add(3);
rList.add(4);
model.addAttribute("rList",rList );
```

在上述代码中，创建 List 对象 rList，并添加 1 到 4 四个元素，作为单选按钮组的数据源，radiobuttonId 的值依然为 1。因此，radiobuttons 将生成四个单选按钮，其中值为 1 的被选中，通过 http://localhost:8080/chapter0204/testtag.action 进行访问，显示效果如下所示。

```
绑定List的radiobuttons标签：
◉1○2○3○4
```

如上所示，由于第一个标签的值是 1，而绑定的 radiobuttonId 的值也为 1，所以被选中。在使用数组、Set 作为数据源时，与使用 List 相同，不再赘述。

可见，在使用数组、List 及 Set 作为数据源时，单选按钮的 value 和 label 的值相同，都使用数据源中的元素值。如果希望单选按钮的 value 和 label 的值不同，则可以使用 Map 作为数据源，此时 Map 中的 key 将作为按钮的 value 使用，Map 中的 value 将作为 label 使用。代码如下所示：

```
绑定 Map 的 radiobuttons 标签：<br />
<form:radiobuttons path="radiobuttonId" items="${rMap}"/>
```

在上述代码中，items 指定一个 Map 类型的数据源，在 TagsController 中加入如下代码：

```
tagsModel.setRadiobuttonId(1);

Map<Integer, String> rMap = new HashMap<Integer, String>();
rMap.put(1, "每次重新登录");
rMap.put(2, "1 天内不需要重新登录");
rMap.put(3, "1 周内不需要重新登录");
rMap.put(4, "1 月内不需要重新登录");
model.addAttribute("rMap",rMap );
```

在上述代码中，在 Map 对象中添加了四个键值对，key 的值分别是 1 到 4，value 的值分别是"每次重新登录"等。这四个 value 的值将作为单选按钮组的 label 使用，而单选按钮组的 value 则使用 Map 中的 value，即 1 到 4。由于 path 绑定的 radiobuttonId 为 1，所以第一个单选按钮被选中，通过 http://localhost:8080/chapter0204/testtag.action 进行访问，显示效果如下所示。

> 绑定Map的radiobuttons标签：
> ⦿每次重新登录○1天内不需要重新登录○1周内不需要重新登录○1月内不需要重新登录

可见，在使用 Map 作为数据源后，可以使用 key 作为单选按钮的 value，使用 Map 中元素的 value 作为单选按钮的标签。

到目前为止，数据源均使用整数、字符串这样的类型，在实际开发中，可能数据源中的数据是实体对象，如在上文中提到的 Course 对象。此时，可以使用 itemLabel 指定用实体对象的某个属性作为单选按钮的 label，使用 itemValue 指定用实体对象的某个属性作为单选按钮的 value，代码如下所示：

> 使用实体对象的 radiobuttons 标签：
> <form:radiobuttons path="radiobuttonId" itemLabel="title" itemValue='id' items="${rCourses}" />

在上述代码中，items 指定的数据源 rCourses 是一个数组，数组中的元素是 Course 类型的对象。使用 itemLabel 指定用 Course 的 title 生成按钮的 label，使用 itemValue 指定用 Course 的 id 生成按钮的 value。在 TagsController 中加入如下代码：

```
tagsModel.setRadiobuttonId(1);

Course[] rCourses=new Course[3];
rCourses[0]=new Course(1,"Hadoop");
rCourses[1]=new Course(2,"Spark");
rCourses[2]=new Course(3,"Hive");
model.addAttribute("rCourses",rCourses );
```

在上述代码中，定义了数据源数组 rCourses，数组中包含三个 Course 对象，通过 http://localhost:8080/chapter0204/testtag.action 进行访问，显示效果如下所示。

> 使用实体对象的radiobuttons标签：
> ⦿Hadoop ○Spark ○Hive

可见，由于使用了实体对象作为数据源，所以可以将单选按钮的 label 和 value 设置为不同的属性进行显示。

11.2.6　select、option 及 options 标签

select 标签可以单独使用，用来定义 HTML 中的下拉列表，其中下拉列表的选项使用 items 定义，代码如下所示：

> 绑定 Map 的 select 标签：
> <form:select path="selectId" items="${testMap}" />

在上述代码中，使用 select 标签定义下拉列表，path 关联模型数据中的 selectId，items 定义下拉列表中选项对应的数据集，该数据集可以是数组、List、Set 或者 Map。如果是数组、List 或 Set，则直接使用元素的值作为下拉列表选项的值使用。如果使用 Map，则 Map 中元

素的 key 是选项的 value，Map 中元素的 value 是选项的 label。控制器 TagsController 中的相关代码如下所示：

```
tagsModel.setSelectId(2);

Map<String,String> testMap=new HashMap<String,String>();
testMap.put("1", "Java");
testMap.put("2", "Python");
testMap.put("3", "JavaScript");
testMap.put("4", "R");

model.addAttribute("testMap",testMap );
```

在上述代码中，selectId 的值是 2，与 testMap 中第二个元素的 key 匹配，因此默认将选中第二个元素 Python。使用 http://localhost:8080/chapter0204/testtag.action 进行访问，显示效果如下所示。

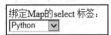

可见，由于 path 绑定的属性值与数据源 Map 中第二个元素的 key 匹配，所以下拉列表默认选中第二个元素 Python。

select 标签除可以单独使用外，还可以与 option 标签配合使用，使用 option 标签生成下拉列表选项，代码如下所示：

```
不绑定 items 数据直接在 form:option 添加的 select 标签：<br />
<form:select path="selectId">
    <option>请选择课程</option>
    <form:option value="1">Java</form:option>
    <form:option value="2">Python</form:option>
    <form:option value="3">Oracle</form:option>
</form:select>
```

在上述代码中，使用 select 标签的 path 属性绑定了模型数据的 selectId，标签选项使用 option 标签生成，当 selectId 与 option 标签的 value 匹配时，该选项被选中。目前，selectId 的值为 2，通过 http://localhost:8080/chapter0204/testtag.action 进行访问，显示效果如下所示。

> 不绑定items数据直接在form:option添加的select 标签：
> Python

由于 selectId 的值与第二个 option 标签的 value 匹配，所以 Python 被选中。

如上所示，option 标签只能生成下拉列表的一个选项，使用起来相对烦琐。Spring MVC 框架同时提供了 options 标签，可以生成一组选项，代码如下所示：

```
用 form:options 绑定 items 的 select 标签：<br />
<form:select path="selectId">
    <option />请选择课程
    <form:options items="${testMap}" /></form:select>
    <br /><br /><br />
```

```
        </form:form>
```

在上述代码中，select 标签指定了 selectId 属性，使用 options 标签生成下拉列表选项，items 属性指定了下拉列表选项使用的数据源，该数据源可以是数组、List、Set 或 Map。此例中使用 Map 类型的 testMap，处理器 TagsController 代码不变，selectId 的值依然是 2，通过 http://localhost:8080/chapter0204/testtag.action 进行访问，显示效果如下所示。

可见，由于 selectId 的值与 testMap 中第二个元素的 key 匹配，所以默认选中第二个选项。

11.2.7 textarea 标签

textarea 标签可以定义 HTML 中的文本区域，用来输入多行文本，可以使用 path 属性与模型数据的属性绑定，代码如下所示：

```
textarea 标签：
<form:textarea path="remark" />
```

在上述代码中，标签 textarea 定义了文本区域，通过 path 与模型数据的 remark 属性绑定，在处理器 TagsController 中加入如下代码：

```
tagsModel.setRemark("请如实填写您的评价：");
```

通过 http://localhost:8080/chapter0204/testtag.action 进行访问，显示效果如下所示。

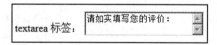

可见，path 属性绑定了模型数据的 remark 属性，文本区域显示了 remark 属性的值。

11.2.8 hidden 标签

hidden 标签可以用来定义 HTML 中的隐藏域，同样可以使用 path 属性与模型的属性绑定，代码如下所示：

```
hidden 标签：
<form:hidden path="level" />
```

在上述代码中，生成一个隐藏域，并与模型数据的 level 属性绑定。

11.3 errors 标签

Spring MVC 框架的 errors 标签主要用来显示 Errors 对象中的错误信息，该标签使用 path 属性绑定错误信息。

首先定义一个类用来进行验证，该类必须实现 Validator 接口，代码如下所示：

```java
public class UserValidator implements Validator {
    @Override
    public boolean supports(Class<?> clazz) {
        return UserInfo.class.equals(clazz);
    }

    @Override
    public void validate(Object target, Errors errors) {
        ValidationUtils.rejectIfEmpty(errors, "username", null, "用户名为空");
        ValidationUtils.rejectIfEmpty(errors, "password", null, "密码为空");
    }
}
```

在上述代码中，定义验证工具类 UserValidator 用来验证 UserInfo 类的属性。在 validate 方法中验证 username 及 password 是否为空，如果为空，则分别添加"用户名为空"及"密码为空"的错误信息。UserInfo 类为实体类，封装了 username 及 password 属性，定义了 setter 及 getter 方法，此处不再赘述。

接下来，定义控制器类，代码如下所示：

```java
@Controller
public class ErrorController {

    @RequestMapping(value="errorform", method=RequestMethod.GET)
    public String formTag(Model model) {
        UserInfo user = new UserInfo();
        model.addAttribute("user", user);
        return "errorform";
    }

    @InitBinder
    public void initBinder(DataBinder binder) {
        binder.setValidator(new UserValidator());
    }

    @RequestMapping(value="errorform", method=RequestMethod.POST)
    public String form(@Validated @ModelAttribute("user")UserInfo user, Errors errors) {
        if (errors.hasFieldErrors()) {
            return "errorform";
        }

        return "submit";
    }
}
```

上述代码中，在 initBinder 方法中通过 DataBinder 对象给该类设定了一个用于验证的对象 UserValidator，当请求该控制器的时候，首先使用 UserValidator 进行校验。在 JSP 页面中可以使用 errors 标签对错误信息进行显示，代码如下所示：

```jsp
<form:form modelAttribute="user" method="post">
```

```
    input 标签：
    <form:input path="username" />
    <form:errors path="username"/>
    <br />
    password 标签：
    <form:password path="password" />
    <form:errors path="password"/>
    <br /><br />
    <input type="submit" value="Submit" />
</form:form>
```

在上述代码中，使用 errors 标签的 path 属性分别绑定不同的域，分别显示针对 username 及 password 的校验错误信息。当用户名和密码为空时，单击"提交"按钮后，将显示如图 11-7 所示的页面。

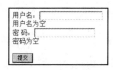

图 11-7　errors 标签显示错误信息

可见，使用 errors 标签可以在 JSP 页面中显示特定域的校验错误信息。如果希望将所有域的校验错误信息一起显示，则指定 path="*"。

第 12 章

Spring MVC 数据转换与校验

12.1 概述

在正式进入数据转换与校验之前，有必要先了解一下在从请求信息到这些信息被实际使用的这段时间内，Spring MVC 会做什么事情。Spring MVC 数据转换与检验组件及流程如图 12-1 所示。

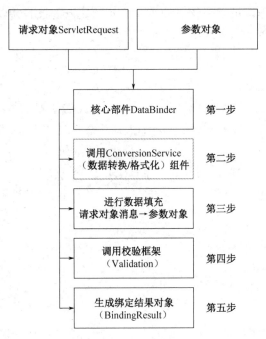

图 12-1　Spring MVC 数据转换与检验组件及流程

第一步：Spring MVC 将请求对象 ServletRequest 和参数对象实例传递给核心部件 DataBinder。其中，参数对象包含处理方法签名（此参数对象为处理方法的参数对象，Spring MVC 会分析签名进行数据绑定）。

第二步：DataBinder 调用 ConversionService 组件对数据进行匹配性转换和格式化，以便为后续的数据填充提供条件。

第三步：DataBinder 对 ServletRequest 对象所包含的消息进行数据填充，并赋值到参数对象中，从而为后续的数据校验及最终结果的产出提供条件。

第四步：DataBinder 调用校验框架，对已经填充过数据的参数进行数据合法性的校验。

第五步：生成绑定结果对象，DataBinder 最终生成一个包含绑定过数据的参数对象和校验错误信息的对象 BindingResult。

12.2 数据转换

在日常开发中，经常会遇到请求方法中的请求信息参数与得到参数后所要处理的数据类型不匹配的问题。此时，就需要一个通用的转换模块。在 Java 的 java.beans 包中会有一个 PropertyEditor 接口来进行数据转换。但是，这个接口对于任意两个 Java 类型的直接转换及上下文信息（如注解等）的不敏感问题处理存在一些不足，因此，在 Spring 3.0 之后提供了一个 org.springframework.core.convert.ConversionService 核心接口用于类型转换体系。同时，Spring 也没有抛弃 Java 的数据转换接口，这样就能够更加灵活地对数据进行转换。这里只对 Spring 提供的类型转换体系模块进行介绍。

1. ConversionService 接口

ConversionService 接口是数据转换的核心接口，它位于 org.springframework.core.convert 包下，此接口主要用来调用类型转换器，所有的类型转换器的调用逻辑都要通过此接口的实现类来完成。

此接口主要包括两个 canConvert 方法和两个 convert 方法。canConvert 方法主要用来判断原类型是否可以转换成目标类型，而 convert 类型用来进行实际的类型转换。如果没有特殊需要，ConversionService 接口的这些方法在绝大部分情况下对使用者是空白的，Spring 容器会自动地进行调用。

2. ConverterRegistry 接口

ConverterRegistry 接口一般是与 ConversionService 接口并存的，可以理解为它是核心接口 ConversionService 与类型转换器接口的桥梁，ConversionService 接口想要对类型转换器进行调用，必须通过 ConverterRegistry 接口对类型转换器进行注册，Spring 容器可以通过一个简单的方法自动完成这一步。

3. GenericConversionService 类

GenericConversionService 类是 Spring 提供的一个 ConversionService 接口的实现类，但是这个实现类没有对类型转换器进行注册。如果需要使用，则依然需要自己去实现 ConversionService 接口，把类型转换器注册到 GenericConversionService 类中，之后把 GenericConversionService 类作为属性来使用，不过庆幸的是，Spring 提供了另外一个类帮助完成这个工作。

4. ConversionServiceFactoryBean 类

ConversionServiceFactoryBean 类是 Spring 提供的一个非常方便使用的类。其内部有一个 GenericConversionService 类的引用，当初始化 ConversionServiceFactoryBean 类的时候，它会自动实例化 GenericConversionService 类且把类型转换器注入到 GenericConversionService 类中，每次都会返回 GenericConversionService 对象实例。在后续内容中将重点介绍此方法。

5. FormattingConversionServiceFactoryBean 类

FormattingConversionServiceFactoryBean 类是 Spring 容器提供的一个定义默认 ConversionService 接口的类，可以满足大多数类型转换的需求，如果有特殊的需要自定义转换的类型，可以用之前介绍的 ConversionServiceFactoryBean 类显示定义。

6. 类型转换器

虽然 Spring 具有默认的类型转换功能，但是这并不能满足所有的需要，在很多情况下仍需要进行自定义的数据类型转换，Spring 提供以下三种类型转换器接口，它们都位于 Spring 的 org.springframework. core.convert.converter 包中。

（1）Converter<S,T>。这个接口使用的是泛型，S 表示原类型，T 表示目标类型，它只有一个 T convert(S source)方法，参数 S 对应的是原类型对象，返回 T 对应的是目标类型对象。也就是说，它所要做的是把原类型对象作为参数传到方法中，在方法中把原类型对象转换成目标类型对象后返回。它只支持把一个原类型对象转换成一个目标类型对象。

（2）ConverterFactory<S,R>。ConverterFactory 从字面上看就是一个 Converter 类型转换器的工厂，对一些相关联的 Converter 可以在 ConverterFactory 中进行统一的管理，即 ConverterFactory 就是用来生产 Converter 实例的，S 表示原类型，R 表示目标类型。ConverterFactory 也只有一个方法<T extends R> Converter<S,T> getConverter(Class<T> targetType)，其中有一个 T 类型，它是代码 T 的一个子类。也就是说，它只支持与由原类型转换为目标类型对应的子类型。

（3）GenericConverter。GenericConverter 接口的运用要比 Converter 与 ConverterFactory 接口复杂得多。它支持在多个不同的原类型和目标类型之间进行转换。它提供以下两个方法。

① Set<ConvertiblePair> getConvertibleTypes()：该方法返回的是一个集合，集合里主要存放的是 Generic Converter 类所能够转换的原类型和目标类型。

② Object convert(Object source, TypeDescriptor sourceType, TypeDescriptor targetType)：convert 方法是用来进行具体的数据转换的。这里出现了一个参数即 TypeDescriptor 类，这个类包含转换类型的上下文。

Spring 官方不建议使用 GenericConverter 接口，在非必要的情况下建议使用 Converter 接口和 ConverterFactory 接口。

7. 实例展示

下面通过一个简单且比较常用的 Converter 数据转换器的实例来说明数据转换的使用，对于其他更为复杂的使用，读者可以自行扩展。

首先创建一个 demo.jsp 页面，此页面通过 form 表单把 input 输入框的数据提交给后端，代码如下所示：

```
<%@ page language="java" contentType="text/html; charset=utf-8"
    pageEncoding="utf-8"%>

<!DOCTYPE html PUBLIC "-//W3C//DTD HTML 4.01 Transitional//EN" "http://www.w3.org/TR/html4/loose.dtd">
<html>
<head>
<meta http-equiv="Content-Type" content="text/html; charset=utf-8">
<title>Insert title here</title>

</head>
<body>
<h3>注册页面</h3>
<form   method="post" action="register">
    <table>
        <tr>
            <td>注册参数:</td>
            <td><input type="text"   name="myDate"/></td>
        </tr>
    </table>
    <input type="submit" value="注册">
</form>

</body>
</html>
```

上述代码的执行程序是，在用户单击"注册"按钮后，前端请求会将输入框中的注册参数提交给后端控制器 register 所映射的方法进行处理。

接着编写一个后端控制器 Controller，代码如下所示：

```
package com.chinasofti.chapter020501.controller;

import java.util.Date;

import org.springframework.stereotype.Controller;
import org.springframework.ui.Model;
import org.springframework.web.bind.annotation.RequestMapping;

@Controller
public class DemoController {
    @RequestMapping(value="/register")
    public String register(Model model,Date myDate){
        System.out.println(myDate);
        return null;

    }

}
```

在上述代码中，在后端将前端传递过来的 String 类型的数据，用 Date 类进行接收，然后进行控制台打印。

接着启动程序，之后用浏览器访问 http://localhost:8080/chapter020501/register，然后输入日期 2019-01-01，单击"注册"按钮，注册页面如图 12-2 所示。

图 12-2　注册页面

得到如下控制台信息：

```
信息: Server startup in 7004 ms
十一月07, 2019 10:09:45 下午 org.springframework.web.servlet.mvc.support.DefaultHandlerExceptionResolver handleTypeMism
警告: Failed to bind request element: org.springframework.web.method.annotation.MethodArgumentTypeMismatchException: Fa
```

完整的信息如下：

警告: Failed to bind request element: org.springframework.web.method.annotation.MethodArgumentType MismatchException: Failed to convert value of type 'java.lang.String' to required type 'java.util.Date'; nested exception is org.springframework.core.convert. ConversionFailedException: Failed to convert from type [java.lang.String] to type [java.util.Date] for value '2019-01-01'; nested exception is java.lang.IllegalArgumentException.

很显然，前端传入的代码是一个日期字符串，而处理数据方法中使用的接收参数是一个日期类型，因此出现了类型不匹配的问题。

接着开发一个自定义类型转换器，以便能够把日期字符串转换成日期类型从而进行处理。代码如下所示：

```
package com.chinasofti.chapter020501.converter;

import java.text.ParseException;
import java.text.SimpleDateFormat;
import java.util.Date;

import org.springframework.core.convert.converter.Converter;

public class StringToDateConverter implements Converter<String,Date>{

    @Override
    public Date convert(String arg0) {
        //日期类型格式化
        SimpleDateFormat simpleDateFormat=new SimpleDateFormat("yyyy-MM-dd");
        Date date=null;
        try {
            date=simpleDateFormat.parse(arg0);
        } catch (ParseException e) {
```

```
                    e.printStackTrace();
                    System.out.println("此原数据无法进行类型转换");
            }
            return date;
        }
    }
```

在上述代码中，编写了一个 StringToDateConverter 类实现了 Converter 接口，在接口的 convert 方法中将传递过来的 String 类型转换成 Date 类型（在 SimpleDateFormat 中定义的日期格式是 yyyy-MM-dd，因此传递过来的日期字符串也必须是这种格式，否则会报异常）。

最后对这个类型转换器在 springmvc-servlet.xml 文件中进行配置，配置文件如下：

```
<mvc:annotation-driven conversion-service="conversionService"/>
<bean id="conversionService"
class="org.springframework.context.support.ConversionServiceFactoryBean">
    <property name="converters">
        <list>
            <bean class="com.chinasofti.chapter020501.converter.StringToDateConverter"/>
        </list>
    </property>
</bean>
```

在上述配置内容中，<mvc:annotation-driven/>标签会注册一个默认的 FormattingConversion ServiceFactoryBean 即 ConversionService，现在需要使用的是自定义的类型转换器 StringToDateConverter，因此需要显式定义一个 ConversionService，即 ConversionService FactoryBean。

接下来重启程序，再一次访问 http://localhost:8080/chapter020501/register，输入"2019-01-01"，单击"注册"按钮提交，可以看到后台控制器会打印转换后得到的数据："Tue Jan 01 00:00:00 CST 2019"。

```
信息: Server startup in 7663 ms
Tue Jan 01 00:00:00 CST 2019
```

12.3　数据校验

在做项目时，数据校验是不可避免的。数据校验一般分为前台校验和后台校验，一般前台校验使用前端脚本，但篡改前端脚本比篡改后端脚本容易。因此，项目的数据校验一般都是前台校验和后台校验共存。

Spring 提供一个独立的数据校验框架。可以通过调用这个框架在对数据进行绑定时完成数据校验。

但是，Spring 提供的这种注解使用起来比较麻烦。因此，在实际开发中，大多数校验都使用 JSR 303 框架。本节着重介绍 JSR 303 框架在 Spring 中的使用。

JSR 303 是 Java 为数据校验提供的一个标准规范，其核心接口是 javax.validaion.Validator，这个接口是可以通过注解的方式进行数据校验，并得到校验结果。这个接口运用比较广泛的主要实现是 Hibernate Validator。

Hibernate Validator 的验证注解一般标注在成员变量或者属性方法上，常用的注解有以下几种。

（1）为空验证。

@Null：验证得到的对象是否为 Null。

@NotNull：验证得到的对象是否不为 Null，如果是字符串，则长度不能为 0。

@NotBlank：验证得到的字符串是否为 Null，去掉前后空格后，长度是否大于 0。

@NotEmpty：验证得到对象的元素是否为 Null 或者 EMPTY（如 List、Map 等这些集合）。

（2）布尔值验证。

@AssertTrue：验证得到的 Bollean 对象的值是否为 true。

@AssertFalse：验证得到的 Bollean 对象的值是否为 false。

（3）范围长度验证。

@Max(value)：验证得到的数字（Number 及其子类）及 String 对象是否小于指定的 value 值（value 为最大值）。

@Min(value)：验证得到的数字（Number 及其子类）及 String 对象是否大于指定的 value 值（value 为最小值）。

@DecimalMax(value)：与@Max(value)类似，只不过验证的是 DigDecimal 对象的值，且存在小数精度。

@DecimalMin(value)：与@Min(value)类似，只不过验证的是 DigDecimal 对象的值，且存在小数精度。

@Size(min,max)：验证得到的对象（如 Array、Collection、Map、String）的长度是否在给定的 min 与 max 范围之内。

@Length(min,max)：验证得到的字符串的长度是否在指定的 min 和 max 范围之内。

@Range(min,max)：验证得到的属性值是否在 min,max 范围之内。

（4）日期时间验证。

@Past：验证得到的 Date 和 Calendar 对象是否在当前日期时间之前。

@Future：验证得到的 Date 和 Calendar 对象是否在当前日期时间之后。

（5）规则格式验证。

@Digits(integer,fraction)：integer 为整数精度，fraction 为小数精度。验证得到的字符串是否符合参数指定范围的数字。

@Pattern(regexp)：验证得到的字符串是否符合参数提供的正则表达规则。

@URL：验证得到的字符串是否是合法的 URL 格式。

@Email：验证得到的字符串是否是合法的邮件地址格式。

@CreditCardNumber：验证得到的字符串是否是合法的信用卡卡号格式。

下面通过一个信息注册的实际代码案例对验证框架的使用进行介绍。

步骤一：下载导入 Hibernate Validator 开发包，如图 12-3 所示。

解压后把其中的 hibernate-validator-X.X.X.X.Final.jar、hibernate-validator-annotation-processor-X.X.X.X.Final.jar、hibernate-validator-cdi-X.X.X.X.Final.jar、validation-api-X.X.X.Final.jar、jboss-logging- X.X.X. Final.jar、classmate-X.X.X.jar 五个包导入项目中。

图 12-3　下载导入 Hibernate Validator 开发包

步骤二：创建一个 register.jsp 页面。代码如下所示：

```jsp
<%@ page language="java" contentType="text/html; charset=utf-8"
    pageEncoding="utf-8"%>
<%@ taglib prefix="form" uri="http://www.springframework.org/tags/form"%>
<!DOCTYPE html PUBLIC "-//W3C//DTD HTML 4.01 Transitional//EN" "http://www.w3.org/TR/html4/
loose.dtd">
<html>
<head>
<meta http-equiv="Content-Type" content="text/html; charset=utf-8">
<title>Insert title here</title>

</head>
<body>
<h3>注册页面</h3>
<form:form modelAttribute="userEntity" method="post" Action="userRegister">
    <table>
        <tr>
            <td>用户名:</td>
            <td><form:input path="username"/></td>
            <td><form:errors path="username"/></td>
        </tr>
        <tr>
            <td>密码:</td>
            <td><form:input path="password"/></td>
            <td><form:errors path="password"/></td>
        </tr>
        <tr>
            <td>年龄:</td>
            <td><form:input path="age"/></td>
            <td><form:errors path="age"/></td>
        </tr>
```

```
                <tr>
                    <td>电子邮箱:</td>
                    <td><form:input path="email"/></td>
                    <td><form:errors path="email"/></td>
                </tr>


        </table>
        <input type="submit" value="注册">
    </form:form>


</body>
</html>
```

在上述代码中，将用户信息提交后端进行验证，如果验证不通过，会通过<form:errors path="XXX"/>标签显示出错误信息。

步骤三：创建一个实体类 UserEntity，用户信息会注入此类的属性中，每个属性都通过 Hibernate Validator 的注解对数据进行校验。代码如下所示：

```
package com.chinasofti.chapter020502.entity;

import org.hibernate.validator.constraints.*;

public class UserEntity{
    @NotBlank(message="用户名不能为空")
    private String username;
    @Length(min=8,max=8,message="密码为 8 位")
    private String password;
    @Range(min=18,max=80,message="年龄需要在 18 到 80 岁")
    private int age;
    @Email(message="邮箱地址不合法")
    private String email;

    public String getUsername() {
        return username;
    }
    public void setUsername(String username) {
        this.username = username;
    }
    public String getPassword() {
        return password;
    }
    public void setPassword(String password) {
        this.password = password;
    }
    public int getAge() {
        return age;
    }
    public void setAge(int age) {
```

```
        this.age = age;
    }
    public String getEmail() {
        return email;
    }
    public void setEmail(String email) {
        this.email = email;
    }
}
```

步骤四：创建控制层 UserController 类，编写前端映射的 userRegister 对应的方法 userRegister，参数中用@Valid 注解对提交的数据进行校验，Errors 类的对象用来保存校验的错误信息，如果有错误信息则会在页面中显示出来。代码如下所示：

```
package com.chinasofti.chapter020502.controller;

import javax.validation.Valid;

import org.springframework.stereotype.Controller;
import org.springframework.ui.Model;
import org.springframework.validation.Errors;
import org.springframework.web.bind.annotation.ModelAttribute;
import org.springframework.web.bind.annotation.PathVariable;
import org.springframework.web.bind.annotation.RequestMapping;

import com.chinasofti.chapter020502.entity.UserEntity;

@Controller
public class UserController {
    @RequestMapping(value="/{formName}")
    public String loginForm(@PathVariable String formName,Model model){
        UserEntity userEntity=new UserEntity();
        model.addAttribute("userEntity", userEntity);
        return formName;
    }

    @RequestMapping(value="/userRegister")
    public String userRegister(@Valid @ModelAttribute UserEntity userEntity,Errors errors,Model
model){;
        if(errors.hasErrors()){
            return "register";
        }
        return null;
    }
}
```

打开浏览器后输入地址 http://localhost:8080/chapter020502/register，进入注册界面（如图 12-4 所示）。

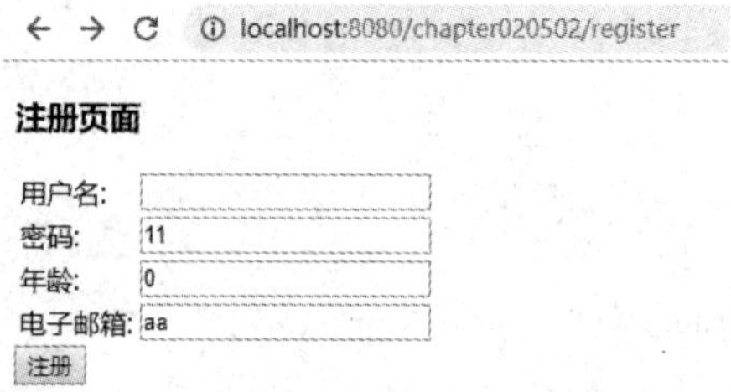

← → C　① localhost:8080/chapter020502/register

注册页面

用户名：

密码：　11

年龄：　0

电子邮箱：aa

注册

图 12-4　注册页面

输入一些错误信息，单击"注册"按钮，结果如图 12-5 所示。

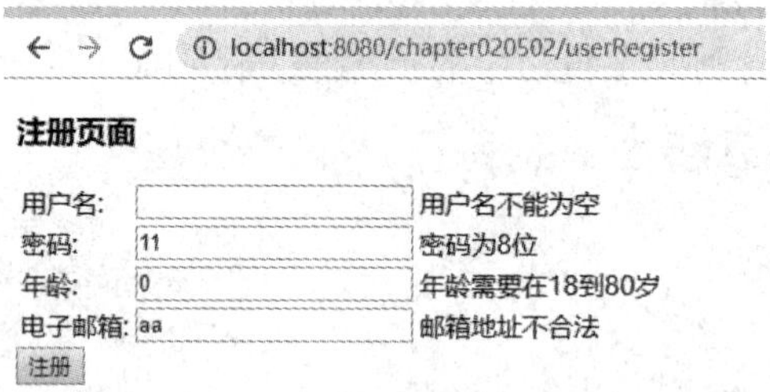

← → C　① localhost:8080/chapter020502/userRegister

注册页面

用户名：　　　　　　　　　用户名不能为空

密码：　11　　　　　　　　密码为8位

年龄：　0　　　　　　　　　年龄需要在18到80岁

电子邮箱：aa　　　　　　　邮箱地址不合法

注册

图 12-5　输入一些错误信息，单击"注册"按钮的结果

第 13 章

Spring MVC 的国际化

在一些开发项目中，针对的用户群体可能是不同国家的。如果项目只有一种语言，则显然不具备很高的用户体验满意度。但是，又不能为每种语言都开发或者部署一个项目，因为成本太高。国际化可以让用户在使用时根据语言环境不同而显示不同的语言。

Spring MVC 提供一个国际化的核心接口——LocaleResolver。它的实现类在 org.springframework. web.servlet. i18n 包下，主要有以下三个类。

（1）基于浏览器的国际化的 AcceptHeaderLocaleResolver 类。

（2）基于 HttpSession 的国际化的 SessionLocaleResolver 类。

（3）基于 Cookie 的国际化的 CookieLocaleResolver。

13.1 基于浏览器的国际化实现步骤

基于浏览器的国际化实现步骤如下。

步骤一：编写两个资源文件，即 locale_en_US.properties 和 locale_zh_CN.properties。一个资源文件存放英文显示内容，另一个资源文件存放中文显示内容。之后，把这两个资源文件放到 src 文件夹下：

```
## locale_en_US.properties
title=Register
username=Login name
password=Password
age=Age
email=Email
submit=Submit
```

```
## locale_zh_CN.properties
title=注册
username=用户名
password=密码
age=年龄
email=邮箱
```

submit=提交

"="之前的内容可以看成 key，"="之后的内容可以看成 value。页面显示使用 UTF-8 格式，建议在创建这两个文件时使用 EditPluse 进行编辑，然后保存成 UTF-8 格式。

步骤二：编写一个 register.jsp 文件。代码如下所示：

```
<%@ page language="java" contentType="text/html;
charset=utf-8" pageEncoding="utf-8"%>
<%@ taglib prefix="spring"
uri="http://www.springframework.org/tags"%>
<!DOCTYPE html PUBLIC "-//W3C//DTD HTML 4.01 Transitional//EN" "http://www.w3.org/TR/html4/loose.dtd">
<html>
<head>
<meta http-equiv="Content-Type" content="text/html;
 charset=utf-8">
<title>Insert title here</title>

</head>
<body>
<h3><spring:message code="title"/></h3>
    <table>
        <tr>
            <td><spring:message code="username"/></td>
            <td><input type="text"    name="username"/></td>
        </tr>
        <tr>
            <td><spring:message code="password"/></td>
            <td><input type="text"    name="password"/></td>
        </tr>
        <tr>
            <td><spring:message code="age"/></td>
            <td><input type="text"    name="age"/></td>
        </tr>
        <tr>
            <td><spring:message code="email"/></td>
            <td><input type="text"    name="email"/></td>
        </tr>
    </table>
    <input type="submit"
value="<spring:message code="submit"/>">
</body>
</html>
```

Spring MVC 显示本地化信息使用的是 Spring 的 message 标签，通过<%@ taglib prefix="spring" uri="http://www.springframework.org/tags"%>进行导入，导入后在需要显示内容的地方使用标签<spring:message code="XXX"/>，注意 code 属性是步骤一资源文件中的 key，从而把 value 带入。

步骤三：配置 Spring MVC 的配置文件，内容如下：

```xml
<?xml version="1.0" encoding="UTF-8"?>
<beans xmlns="http://www.springframework.org/schema/beans"
    xmlns:xsi="http://www.w3.org/2001/XMLSchema-instance"
    xmlns:mvc="http://www.springframework.org/schema/mvc"
    xmlns:context="http://www.springframework.org/schema/context"
    xsi:schemaLocation="
        http://www.springframework.org/schema/beans
        http://www.springframework.org/schema/beans/spring-beans-4.2.xsd
        http://www.springframework.org/schema/mvc
        http://www.springframework.org/schema/mvc/spring-mvc-4.2.xsd
        http://www.springframework.org/schema/context
        http://www.springframework.org/schema/context/spring-context-4.2.xsd">

    <!-- 自动扫描该包，Spring MVC 会将包下用了@controller 注解的类注册为 Spring 的 controller -->
    <context:component-scan base-package="com.chinasofti.chapter020601.controller"/>
    <mvc:annotation-driven>
        <!-- 设置不使用默认的消息转换器 -->
        <mvc:message-converters register-defaults="false">
            <bean id="fastJsonHttpMessageConverter"
                class="com.alibaba.fastjson.support.spring.FastJsonHttpMessageConverter">
                <!-- 加入支持的媒体类型：返回 contentType -->
                <property name="supportedMediaTypes">
                    <list>
                        <!-- 这里顺序不能反，必须先写 text/html，否则 ie 下会出现下载提示 -->
                        <value>text/html;charset=UTF-8</value>
                        <value>application/json;charset=UTF-8</value>
                    </list>
                </property>
            </bean>
        </mvc:message-converters>
    </mvc:annotation-driven>
    <mvc:default-servlet-handler/>
    <!-- 视图解析器 -->
        <bean class="org.springframework.web.servlet.view.InternalResourceViewResolver">
        <!-- 前缀 -->
        <property name="prefix">
            <value>/WEB-INF/views/</value>
        </property>
        <!-- 后缀 -->
        <property name="suffix">
            <value>.jsp</value>
        </property>
    </bean>
    <!-- 国际化资源配置 -->
    <bean id="messageSource" class="org.springframework.context.support.ResourceBundleMessageSource">
        <property name="basenames" value="locale"></property>
```

```
        <!-- 支持 UTF-8 -->
        <property name="cacheSeconds" value="0"/>
        <property name="defaultEncoding" value="UTF-8"/>
    </bean>
    <!-- LocaleResolver 接口实现类 AcceptHeaderLocaleResolver 配置 -->
    <bean id="localeResolver" class="org.springframework.web.servlet.i18n.AcceptHeaderLocaleResolver"/>
</beans>
```

在国际化资源配置中把资源加载进来，<property name="basenames" value="locale">中的 value 值要和资源文件名的开头单词一致，使用<bean id="localeResolver" class="org. springframework.web.servlet.i18n.AcceptHeaderLocaleResolver"/>对 AcceptHeader LocaleResolver 进行配置，它是默认的解释器，不配置也可以。

步骤四：运行结果展示。

将浏览器的语言区域设置为中文（通常默认为中文），输入地址 http://localhost:8080/chapter020601/register，中文注册页面如图 13-1 所示。

将浏览器的语言区域设置为英文，输入地址 http://localhost:8080/chapter020601/register，英文注册页面如图 13-2 所示。

图 13-1　中文注册页面　　　　　　　　图 13-2　英文注册页面

13.2　基于 HttpSession 的国际化实现步骤

基于 HttpSession 的国际化实现步骤如下。

步骤一：与 13.1 节的步骤一相同。

步骤二：与 13.1 节的步骤二相同。

步骤三：把 13.1 节中配置文件中的<bean id="localeResolver" class="org.springframework. web.servlet.i18n.AcceptHeaderLocaleResolver"/>标签的 class 值替换成 org.springframe work.web. servlet.i18n.SessionLocale Resolver。由于它不是默认的解释器，因此还要配置拦截器 <mvc:interceptors>。最终配置内容如下：

```
<?xml version="1.0" encoding="UTF-8"?>
<beans xmlns="http://www.springframework.org/schema/beans"
    xmlns:xsi="http://www.w3.org/2001/XMLSchema-instance"
    xmlns:mvc="http://www.springframework.org/schema/mvc"
    xmlns:context="http://www.springframework.org/schema/context"
    xsi:schemaLocation="
```

```
        http://www.springframework.org/schema/beans
        http://www.springframework.org/schema/beans/spring-beans-4.2.xsd
        http://www.springframework.org/schema/mvc
        http://www.springframework.org/schema/mvc/spring-mvc-4.2.xsd
        http://www.springframework.org/schema/context
        http://www.springframework.org/schema/context/spring-context-4.2.xsd">

<!-- 自动扫描该包，Spring MVC 会将包下用了@controller 注解的类注册为 Spring 的 controller -->
<context:component-scan base-package="com.chinasofti.chapter020601.controller"/>
<mvc:annotation-driven>
        <!-- 设置不使用默认的消息转换器 -->
        <mvc:message-converters register-defaults="false">
            <bean id="fastJsonHttpMessageConverter"
                class="com.alibaba.fastjson.support.spring.FastJsonHttpMessageConverter">
                <!-- 加入支持的媒体类型：返回 contentType -->
                <property name="supportedMediaTypes">
                    <list>
                            <!-- 这里顺序不能反，必须先写 text/html，否则 ie 下会出现下载提示 -->
                            <value>text/html;charset=UTF-8</value>
                            <value>application/json;charset=UTF-8</value>
                    </list>
                </property>
            </bean>
        </mvc:message-converters>
</mvc:annotation-driven>
<mvc:default-servlet-handler/>
<!-- 视图解析器 -->
        <bean class="org.springframework.web.servlet.view.InternalResourceViewResolver">
        <!-- 前缀 -->
        <property name="prefix">
            <value>/WEB-INF/views/</value>
        </property>
        <!-- 后缀 -->
        <property name="suffix">
            <value>.jsp</value>
        </property>
</bean>
<!-- 国际化资源配置 -->
<bean id="messageSource" class="org.springframework.context.support.ResourceBundleMessageSource">
    <property name="basenames" value="locale"></property>
    <!-- 支持 UTF-8 -->
    <property name="cacheSeconds" value="0"/>
    <property name="defaultEncoding" value="UTF-8"/>
</bean>


<!-- 国际化拦截器 -->
 <mvc:interceptors>
```

```
            <bean class="org.springframework.web.servlet.i18n.LocaleChangeInterceptor"></bean>
        </mvc:interceptors>

        <!-- LocaleResolver 接口实现类 SessionLocaleResolver 配置  -->
        <bean id="localeResolver" class="org.springframework.web.servlet.i18n.SessionLocaleResolver"/>
    </beans>
```

步骤四：由于此方法基于 HttpSession 的国际化，它依赖于 HttpSession 中所设置的语言配置，因此在动态页面跳转的控制器中需要对语言进行设置。先把语言设置成英文，代码如下所示：

```java
package com.chinasofti.chapter020602.controller;

import java.util.Locale;

import javax.servlet.http.HttpSession;

import org.springframework.stereotype.Controller;
import org.springframework.web.bind.annotation.PathVariable;
import org.springframework.web.bind.annotation.RequestMapping;
import org.springframework.web.servlet.i18n.SessionLocaleResolver;

@Controller
public class DispatchController{
    @RequestMapping(value="/{formName}")
    public String loginForm(@PathVariable String formName,HttpSession session){
        Locale locale=new Locale("en","US");
        session.setAttribute(SessionLocaleResolver.LOCALE_SESSION_ATTRIBUTE_NAME,locale);
        return formName;

    }

}
```

开启服务，打开浏览器后输入地址 http://localhost:8080/chapter020602/register，英文注册页面如图 13-3 所示。

图 13-3　英文注册页面

再把上述代码中的 HttpSession 设置修改成中文，修改后的代码如下：

```java
package com.chinasofti.chapter020602.controller;
```

```java
import java.util.Locale;

import javax.servlet.http.HttpSession;

import org.springframework.stereotype.Controller;
import org.springframework.web.bind.annotation.PathVariable;
import org.springframework.web.bind.annotation.RequestMapping;
import org.springframework.web.servlet.i18n.SessionLocaleResolver;
@Controller
public class DispatchController{
    @RequestMapping(value="/{formName}")
    public String loginForm(@PathVariable String formName,HttpSession session){
//        Locale locale=new Locale("en","US");
        Locale locale=new Locale("zh","CN");
        session.setAttribute(SessionLocaleResolver.LOCALE_SESSION_ATTRIBUTE_NAME, locale);
        return formName;
    }
}
```

中文注册页面如图 13-4 所示。

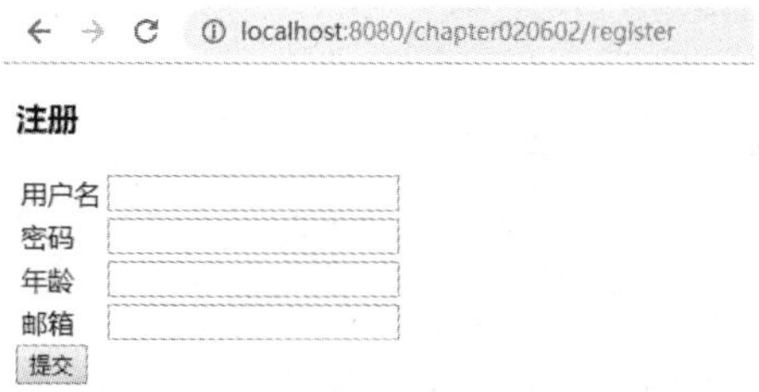

图 13-4 中文注册页面

运用此方法，可以在页面中设置选项，让用户单击选项，之后，在后台切换 HttSession 的设置。

13.3 基于 Cookie 的国际化实现步骤

基于 Cookie 的国际化实现步骤如下。

步骤一：与 13.1 节的步骤一相同。

步骤二：与 13.1 节的步骤二相同。

步骤三：在 13.2 节的步骤三的基础上把 SessionLocaleResolver 改成 CookieLocaleResolver，其他不变。

步骤四：修改 13.2 节的步骤四的 DispatchController 方法代码，英文代码实现如下：

```java
package com.chinasofti.chapter020603.controller;

import java.util.Locale;
```

```
import javax.servlet.http.HttpServletRequest;
import javax.servlet.http.HttpServletResponse;

import org.springframework.stereotype.Controller;
import org.springframework.web.bind.annotation.PathVariable;
import org.springframework.web.bind.annotation.RequestMapping;
import org.springframework.web.servlet.i18n.CookieLocaleResolver;
@Controller
public class DispatchController{
    @RequestMapping(value="/{formName}")
    public String loginForm(@PathVariable String formName,HttpServletRequest
request,HttpServletResponse response){
        Locale locale=new Locale("en","US");
//      Locale locale=new Locale("zh","CN");
        CookieLocaleResolver clr=new CookieLocaleResolver();
        clr.setLocale(request, response, locale);

        return formName;
    }
}
```

中文代码实现如下：

```
package com.chinasofti.chapter020603.controller;

import java.util.Locale;

import javax.servlet.http.HttpServletRequest;
import javax.servlet.http.HttpServletResponse;

import org.springframework.stereotype.Controller;
import org.springframework.web.bind.annotation.PathVariable;
import org.springframework.web.bind.annotation.RequestMapping;
import org.springframework.web.servlet.i18n.CookieLocaleResolver;
@Controller
public class DispatchController{
    @RequestMapping(value="/{formName}")
    public String loginForm(@PathVariable String formName,HttpServletRequest
request,HttpServletResponse response){
//      Locale locale=new Locale("en","US");
        Locale locale=new Locale("zh","CN");
        CookieLocaleResolver clr=new CookieLocaleResolver();
        clr.setLocale(request, response, locale);

        return formName;
    }
}
```

第 14 章

Spring MVC 的文件上传

文件上传是在项目中经常使用的功能，Spring MVC 也支持了该功能。Spring MVC 依然依赖于 Apache Commons FileUpload 组件，只不过，它有一个实现 MulitpartResolver 的类 CommonsMultipartResolver。

下面以一个上传实例进行介绍。

步骤一：添加开发包。

📦 commons-fileupload-1.2.1.jar

📦 commons-io-1.4.jar

步骤二：创建一个 upload.jsp 上传文件页面，代码如下所示：

```jsp
<%@ page language="java" contentType="text/html; charset=utf-8"
    pageEncoding="utf-8"%>
<!DOCTYPE html PUBLIC "-//W3C//DTD HTML 4.01 Transitional//EN" "http://www.w3.org/TR/
html4/loose.dtd">
<html>
<head>
<meta http-equiv="Content-Type" content="text/html; charset=utf-8">
<title>Insert title here</title>

</head>
<body>
<h3>上传文件</h3>
<form action="fileUpload" enctype="multipart/form-data" method="post">
    <table>
        <tr>
            <td>选择文件</td>
            <td><input type="file"    name="file"/></td>
        </tr>
    </table>
        <input type="submit" value="上传">
</form>
</body>
</html>
```

注意 form 标签中的 enctype 属性只有设置成"multipart/form-data"，文件才能以二进制流的方式传输，method 要设置成 post。文件最终会被上传到后端 fileUpload 映射的方法中。

　　步骤三：配置 Spring 配置文件，内容如下：

```xml
<?xml version="1.0" encoding="UTF-8"?>
<beans xmlns="http://www.springframework.org/schema/beans"
    xmlns:xsi="http://www.w3.org/2001/XMLSchema-instance"
    xmlns:mvc="http://www.springframework.org/schema/mvc"
    xmlns:context="http://www.springframework.org/schema/context"
    xsi:schemaLocation="
        http://www.springframework.org/schema/beans
        http://www.springframework.org/schema/beans/spring-beans-4.2.xsd
        http://www.springframework.org/schema/mvc
        http://www.springframework.org/schema/mvc/spring-mvc-4.2.xsd
        http://www.springframework.org/schema/context
        http://www.springframework.org/schema/context/spring-context-4.2.xsd">

<!-- 自动扫描该包，Spring MVC 将包下用了@controller 注解的类注册为 Spring 的 controller -->
<context:component-scan base-package="com.chinasofti.chapter020701.controller"/>
<mvc:annotation-driven>
    <!-- 设置不使用默认的消息转换器 -->
    <mvc:message-converters register-defaults="false">
        <bean id="fastJsonHttpMessageConverter"
            class="com.alibaba.fastjson.support.spring.FastJsonHttpMessageConverter">
            <!-- 加入支持的媒体类型：返回 contentType -->
            <property name="supportedMediaTypes">
                <list>
                    <!-- 这里的顺序不能反，必须先写 text/html，否则 ie 下会出现下载提示 -->
                    <value>text/html;charset=UTF-8</value>
                    <value>application/json;charset=UTF-8</value>
                </list>
            </property>
        </bean>
    </mvc:message-converters>
</mvc:annotation-driven>
<mvc:default-servlet-handler/>
<!-- 视图解析器 -->
    <bean class="org.springframework.web.servlet.view.InternalResourceViewResolver">
    <!-- 前缀 -->
    <property name="prefix">
        <value>/WEB-INF/views/</value>
    </property>
    <!-- 后缀 -->
    <property name="suffix">
        <value>.jsp</value>
    </property>
</bean>
```

```
            <!-- 设置文件上传类 CommonsMultipartResolver -->
            <bean id="multipartResolver"
class="org.springframework.web.multipart.commons.CommonsMultipartResolver">
                <!-- 请求格式与页面一致，同是 UTF-8 -->
                <property name="defaultEncoding" value="UTF-8"/>
                <!-- 上传文件大小设置 -->
                <property name="maxUploadSize" value="10000000"/>
            </bean>
        </beans>
```

步骤四：编写后端代码，代码如下所示：

```java
package com.chinasofti.chapter020701.controller;

import java.io.File;
import java.io.IOException;

import javax.servlet.http.HttpServletRequest;

import org.springframework.stereotype.Controller;
import org.springframework.web.bind.annotation.RequestMapping;
import org.springframework.web.bind.annotation.RequestParam;
import org.springframework.web.multipart.MultipartFile;

@Controller
public class UploadController {
    @RequestMapping(value="/fileUpload")
    public String fileUpload(@RequestParam("file") MultipartFile file,HttpServletRequest request) throws
IllegalStateException, IOException{
        //定义文件上传路径
        String path=request.getServletContext().getRealPath("/upload/");
        System.out.println("上传路径=="+path);
        //实例化 File 类对象，上传路径+文件名
        File filePath=new File(path,file.getOriginalFilename());
        //若路径不存在则创建
        if(!filePath.getParentFile().exists()){
            filePath.getParentFile().mkdirs();
        }
        file.transferTo(filePath);
        return null;
    }
}
```

上传的文件会被封装到 MultipartFile 类对象中，之后通过 MultipartFile 类对象的 transferTo 方法进行上传。

启动程序，在浏览器中输入 http://localhost:8080/chapter020701/upload，选择上传文件后，单击“上传”按钮，如图 14-1 所示。

← → C ⓘ localhost:8080/chapter020701/upload

上传文件

选择文件 选择文件 新建文本文档.txt
上传

图 14-1　上传文件页面

后端控制台通过打印语句得到上传的路径：

一月 09, 2019 7:06:04 下午 org.apache.catalina.core.StandardContext reload
信息: Reloading Context with name [/chapter020701] is completed
上传路径==E:\workspace\.metadata\.plugins\org.eclipse.wst.server.core\tmp1\wtpwebapps\chapter020701\upload\

找到此路径，看是否上传成功，如图 14-2 所示。

> 此电脑 > 文档 (E:) > workspace > .metadata > .plugins > org.eclipse.wst.server.core > tmp1 > wtpwebapps > chapter020701 > upload

名称 ^	修改日期	类型	大小
新建文本文档.txt	2019/11/9 星期...	文本文档	2 KB

图 14-2　查看上传结果

第 **15** 章

拦 截 器

Spring MVC 拦截器的使用在有关国际化的章节中已经有所涉及，本章主要介绍自定义拦截器的配置及使用。

新建一个 main.jsp 页面，这个页面显示"这是一个主页面"，之后再新建一个 login.jsp 登录页面，登录成功会调整到一个显示"登录成功"的 success.jsp 页面。

当向 main.jsp 页面发起访问请求的时候，Spring MVC 拦截器会进行拦截，然后判断是否已经登录，如果没有登录则跳转到 login.jsp 页面，否则显示 main.jsp 页面，步骤如下。

步骤一：新建三个页面，login.jsp 页面实现用户登录，main.jsp 页面显示"这是一个主页面"，success.jsp 页面显示"登录成功"。这三个页面的代码如下所示。

（1）login.jsp 页面的代码：

```
<%@ page language="java" contentType="text/html; charset=utf-8"
    pageEncoding="utf-8"%>
<!DOCTYPE html PUBLIC "-//W3C//DTD HTML 4.01 Transitional//EN" "http://www.w3.org/TR/html4/
loose.dtd">
<html>
<head>
<meta http-equiv="Content-Type" content="text/html; charset=utf-8">
<title>Insert title here</title>

</head>
<body>
<h3>登录</h3>
<form action="userLogin"   method="post">
    <table>
        <tr>
            <td>用户名：输入 sjm</td>
            <td><input type="text"   name="username"/></td>
        </tr>
        <tr>
            <td>密码：输入 123</td>
            <td><input type="password"   name="password"/></td>
        </tr>
```

```
          </table>
          <input type="submit" value="登录">
    </form>
    </body>
    </html>
```

（2）main.jsp 页面的代码：

```
<%@ page language="java" contentType="text/html; charset=UTF-8"
       pageEncoding="UTF-8"%>
<!DOCTYPE html PUBLIC "-//W3C//DTD HTML 4.01 Transitional//EN" "http://www.w3.org/TR/html4/
loose.dtd">
<html>
<head>
<meta http-equiv="Content-Type" content="text/html; charset=UTF-8">
<title>Insert title here</title>
</head>
<body>
登录成功
</body>
</html>
```

（3）success.jsp 页面的代码：

```
<%@ page language="java" contentType="text/html; charset=UTF-8"
       pageEncoding="UTF-8"%>
<!DOCTYPE html PUBLIC "-//W3C//DTD HTML 4.01 Transitional//EN" "http://www.w3.org/TR/html4/
loose.dtd">
<html>
<head>
<meta http-equiv="Content-Type" content="text/html; charset=UTF-8">
<title>Insert title here</title>
</head>
<body>
这是一个主页面
</body>
</html>
```

步骤二：编写控制层，代码如下所示。

（1）DispatchController：动态页面跳转控制器。

```
package com.chinasofti.chapter020801.controller;

import org.springframework.stereotype.Controller;
import org.springframework.web.bind.annotation.PathVariable;
import org.springframework.web.bind.annotation.RequestMapping;
@Controller
public class DispatchController{
    @RequestMapping(value="/{formName}")
```

```
    public String loginForm(@PathVariable String formName){
        return formName;
    }
}
```

（2）LoginController：用户登录控制器。

```
package com.chinasofti.chapter020801.controller;

import java.io.IOException;

import javax.servlet.http.HttpSession;

import org.springframework.stereotype.Controller;
import org.springframework.web.bind.annotation.RequestMapping;

@Controller
public class LoginController {
    @RequestMapping(value="/userLogin")
    public String userLogin(HttpSession session,String username,String password) throws
IllegalStateException, IOException{
        if(username!=null && username.equals("sjm") && password!=null && password.equals("123")){
            session.setAttribute("username", username);
            return "success";
        }else{
            return "login";
        }
    }
}
```

步骤三：自定义拦截器，代码如下所示：

```
package com.chinasofti.chapter020801.interceptor;

import javax.servlet.http.HttpServletRequest;
import javax.servlet.http.HttpServletResponse;

import org.springframework.web.servlet.HandlerInterceptor;
import org.springframework.web.servlet.ModelAndView;

public class PermitInterceptor
implements HandlerInterceptor {
    //不拦截登录和登录成功页面请求
    private static final String[] IGNORE_REQ = {"/login","/success","/userLogin" };
    @Override
    public void afterCompletion(HttpServletRequest arg0, HttpServletResponse arg1, Object arg2, Exception
arg3)
            throws Exception {
    }
```

```
        @Override
        public void postHandle(HttpServletRequest arg0, HttpServletResponse arg1, Object arg2,
ModelAndView arg3)
                throws Exception {

        }

        @Override
        public boolean preHandle(HttpServletRequest arg0, HttpServletResponse arg1, Object arg2) throws
Exception {
            //获取请求的路径进行判断
            String servletPath= arg0.getServletPath();
            //判断是否需要拦截请求
            for(int i=0;i<IGNORE_REQ.length;i++) {
                if(servletPath.contains(IGNORE_REQ[i])) {
                    return true;
                }
            }
            //获取 session 里的用户名
            String username=(String)arg0.getSession().getAttribute("username");
            //如果用户名为空说明用户没有登录，跳转到登录页面,否则的化正常访问
            if(username==null){
                arg0.getRequestDispatcher("login").forward(arg0, arg1);
                    return false;
            } else {
                return true;
            }
        }
    }
```

　　在上述自定义拦截器代码中，实现了 Spring MVC 的 HandlerInterceptor 接口，此接口有以下三个方法。

　　（1）preHandle：在请求还没有到达控制层的处理方法之前被此方法先一步拦截，之后进行所需要的逻辑处理，如返回 true 则继续执行，如返回 false 则不继续执行。

　　（2)postHandle：当 preHandle 方法返回 true 的时候,可以在此方法中对 modelAndView 进行一些需要的操作。

　　（3）afterCompletion：当 preHandle 方法返回 true 的时候,可以在此方法中进行最后的处理，如释放资源，日志处理等。

　　步骤四：配置拦截器，在 springmvc-servlet.xml 文件中加入配置信息，具体内容如下。

```
<!-- 定义拦截器 -->
<mvc:interceptors>
    <mvc:interceptor>
        <!-- 所有请求都要拦截 -->
        <mvc:mapping path="/*"/>
        <!-- 使用 bean 定义写好的自定义拦截器 PermitInterceptor -->
        <bean class="com.chinasofti.chapter020801.interceptor.PermitInterceptor" />
```

```
        </mvc:interceptor>
    </mvc:interceptors>
```

步骤五：启动程序，打开浏览器，直接访问 main.jsp 页面，可以看到该页面自动跳转到了登录页面（如图 15-1 所示）。

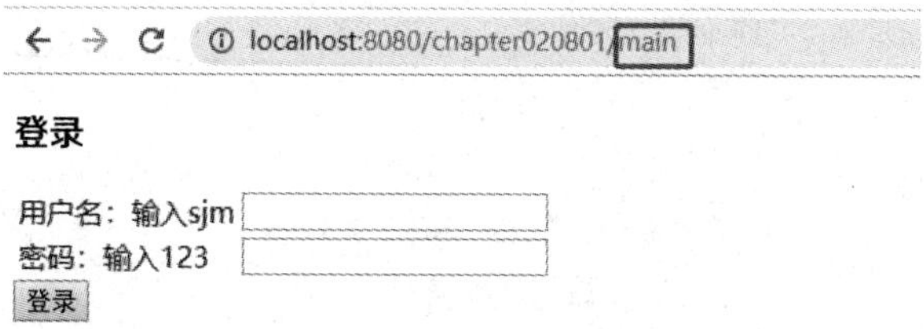

登录

用户名：输入sjm

密码：输入123

登录

图 15-1　登录页面

步骤六：输入用户名 sjm、密码 123 进行登录，进入 success.jsp 页面（如图 15-2 所示）。

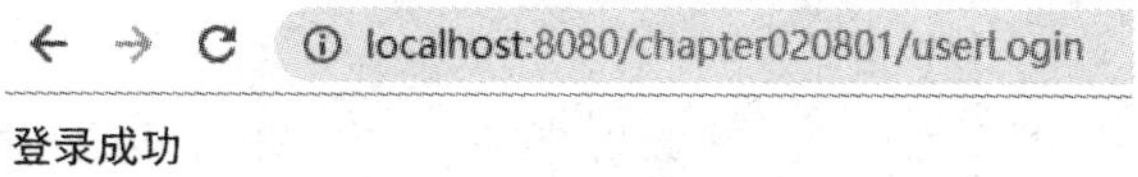

← → C　ⓘ localhost:8080/chapter020801/userLogin

登录成功

图 15-2　success.jsp 页面

步骤七：再次访问 main.jsp 页面（如图 15-3 所示）。

← → C　ⓘ localhost:8080/chapter020801/main

这是一个主页面

图 15-3　main.jsp 页面

·第 4 部分·

MyBatis 框架

　　MyBatis 本是 Apache 的一个开源项目 iBatis，这个项目在 2010 年由 Apache Software Foundation 迁移到 Google Code，并改名为 MyBatis；于 2013 年 11 月迁移到 Github。

　　MyBatis 是一个关系对象映射框架，是一个半自动化的持久层框架。它支持定制化 SQL、存储过程及高级映射。MyBatis 框架避免了几乎所有的 JDBC 代码和手动设置参数及获取结果集。MyBatis 框架可以使用简单的 XML 或注解来配置和映射原生信息，将接口和 Java 的 POJO 对象映射成数据库中的记录。

　　本章介绍了 ORM 框架的相关理论知识，并比较了 MyBatis 框架和 Hibernate 框架这两个最常用的 ORM 框架的区别；重点介绍了 MyBatis 框架的核心接口 SqlSession、配置文件、关联查询、动态 SQL 等知识点，并通过代码实现了基于 MyBatis 框架的增删改查操作和数据关联查询（一对一关联/一对多关联/多对多关联）；介绍并演示了基于注解方式的代码实现；介绍了 MyBatis 框架的事务处理、缓存机制等。

第 16 章

MyBatis 快速入门

16.1 MyBatis 与 Hibernate 的区别

Hibernate 是完全面向对象、全自动地建立对象与数据库表的映射关系的持久层框架；MyBatis 是一个关系对象映射框架，是一个半自动化持久层框架。这两种框架都是开源框架。

理论上，MyBatis 和 Hibernate 都采用 ORM 框架。但是，MyBatis 需要手动编写 SQL 语句，而且需要自行管理对象与数据库表的映射关系。虽说它也是对象关系映射，解决了面向对象与关系型数据库不匹配的问题，但由于它是半自动化的，要手动编写管理 SQL 语句，因此它并不是纯粹的 ORM 框架，MyBatis 的官方解释是 Data Mapper Framework，即数据映射框架。

开发速度比较：Hibernate 中的 SQL 语句已经被封装，可以直接使用（也可以自己编写 HQL 语句）；而 MyBatis 需要手动编写 SQL 语句（一般使用 XML 文件配置管理，也可以使用注解）。而且，Hibernate 是完全的对象关系映射的框架，无须关注底层，只需要管理对象即可。MyBatis 需要自己管理对象映射关系。因此，对于非常了解 Hibernate 的开发者来说，Hibernate 更方便与快捷。

性能比较：Hibernate 的 SQL 语句会自动生成，因此限制了复杂情况下 SQL 语句的优化，而 MyBatis 通过手动编写 SQL 语句可以自由地进行优化，在效率上，Hibernate 略差一些。而且，MyBatis 更加灵活，更适合习惯于传统手动编写 SQL 语句的程序。

Hibernate 的二级缓存在配置 SessionFactory 时就进行了详细的配置，之后在表对象映射中配置选择哪种缓存；而 MyBatis 的二级缓存会在每个表对象映射中再进行配置，因此针对不同的表就可以定义不同的缓存机制，也可以共享相同的缓存配置与实例。

总之，Hibernate 的功能更加强大与复杂，其本身的二级缓存机制也更好。但是，其缺点也显而易见，由于它的强大与复杂，所以非常不易掌握，技术门槛很高。但是，大部分选择项目并不需要选择如此强大、复杂的框架。因此，MyBatis 由于其小巧、方便、高效、简单、直接且灵活的特点被广大开发者所崇尚。

16.2　MyBatis 结构特性

从功能层次来讲，MyBatis 整体架构分为接口层、核心层（数据处理层）、基础层，如图 16-1 所示。

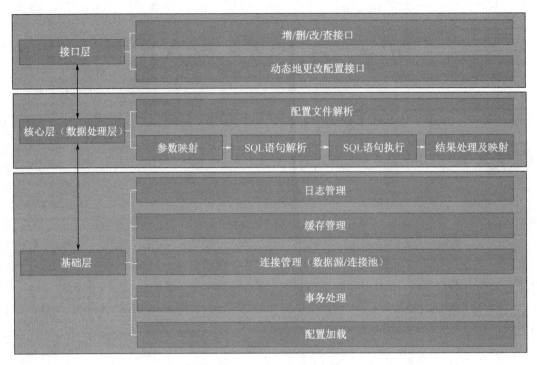

图 16-1　MyBatis 整体架构

（1）在接口层，MyBatis 提供对外的 API（Application Programming Interface，应用程序编程接口），通过这些 API 可以进行数据库的各种操作。在接口层，可以实现增/删/改/查接口，以及动态地更改配置接口。当接口层接收到调用的请求时，会调用核心层（数据处理层）的相关方法来完成具体的数据处理。

（2）在核心层，MyBatis 会进行配置文件解析、参数映射、SQL 语句解析 SQL 语句执行、结果处理及映射。这样就完成了一次数据库操作。

（3）基础层为核心层提供最基础的支撑，MyBatis 会把一些公用的东西抽取并整合成一个个基础的组件供核心层进行调用。该层实现日志管理、缓存管理、（数据源/连接池）连接管理、事务处理、配置加载等。

对核心层的参数映射、SQL 语句解析、SQL 语句执行、结果处理及映射可以进行如下细分。

（1）参数映射如图 16-2 所示。

（2）SQL 语句解析如图 16-3 所示。

图 16-2　参数映射

图 16-3　SQL 语句解析

（3）SQL 语句执行包括以下内容。

① SimpleExecutor 类会做一些比较简单且常规的执行，每执行一次 Statement 都会进行创建和关闭。

② ReuseExecutor 类会将 Statement 存入 Map 容器中，如果要使用 Statement，则直接从 Map 中取出，Statement 是一直存在的，不会另外创建 Statement。这个类是可以复用的。

BatchExecutor 类是作为批处理执行器存在的。

这三种类（执行器）都继承自 BaseExecutor 基类，而 BaseExecutor 类则实现了 Executor 接口。

SQL 语句执行如图 16-4 所示。三种类如图 16-5 所示。

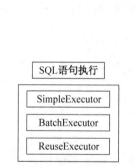

图 16-4　SQL 语句执行

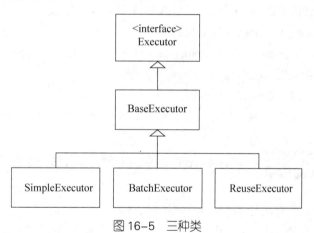

图 16-5　三种类

（4）结果处理及映射。

结果集映射如图 16-6 所示。

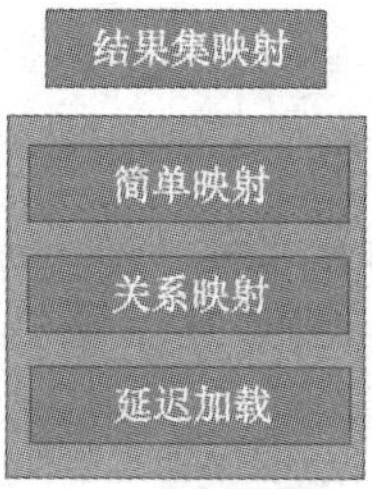

图 16-6　结果集映射

MyBatis 接口层与核心层的主要类有以下几种。

（1）SqlSessionFactoryBuilder。

SqlSessionFactoryBuilder 可以通过 XML 或者在程序中自行创建 Configuration 对象，通过 build 方法创建 SqlSessionFactory 对象。SqlSessionFactoryBuilder 可以说是 MyBatis 的应用程序的入口。

（2）SqlSessionFactory。

SqlSessionFactoryBuilder 通过 build 方法创建 SqlSessionFactory 对象，其主要功能是创建 SqlSession 对象。SqlSession 对象必须有一个 Configuration 属性，这个对象是通过 SqlSessionFactoryBuilder 创建的。

（3）SqlSession。

SqlSession 对象是通过 SqlSessionFactory 创建的，它的一个必有属性 Configuration 是通过 SqlSessionFactoryBuilder 创建的，另一个必有属性是 Executor，SqlSession 通过它来完成对数据库的操作。其实，SqlSession 对象的主要功能就是对数据库进行一次访问和结果映射的过程。SqlSession 是一个接口（接口是一种特殊的类），DefaultSqlSession 是它的默认实现类。

（4）Executor。

Executor 对象在 SqlSessionFactoryBuilder 创建 Configuration 对象时就已经被创建，它一直存在 Configuration 对象中，Executor 会调用 StatementHandler 进行数据的访问并得到结果。Executor 是一个接口，它的实现类是 BaseExecutor。

（5）StatementHandler。

MyBatis 会在 StatementHandler 中进行数据库访问操作。如果是查询操作，存在查询结果，则会调用 ResultSetHandler 进行处理。

（6）ResultSetHandler。

如果是查询操作，存在查询结果，则会调用 ResultSetHandler 进行处理。

16.3　MyBatis 半自动化映射原理

全自动化 ORM 框架提供从普通 Java 对象（POJO）到数据库表的所有映射机制，它会根据 POJO 与数据库表之间的关联关系及存储逻辑自动生成 SQL 语句，之后调用 JDBC 接口执行。

全自动化 ORM 框架的着力点是数据库操作封装全面、实现 POJO 与数据库表之间的自动映射、SQL 语句的自动生成和执行。

MyBatis 采用半自动化 ORM 框架，之所以称为半自动化，是因为它没有对提供的映射机制及数据库操作进行全面的封装，它没有对 SQL 语句进行自动生成与执行。与其说它是 POJO 与数据库表之间的自动映射，不如说它是 POJO 与 SQL 语句之间的映射。

也就是说，MyBatis 中的 SQL 语句需要由开发人员自己编写并执行，之后通过配置文件去映射 POJO 与 SQL 语句所需要的参数及返回结果（映射到指定的 POJO 属性）。这样做的好处是，可以把 SQL 语句从代码中剥离出来（写在配置文件中），从而做到在不改变代码的情况下，灵活、自由地配置和修改自己需要的 SQL 语句与映射；避免了系统自动生成 SQL 语句所耗费的资源（系统处理量过大），从而大大提高了运行效率；开发门槛较低，易于掌握，但同时也会降低开发效率（不会自动生成 SQL 语句，需要手动编写）。

16.4 第一个 MyBatis 实例

下面通过第一个 MyBatis 实例进行深入的介绍，利用之前的 Employee 表做一个插入操作。

步骤一：下载导入 MyBatis 核心类库，这里使用 3.4.1 版本。

mybatis-3.4.1.jar

步骤二：创建实体类 EmployeeEntity，此类实现 POJO 与 SQL 的映射，将其属性与 SQL 的参数（表字段）相对应。

```java
package com.chinasofti.chapter030101.entity;

public class EmployeeEntity {
    private int id;
    private String loginName;
    private String empPwd;
    private String empname;
    private String dept;
    private String pos;
    private int level;
    public int getId() {
        return id;
    }
    public void setId(int id) {
        this.id = id;
    }
    public String getLoginname() {
        return loginName;
    }
    public void setLoginname(String loginName) {
        6.loginName = loginName;
    }
    public String getEmpPwd() {
        return empPwd;
    }
    public void setEmpPwd(String empPwd) {
        this.empPwd = empPwd;
    }
    public String getEmpname() {
        return empname;
    }
    public void setEmpname(String empname) {
        this.empname = empname;
```

```
    }
    public String getDept() {
        return dept;
    }
    public void setDept(String dept) {
        this.dept = dept;
    }
    public String getPos() {
        return pos;
    }
    public void setPos(String pos) {
        this.pos = pos;
    }
    public int getLevel() {
        return level;
    }
    public void setLevel(int level) {
        this.level = level;
    }
}
```

步骤三：编写映射配置文件 EmployeeMapper.xml。

```xml
<?xml version="1.0" encoding="UTF-8"?>
<!DOCTYPE mapper PUBLIC "-//mybatis.org//DTD Mapper 3.0//EN"
"http://mybatis.org/dtd/mybatis-3-mapper.dtd">
<mapper namespace="com.chinasofti.chapter030101.mapper.EmployeeMapper">
    <insert id="save"
parameterType="com.chinasofti.chapter030101.entity.EmployeeEntity" useGeneratedKeys="true">
        INSERT INTO employee(loginName,empPwd,empname)
VALUES(#{loginName},#{empPwd},#{empname})
    </insert>
</mapper>
```

namespace 命名空间属性，一般为了便于区分而采用包名+文件名的命名方式。

insert 标签为插入语句的标签，其中的 id 属性必须是唯一的，这里定义为 save。

insert 标签中的 parameterType 是插入的参数类型，这里使用实体类来插入。

insert 标签中的 useGeneratedKeys 属性用于确定是否采用主键自动增长策略，如果数据库支持自增策略则配置有效。

insert 标签中包含一条 SQL 语句，它向 Employee 表中插入数据，#{×××}代表占位符，×××为数据类型实体类中对应字段的属性，它会自动地获取实体类中对应属性的值并填充到 SQL 语句的当前位置上。

步骤四：编写 MyBatis 的配置文件 mybatis-config.xml。

```xml
<?xml version="1.0" encoding="UTF-8"?>
<!DOCTYPE configuration
    PUBLIC "-//mybatis.org//DTD Config 3.0//EN"
```

```
        "http://mybatis.org/dtd/mybatis-3-config.dtd">
    <configuration>
        <!-- 配置环境(连接的数据库)：可以配置多个数据库，default：配置某一个数据库的唯一标识，表
示默认使用的数据库 -->
        <environments default="mysql">
            <environment id="mysql">
                <!-- 事务处理类型为简单的 JDBC -->
                <transactionManager type="JDBC"/>
                <!-- JDBC 数据源配置为 POOLED 连接池 -->
                <dataSource type="POOLED">
                    <!-- 配置连接信息 -->
                    <property name="driver" value="com.mysql.jdbc.Driver"/>
                    <property name="url" value="jdbc:mysql://127.0.0.1:3306/test"/>
                    <property name="username" value="root"/>
                    <property name="password" value="ctopwd#01"/>
                </dataSource>
            </environment>
        </environments>
        <!-- MyBatis 映射文件（EmployeeMapper.xml 文件） -->
        <mappers>
            <mapper resource="com/chinasofti/chapter030101/mapper/EmployeeMapper.xml"/>
        </mappers>
    </configuration>
```

步骤五：编写测试类 Test。

```
package com.chinasofti.chapter030101.test;

import java.io.IOException;

import org.apache.ibatis.io.Resources;
import org.apache.ibatis.session.SqlSession;
import org.apache.ibatis.session.SqlSessionFactoryBuilder;

import com.chinasofti.chapter030101.entity.EmployeeEntity;

public class Test {
    public static void main(String[] args) throws IOException {
        //读取 MyBatis 配置文件，得到 SqlSession 对象实例 session
        SqlSession session = new
SqlSessionFactoryBuilder().build(Resources.getResourceAsStream("mybatis-config.xml")).openSession();
        //创建实体类，并给参数赋值
        EmployeeEntity emp=new EmployeeEntity();
        emp.setLoginname("wxh");
        emp.setEmpPwd("1111");
        emp.setEmpname("wangxiaohua");
        //执行用 EmployeeMapper.xml 中 id 为 save 的 insert 标准的 SQL 语句，emp 的类型对应
EmployeeMapper.xml 中的 parameterType 属性值
```

```
        session.insert("com.chinasofti.chapter030101.mapper.EmployeeMapper.save", emp);
        session.commit();
        session.close();
    }
}
```

步骤六：Test.java 的运行结果如图 16-7 所示。

| 54 | wxh | 1111 | wangxiaohua | (Null) |

图 16-7　Test.java 的运行结果

整个工程项目的目录结构如图 16-8 所示。

图 16-8　整个工程项目的目录结构

第 **17** 章

核心接口及配置文件

17.1 SqlSession 接口

在第一个 MyBatis 实例的代码中，SqlSessionFactoryBuilder 通过 build()方法得到 SqlSessionFactory 的对象实例，SqlSessionFactory 通过 openSession()方法得到 SqlSession 对象实例，SqlSession 接口是 MyBatis 的核心接口。SqlSession 接口如图 17-1 所示。

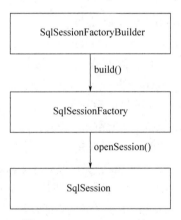

图 17-1　SqlSession 接口

SqlSession 接口涉及如下常用方法。

（1）insert：插入方法。

int insert(String statement)：参数是配置文件(mapper)<insert>标签元素的 id 属性值，返回执行插入操作所应用的行数。

int insert(String statement, Object parameter)：第一个参数是配置文件(mapper)<insert>标签元素的 id 属性值，第二个参数是 SQL 语句对应输入参数。

（2）update：更新方法。

int update(String statement)：与"int insert(String statement)"方法参数基本一致，只不过获取的是< update >标签元素的 id 属性值。

int update(String statement, Object parameter)：与"int insert(String statement, Object parameter）"方法参数基本一致，只不过获取的是< update >标签元素的 id 属性值。

（3）delete：删除方法。

int delete(String statement)：与"int insert(String statement)"方法参数基本一致，只不过获取的是< delete>标签元素的 id 属性值。

int delete(String statement, Object parameter)：与"int insert(String statement)"方法参数基本一致，只不过获取的是< delete >标签元素的 id 属性值。

（4）selectOne：结果只有一条数据的查询方法。

<T> T selectOne(string statement)：参数是配置文件(mapper)<select>标签元素的 id 属性值，返回的是包含查询结果的泛型对象。

<T> T selectOne(String statement, Object parameter)：第一个参数同上，第二个参数是 SQL 语句对应输入参数。

（5）selectList：返回泛型对象集合（List）的查询结果。

<E> List<E> selectList(String statement)：参数是配置文件(mapper)<select>标签元素的 id 属性值，返回的是包含查询结果的泛型对象集合（List）。

<E> List<E> selectList(String statement, Object parameter)：第一个参数同上，第二个参数是 SQL 语句对应输入参数。

<E> List<E> selectList(String statement, Object parameter, RowBounds rowBounds)：前两个参数同上，第三个参数是用于分页。

（6）selectMap：将查询结果封装成 Map 返回。

<K,V> Map<K,V> selectMap(String statement, String mapKey)：第一个参数是配置文件(mapper)<select>标签元素的 id 属性值，返回查询结果被封装成 Map；第二个参数是一个要查询表的列名，这个列的数据将成为 Map 的 key。需要注意的是，这个列的数据一般是唯一的，否则不会报错，但是相同的 key 之后保存最后一个数据。

<K,V> Map<K,V> selectMap(String statement, Object parameter, String mapKey)：第一个、第三个参数同上，第二个参数是 SQL 语句对应输入参数。

<K,V> Map<K,V> selectMap(String statement, Object parameter,String mapKey, RowBounds rowBounds)：第一个、第二个、第三个参数同上，第四个参数用于分页。

（7）select：通过实现 ResultHandler 接口得到查询结果（无返回值，结果在 ResultHandler 接口实现中直接处理）。

void select(String statement, ResultHandler handler)：第一个参数同上，ResultHandler 接口用于处理返回的查询结果。

void select(String statement, Object parameter, ResultHandler handler)：参数同上。

void select(String statement, Object parameter, RowBounds rowBounds, ResultHandler handler)：参数同上。

（8）其他。

void commit()：事务提交。

void rollback()：事务回滚。

void close()：关闭 SqlSession。

17.2 配置文件

MyBatis 的配置文件为 mybatis-config.xml 文件，之前案例中的配置比较简单，没有配置所有的功能。下面具体介绍 MyBatis 的配置文件中比较常用的一些配置，包含影响 MyBatis 行为的信息。主要结构如下：

```xml
<?xml version="1.0" encoding="UTF-8"?>
<!DOCTYPE configuration PUBLIC "-//mybatis.org//DTD Config 3.0//EN"
"http://mybatis.org/dtd/mybatis-3-config.dtd">
<configuration>
    <properties></properties>
    <settings>
        <setting></setting>
    </settings>
    <typeAliases>
        <typeAliases></typeAliases>
        <package></package>
    </typeAliases>
    <typeHandlers>
        <typeHandler></typeHandler>
    </typeHandlers>
    <environments>
        <environment>
            <transactionManager></transactionManager>
            <dataSource >
                <property></property>
            </dataSource>
        </environment>
    </environments>
    <mappers>
        <mapper></mapper>
    </mappers>
</configuration>
```

（1）configuration 为顶层的配置，其他配置都在 configuration 中进行。

```xml
<?xml version="1.0" encoding="UTF-8"?>
<!DOCTYPE configuration PUBLIC "-//mybatis.org//DTD Config 3.0//EN" "http://mybatis.org/dtd/
mybatis-3-config.dtd">
<configuration>

</configuration>
```

（2）settings 标签中包含多个 setting 设置，这些设置的属性会改变 MyBatis 的运行方式。

```xml
<?xml version="1.0" encoding="UTF-8"?>
```

```
<!DOCTYPE configuration PUBLIC "-//mybatis.org//DTD Config 3.0//EN" "http://mybatis.org/dtd/
mybatis-3-config.dtd">
<configuration>
    <settings>
        <setting name="cacheEnable" value="true"></setting>
        <setting name="lazyLoadingEnabled" value="true">
        </setting>
    </settings>
</configuration>
```

在上面的两个配置中，第一个 setting 配置的 name 是 cacheEnable，其作用是确定是否开启所有映射器中配置的缓存，true 为开启，false 为不开启。第二个 setting 配置的作用是确定是否开启全局的延时加载。

setting 配置的 name 属性还有很多。读者可以在 MyBatis 官网中查找所有的 setting 配置的 name 属性的作用。

（3）typeAliases 可以给 Java 类型起别名。如果一个类名比较长，则可以给它起一个短的别名；如果在其他配置中用到这个类，则也可以用别名代替。

```
<?xml version="1.0" encoding="UTF-8"?>
<!DOCTYPE configuration PUBLIC "-//mybatis.org//DTD Config 3.0//EN"
"http://mybatis.org/dtd/mybatis-3-config.dtd">
<configuration>
    <typeAliases>
        <typeAliases alias="emp"
        type="com.chinasofti.chapter030304.entity.EmployeeEntity"></typeAliases>
    </typeAliases>
</configuration>
```

在上面的配置中，如果需要使用 com.chinasofti.chapter030304.entity.EmployeeEntity 则可以用 emp 代替。

```
<?xml version="1.0" encoding="UTF-8"?>
<!DOCTYPE configuration PUBLIC "-//mybatis.org//DTD Config 3.0//EN"
"http://mybatis.org/dtd/mybatis-3-config.dtd">
<configuration>
    <typeAliases>
        <package name="com.chinasofti.chapter030306.entity"></package>
    </typeAliases>
</configuration>
```

在上述代码中，为 com.chinasofti.chapter030306.entity 包里的类自动起别名，别名的规则是首字母小写的类名。

MyBatis 内置了多个 Java 常见类型的别名，如 java.util.Map，MyBatis 中的别名为 map，在需要的配置文件中可以直接使用。所有别名可以查阅 MyBatis 官网。

（4）无论是 MyBatis 在预处理语句（PreparedStatement）中设置一个参数时，还是从结果集中取出一个值时，都会用类型处理器 TypeHandler 将获取的值以合适的方式转换成 Java 类型。

在开发过程中，通常使用自定义类型转换。例如 Date 的 Java 类型，存入数据库的数据是一个时间，如果想要存放的是一个毫秒数，取出来时是一个 Date 类型，则可以自定义一个类实现 TypeHandler 接口或者继承 BaseTypeHandler，对 Date 进行处理，之后再在配置文件中进行配置。

```xml
<?xml version="1.0" encoding="UTF-8"?>
<!DOCTYPE configuration PUBLIC "-//mybatis.org//DTD Config 3.0//EN" "http://mybatis.org/dtd/mybatis-3-config.dtd">
<configuration>
    <typeHandlers>
        <typeHandler handler="XXX.XXX.MyDateTypeHandler"/>
    </typeHandlers>
</configuration>
```

也可以把 typeHandler 标签换成 package，以便统一配置包里的所有自定义类型转换。

```xml
<?xml version="1.0" encoding="UTF-8"?>
<!DOCTYPE configuration PUBLIC "-//mybatis.org//DTD Config 3.0//EN" "http://mybatis.org/dtd/mybatis-3-config.dtd">
<configuration>
    <typeHandlers>
        <package handler="XXX.XXX "/>
    </typeHandlers>
</configuration>
```

MyBatis 内置了一些常用的类型转换器，对此可以参阅 MyBatis 官网。

（5）properties 用来导入外部配置，典型的应用是数据库的配置文件，创建数据库的配置文件 db.properties，内容如下：

```
driverClass=com.mysql.jdbc.Driver
jdbcUrl=jdbc:mysql://localhost:3306/test
user=root
password=123
```

使用 properties 对文件进行如下配置：

```xml
<?xml version="1.0" encoding="UTF-8"?>
<!DOCTYPE configuration PUBLIC "-//mybatis.org//DTD Config 3.0//EN" "http://mybatis.org/dtd/mybatis-3-config.dtd">
<configuration>
    <properties resource="db.properties"></properties>
</configuration>
```

在其他配置中，可以使用 db.properties 配置文件中"="前面的 key，对内容进行动态配置，例如：

```xml
<dataSource type="POOLED">
            <!-- 配置连接信息 -->
            <property name="driver"
```

```
                value="${driverClass}"/>
                        <property name="url" value="${jdbcUrl}"/>
                        <property name="username" value="${user}"/>
                        <property name="password" value="${password}"/>
    </dataSource>
```

在上面配置中，${}中的内容就是 db.properties 配置文件中"="前面的 key。

（6）environments 用来进行数据源的配置，在第 16 章 16.4 节"第一个 MyBatis 实例"中曾使用过。

```
<?xml version="1.0" encoding="UTF-8"?>
<!DOCTYPE configuration
    PUBLIC "-//mybatis.org//DTD Config 3.0//EN"
    "http://mybatis.org/dtd/mybatis-3-config.dtd">
<configuration>

        <!-- 配置环境(连接的数据库)：可以配置多个数据库，default：配置某一个数据库的唯一标识，表
示默认使用的数据库 -->
        <environments default="mysql">
            <environment id="mysql">
            <!-- 事务处理类型为简单的 JDBC -->
                <transactionManager type="JDBC"/>
            <!-- JDBC 数据源配置为 POOLED 连接池 -->
                <dataSource type="POOLED">
                    <!-- 配置连接信息 -->
                    <property name="driver"
                            value="com.mysql.jdbc.Driver"/>
                    <property name="url"
                            value="jdbc:mysql://127.0.0.1:3306/test"/>
                    <property name="username" value="root"/>
                    <property name="password" value="ctopwd#01"/>
                </dataSource>
            </environment>
        </environments>
```

（7）mapper 是映射器，匹配自定义 SQL 语句映射文件的路径。

```
<?xml version="1.0" encoding="UTF-8"?>
<!DOCTYPE configuration
    PUBLIC "-//mybatis.org//DTD Config 3.0//EN"
    "http://mybatis.org/dtd/mybatis-3-config.dtd">
<configuration>
    <mappers>
        <mapper resource="com/chinasofti/chapter030101/mapper/EmployeeMapper.xml"/>
    </mappers>
</configuration>
```

上面的配置文件是在第 16 章 16.4 节"第一个 MyBatis 实例"中配置的，映射器路径是

"com/chinasofti/chapter030101/mapper/EmployeeMapper.xml"。

（8）映射文件。

插入方法 SQL 语句的配置如下：

```xml
<?xml version="1.0" encoding="UTF-8"?>
<!DOCTYPE mapper PUBLIC "-//mybatis.org//DTD Mapper 3.0//EN"
"http://mybatis.org/dtd/mybatis-3-mapper.dtd">
<mapper namespace="com.chinasofti.chapter030101.mapper.EmployeeMapper">
    <insert id="save"
parameterType="com.chinasofti.chapter030101.entity.EmployeeEntity" useGeneratedKeys="true">
        INSERT INTO employee(loginName,empPwd,empname)
VALUES(#{loginName},#{empPwd},#{empname})
    </insert>
</mapper>
```

更新方法 SQL 语句的配置如下：

```xml
<?xml version="1.0" encoding="UTF-8"?>
<!DOCTYPE mapper PUBLIC "-//mybatis.org//DTD Mapper 3.0//EN"
"http://mybatis.org/dtd/mybatis-3-mapper.dtd">
<mapper namespace="com.chinasofti.chapter030301.mapper.EmployeeMapper">
    <update id="change" parameterType="com.chinasofti.chapter030301.entity.EmployeeEntity"
useGeneratedKeys="true">
        UPDATE employee set loginName=#{loginName},empPwd=#{empPwd},empname=#{empname}
WHERE id=#{id}
    </update>
</mapper>
```

删除方法 SQL 语句的配置如下：

```xml
<mapper namespace="com.chinasofti.chapter030302.mapper.EmployeeMapper">
    <delete id="remove" parameterType="com.chinasofti.chapter030302.entity.EmployeeEntity">
        DELETE FROM employee    WHERE id=#{id}
    </delete>
</mapper>
```

查询方法 SQL 语句的配置如下：

```xml
<?xml version="1.0" encoding="UTF-8"?>
<!DOCTYPE mapper PUBLIC "-//mybatis.org//DTD Mapper 3.0//EN"
"http://mybatis.org/dtd/mybatis-3-mapper.dtd">
<mapper namespace="com.chinasofti.chapter030303.mapper.EmployeeMapper">
    <select id="getInfo"
parameterType="com.chinasofti.chapter030303.entity.EmployeeEntity" resultType="com.chinasofti.chapter
030303.entity.EmployeeEntity">
        SELECT * FROM employee WHERE id=#{id}
    </select>
</mapper>
```

注：parameterType 代表参数类型（${}占位符中的内容会在此类型中寻找），resultType 代表返回类型（返回值自动封装成此类型）。

第 **18** 章

MyBatis 框架的增删改查

本章主要介绍 MyBatis 框架中增删改查涉及的基本方法。

18.1 insert 插入方法

已在第 16 章 16.4 节 "第一个 MyBatis 实例" 中使用过 "int insert(String statement, Object parameter)" 方法，该方法的使用与 "int insert(String statement)" 方法的使用类似。

18.2 update 更新方法

下面通过更改 Employee 表的数据介绍 update 更新方法。
（1）创建实体类（同上述实例）。
（2）创建 mapper 映射文件 EmployeeMapper.xml。

```xml
<?xml version="1.0" encoding="UTF-8"?>
<!DOCTYPE mapper PUBLIC "-//mybatis.org//DTD Mapper 3.0//EN"
"http://mybatis.org/dtd/mybatis-3-mapper.dtd">
<mapper namespace="com.chinasofti.chapter030301.mapper.EmployeeMapper">
    <update id="change"
parameterType="com.chinasofti.chapter030301.entity.EmployeeEntity" useGeneratedKeys="true">
        UPDATE employee set loginName=#{loginName},
        empPwd=#{empPwd},empname=#{empname} WHERE id=#{id}
    </update>
</mapper>
```

（3）配置文件 mybatis-config.xml（同上述实例）。
（4）调用 int update(String statement, Object parameter)方法完成表数据修改。

```java
package com.chinasofti.chapter030301.test;

import java.io.IOException;
```

```
import org.apache.ibatis.io.Resources;
import org.apache.ibatis.session.SqlSession;
import org.apache.ibatis.session.SqlSessionFactoryBuilder;

import com.chinasofti.chapter030301.entity.EmployeeEntity;

public class Test {

    public static void main(String[] args) throws IOException {
        //读取 mybatis 配置文件，得到 SqlSession 对象实例 session
        SqlSession session = new SqlSessionFactoryBuilder().build(Resources.getResourceAsStream
("mybatis-config.xml")).openSession();
        //创建实体类，并给参数赋值
        EmployeeEntity emp = new EmployeeEntity();
        emp.setId(54);
        emp.setLoginname("wxh01");
        emp.setEmpPwd("2222");
        emp.setEmpname("wangxiaohua01");
        //执行用 EmployeeMapper.xml 中 id 为 "change" 的 update 语句，emp 的类型对应
EmployeeMapper.xml 中的 parameterType 属性值
        session.update("com.chinasofti.chapter030301.mapper.EmployeeMapper.change", emp);
        session.commit();
        session.close();
    }
}
```

修改 id 为 54 的数据，原数据如图 18-1 所示。
执行更新之后的表数据如图 18-2 所示。

| 54 wxh | 1111 | wangxiaohua | (Null) |

图 18-1 原数据

| 54 wxh01 | 2222 | wangxiaohua0 | (N |

图 18-2 更新之后的表数据

18.3 delete 删除方法

下面通过删除 Employee 表中的指定数据介绍 delete 删除方法。
（1）创建实体类（同上述实例）。
（2）创建 mapper 映射文件 EmployeeMapper.xml。

```xml
<mapper namespace="com.chinasofti.chapter030302.mapper.EmployeeMapper">
    <delete id="remove"
parameterType="com.chinasofti.chapter030302.entity.EmployeeEntity">
        DELETE FROM employee    WHERE id=#{id}
    </delete>
</mapper>
```

（3）配置文件 mybatis-config.xml（同上述实例）。

（4）调用 int delete(String statement, Object parameter)方法进行表数据删除。

```java
package com.chinasofti.chapter030302.test;

import java.io.IOException;

import org.apache.ibatis.io.Resources;
import org.apache.ibatis.session.SqlSession;
import org.apache.ibatis.session.SqlSessionFactoryBuilder;

import com.chinasofti.chapter030302.entity.EmployeeEntity;

public class Test {

    public static void main(String[] args) throws IOException {
        //读取 mybatis 配置文件，得到 SqlSession 对象实例 session
        SqlSession session = new SqlSessionFactoryBuilder().build(Resources.getResourceAsStream
("mybatis-config.xml")).openSession();
        //创建实体类，并给参数赋值
        EmployeeEntity emp=new EmployeeEntity();
        emp.setId(54);
        //执行用 EmployeeMapper.xml 中 id 为 remove 的 delete 语句，emp 的类型对应
EmployeeMapper.xml 中的 parameterType 属性值
        session.delete("com.chinasofti.chapter030302.mapper.EmployeeMapper.remove",emp);
        session.commit();
        session.close();
    }
}
```

删除 id 为 54 的数据，原数据如图 18-3 所示。

执行之后的数据如图 18-4 所示。

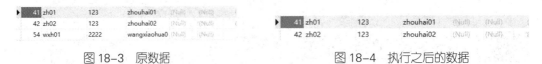

图 18-3　原数据　　　　　　　图 18-4　执行之后的数据

18.4　selectOne 查询一条记录

查询 Employee 中 id=42 的数据。

（1）创建实体类（同上述实例）。

（2）创建 mapper 映射文件 EmployeeMapper.xml。

```xml
<?xml version="1.0" encoding="UTF-8"?>
<!DOCTYPE mapper PUBLIC "-//mybatis.org//DTD Mapper 3.0//EN"
```

```
"http://mybatis.org/dtd/mybatis-3-mapper.dtd">
<mapper namespace="com.chinasofti.chapter030303.mapper.EmployeeMapper">
    <select id="getInfo"
parameterType="com.chinasofti.chapter030303.entity.EmployeeEntity" resultType="com.chinasofti.chapter
030303.entity.EmployeeEntity">
        SELECT * FROM employee WHERE id=#{id}
    </select>
</mapper>
```

<select>的 id 属性值是 getInfo，用 parameterType 指明参数的类型，用 resultType 指明返回值的类型，此处返回 EmployeeEntity 实体类对象。

（3）配置文件 mybatis-config.xml（同上述实例）。

（4）调用<T> T selectOne(String statement, Object parameter)方法完成查询。

```
package com.chinasofti.chapter030303.test;

import java.io.IOException;

import org.apache.ibatis.io.Resources;
import org.apache.ibatis.session.SqlSession;
import org.apache.ibatis.session.SqlSessionFactoryBuilder;

import com.chinasofti.chapter030303.entity.EmployeeEntity;

public class Test {

    public static void main(String[] args) throws IOException {
        //读取 mybatis 配置文件，得到 SqlSession 对象实例 session
        SqlSession session = new SqlSessionFactoryBuilder()
.build(Resources.getResourceAsStream("mybatis-config.xml")).openSession();
        //创建实体类，并给参数赋值
        EmployeeEntity emp=new EmployeeEntity();
        emp.setId(42);
        //执行 EmployeeMapper.xml 中 id 为“getInfo”的 select 语句，emp 的类型对应
EmployeeMapper.xml 中的 parameterType 属性值
        emp=session.selectOne("com.chinasofti.chapter030303.mapper.EmployeeMapper.getInfo", emp);
        session.commit();
        session.close();

        System.out.println("id="+emp.getId());
        System.out.println("longname="+emp.getLoginname());
        System.out.println("empPwd="+emp.getEmpPwd());
        System.out.println("empname="+emp.getEmpname());
    }
}
```

查询数据库表中 id 为 42 的数据，原数据如图 18-5 所示。

运行结果如图 18-6 所示。

```
<terminated> Test (5) [Java Applicati
id=42
longname=zh02
emppwd=123
empname=zhouhai02
```

| 42 zh02 | 123 | zhouhai02 | (Null) |

图 18-5　原数据　　　　　　　　　　　图 18-6　运行结果

18.5　selectList 查询返回泛型对象集合

查询 Employee 表中 level 等于 1 且舍弃前两条数据后，取三条数据。

（1）创建实体类（同上述实例）。

（2）创建 mapper 映射文件 EmployeeMapper.xml，返回实体类的集合，因此 resultType 属性设定为创建的实体类。

```xml
<?xml version="1.0" encoding="UTF-8"?>
<!DOCTYPE mapper PUBLIC "-//mybatis.org//DTD Mapper 3.0//EN"
"http://mybatis.org/dtd/mybatis-3-mapper.dtd">
<mapper namespace="com.chinasofti.chapter030304.mapper.EmployeeMapper">
    <select id="returnListSelect"
parameterType="com.chinasofti.chapter030304.entity.EmployeeEntity" resultType="com.chinasofti.chapter030304.entity.EmployeeEntity">
        select * FROM employee WHERE level=#{level}
    </select>
</mapper>
```

（3）配置文件 mybatis-config.xml（同上述实例）。

（4）调用<E> List<E> selectList(String statement, Object parameter, RowBounds rowBounds) 方法完成查询。

```java
package com.chinasofti.chapter030304.test;

import java.io.IOException;
import java.util.List;

import org.apache.ibatis.io.Resources;
import org.apache.ibatis.session.RowBounds;
import org.apache.ibatis.session.SqlSession;
import org.apache.ibatis.session.SqlSessionFactoryBuilder;

import com.chinasofti.chapter030304.entity.EmployeeEntity;

public class Test {
```

```
public static void main(String[] args) throws IOException {
        //读取 mybatis 配置文件，得到 SqlSession 对象实例 session
        SqlSession session = new SqlSessionFactoryBuilder()
.build(Resources.getResourceAsStream("mybatis-config.xml")).openSession();
        //创建实体类，并给参数赋值
        EmployeeEntity emp = new EmployeeEntity();
        emp.setLevel(1);
        //执行用 EmployeeMapper.xml 中 id 为 "returnListSelect" 的 select 语句，emp 的类型对应
EmployeeMapper.xml 中的 parameterType 属性值
        List<EmployeeEntity> list = session.selectList(
        "com.chinasofti.chapter030304.mapper.EmployeeMapper.returnListSelect", emp, new RowBounds(2, 3));
        session.commit();
        session.close();
        for (EmployeeEntity employeeEntity : list) {
                System.out.println("id=" + employeeEntity.getId() + "; lognname=" + employeeEntity.
getLoginname()+"; empPwd="+employeeEntity.getEmpPwd()+"; empname="+employeeEntity.getEmpname()+";
level="+employeeEntity.getLevel());

        }
        }
        }
```

查询 level 等于 1 且舍弃前两条数据后，取三条数据，如图 18-7 所示。

id	loginname	emppwd	empname	dept	pos	level
21	lucy01	01	wxh01	(Null)	(Null)	1
22	lucy02	02	wxh02	(Null)	(Null)	1
23	lucy03	03	wxh03	(Null)	(Null)	1
24	lucy04	04	wxh04	(Null)	(Null)	1
25	lucy05	05	wxh05	(Null)	(Null)	1
26	lucy06	06	wxh06	(Null)	(Null)	1
28	syq	123	songyongquar	(Null)	(Null)	1
29	syq01	123	songyongquar	(Null)	(Null)	1
35	yq0	123	yangqiang0	(Null)	(Null)	1
36	yq1	123	yangqiang1	(Null)	(Null)	1
37	yq2	123	yangqiang2	(Null)	(Null)	1
38	yq3	123	yangqiang3	(Null)	(Null)	1
39	yq4	123	yangqiang4	(Null)	(Null)	1
40	zh	123	zhouhai	(Null)	(Null)	1
41	zh01	123	zhouhai01	(Null)	(Null)	1
42	zh02	123	zhouhai02	(Null)	(Null)	1

图 18-7　取三条数据

舍弃前两条数据，取出的三条数据的 id 应为 23、24、25，执行结果如图 18-8 所示。

```
<terminated> Test (11) [Java Application] D:\Java\jre1.8.0_74\bin\javaw.exe (2019年
id=23; lognname=lucy03; emppwd=03; empname=wxh03; level=1
id=24; lognname=lucy04; emppwd=04; empname=wxh04; level=1
id=25; lognname=lucy05; emppwd=05; empname=wxh05; level=1
```

图 18-8　执行结果

18.6　selectMap 查询封装 Map 返回

查询 Employee 表中 level 等于 1 且舍弃前两条数据后，取三条数据，得到 id 作为 Map 的 key。

（1）创建实体类（同上述实例）。

（2）创建 mapper 映射文件 EmployeeMapper.xml，返回的数据需要封装成 Map，因此 resultType 的属性设置为 map。

```xml
<?xml version="1.0" encoding="UTF-8"?>
<!DOCTYPE mapper PUBLIC "-//mybatis.org//DTD Mapper 3.0//EN"
"http://mybatis.org/dtd/mybatis-3-mapper.dtd">
<mapper namespace="com.chinasofti.chapter030305.mapper.EmployeeMapper">
    <select id="returnListSelect"
parameterType="com.chinasofti.chapter030305.entity.EmployeeEntity" resultType="map">
        select * FROM employee WHERE level=#{level}
    </select>
</mapper>
```

（3）配置文件 mybatis-config.xml（同上述实例）。

（4）调用<K,V> Map<K,V> selectMap(String statement, Object parameter, String mapKey, RowBounds rowBounds)方法进行查询。

```java
package com.chinasofti.chapter030305.test;

import java.io.IOException;
import java.util.Map;
import java.util.Set;

import org.apache.ibatis.io.Resources;
import org.apache.ibatis.session.RowBounds;
import org.apache.ibatis.session.SqlSession;
import org.apache.ibatis.session.SqlSessionFactoryBuilder;

import com.chinasofti.chapter030305.entity.EmployeeEntity;

public class Test {

    public static void main(String[] args) throws IOException {
        //读取 mybatis 配置文件，得到 SqlSession 对象实例 session
        SqlSession session = new
SqlSessionFactoryBuilder().build(Resources.getResourceAsStream("mybatis-config.xml")).openSession();
        //创建实体类，并给参数赋值
        EmployeeEntity emp = new EmployeeEntity();
        emp.setLevel(1);
        //执行用 EmployeeMapper.xml 中 id 为 "returnListSelect" 的 select 语句，emp 的类型对应
EmployeeMapper.xml 中的 parameterType 属性值
```

```
            Map<Integer,EmployeeEntity> map = session.selectMap(
                    "com.chinasofti.chapter030305.mapper.EmployeeMapper.returnListSelect", emp,"id" ,
new RowBounds(2, 3));
            session.commit();
            session.close();

            System.out.println(map);
            Set<Integer> set = map.keySet();
            for (Integer k : set) {
                System.out.println(map.get(k));
            }
        }
    }
```

运行结果如图 18-9 所示。

```
Markers   Properties   Servers   Data Source Explorer   Snippets   Pro
<terminated> Test (12) [Java Application] D:\Java\jre1.8.0_74\bin\javaw.exe (2019年11月
{23={empname=wxh03, loginname=lucy03, level=1, id=23, emppwd=03
{empname=wxh03, loginname=lucy03, level=1, id=23, emppwd=03}
{empname=wxh04, loginname=lucy04, level=1, id=24, emppwd=04}
{empname=wxh05, loginname=lucy05, level=1, id=25, emppwd=05}
```

图 18-9   运行结果

18.7 select 实现 ResultHandler 接口

通过实现 ResultHandler 接口得到查询结果（无返回值，结果在 ResultHandler 接口实现中直接处理）。

查询 Employee 表中 level 等于 1 且舍弃前两条数据后，取三条数据，每条数据都封装成实体类，放入 List 中。

（1）创建实体类，这里不再赘述。

（2）创建 mapper 映射文件 EmployeeMapper.xml。

```
<?xml version="1.0" encoding="UTF-8"?>
<!DOCTYPE mapper PUBLIC "-//mybatis.org//DTD Mapper 3.0//EN"
"http://mybatis.org/dtd/mybatis-3-mapper.dtd">
<mapper namespace="com.chinasofti.chapter030306.mapper.EmployeeMapper">
    <select id="resultHandlerSelect"
parameterType="com.chinasofti.chapter030306.entity.EmployeeEntity" resultType="com.chinasofti.chapter
030306.entity.EmployeeEntity">
        select * FROM employee WHERE level=#{level}
    </select>
</mapper>
```

（3）配置文件 mybatis-config.xml（与之前相同）。

（4）调用 void select(String statement, Object parameter, RowBounds rowBounds,

ResultHandler handler)方法进行查询。

```java
package com.chinasofti.chapter030306.test;

package com.chinasofti.chapter030306.test;

import java.io.IOException;
import java.util.ArrayList;
import java.util.List;

import org.apache.ibatis.io.Resources;
import org.apache.ibatis.session.ResultContext;
import org.apache.ibatis.session.ResultHandler;
import org.apache.ibatis.session.RowBounds;
import org.apache.ibatis.session.SqlSession;
import org.apache.ibatis.session.SqlSessionFactoryBuilder;

import com.chinasofti.chapter030306.entity.EmployeeEntity;

public class Test {

    public static void main(String[] args) throws IOException {
        //存放从 ResultHandler 中获取的查询结果
        List<EmployeeEntity> list = new ArrayList<EmployeeEntity>();

        //读取 mybatis 配置文件，得到 SqlSession 对象实例 session
        SqlSession session = new SqlSessionFactoryBuilder()
.build(Resources.getResourceAsStream("mybatis-config.xml")).openSession();
        //创建实体类，并给参数赋值
        EmployeeEntity emp = new EmployeeEntity();
        emp.setLevel(1);
        //执行用 EmployeeMapper.xml 中 id 为 "resultHandlerSelect" 的 select 语句，emp 的类型对应
EmployeeMapper.xml 中的 parameterType 属性值
        session.select("com.chinasofti.chapter030306.mapper.EmployeeMapper.resultHandlerSelect",
emp,new RowBounds(2, 3), new ResultHandler<EmployeeEntity>() {
        //实现方法，参数为查询结果
        @Override
        public void handleResult(ResultContext<? extends EmployeeEntity> arg0) {
            EmployeeEntity e = arg0.getResultObject();
            //把查询到的结果放入 List 中
            list.add(e);
        }
    });
        for (EmployeeEntity employeeEntity : list) {
            System.out.println("id=" + employeeEntity.getId() + ";  lognname=" + employeeEntity.
getLoginname()
                    + ";  empPwd=" + employeeEntity.getEmpPwd() + ";  empname=" +
employeeEntity.getEmpname() + ";  level="
```

```
                        + employeeEntity.getLevel());
                }
                session.commit();
                session.close();
            }
        }
```

由于在映射文件中定义的返回类型是实体类，因此 ResultHandler 的实现方法 handleResult 的参数获取的通常也应该是实体类，之后把获取的结果（实体类）放入 List 中，运行结果如图 18-10 所示。

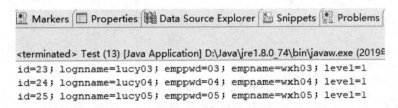

图 18-10　运行结果

第 19 章

MyBatis 中的数据关联

在前面的章节中，使用 SqlSession 直接调用 insert、update、delete、select 进行增删改查。但是，MyBatis 官方建议使用 mapper 接口代理进行操作。下面在 MyBatis 数据关联中就使用这种方式进行介绍。

19.1 一对一关联

现在有员工和员工卡，一个员工只能有一个员工卡，一个员工卡只能对应一个员工，这就是一对一。将员工和员工卡对应成表，表结构如下所述。

员工表：Employee，如图 19-1 所示。

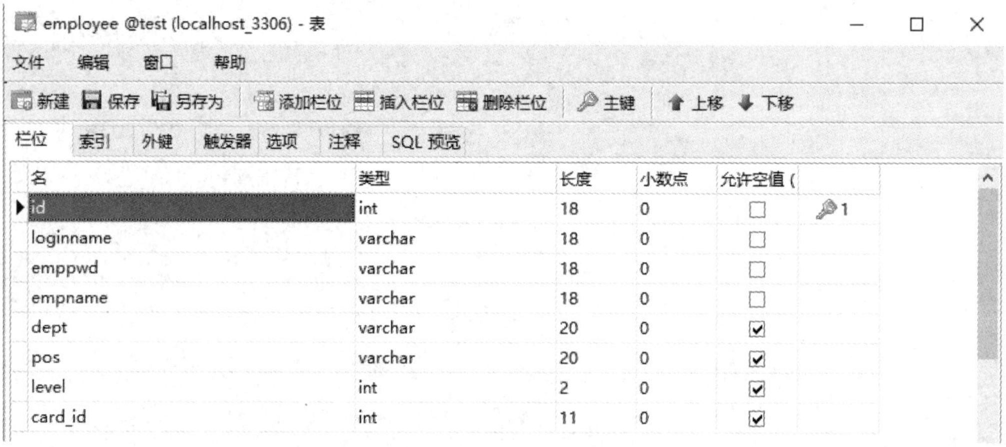
employee @test (localhost_3306) - 表

文件 编辑 窗口 帮助

新建 保存 另存为 添加栏位 插入栏位 删除栏位 主键 上移 下移

栏位 索引 外键 触发器 选项 注释 SQL 预览

名	类型	长度	小数点	允许空值 (	
id	int	18	0	☐	1
loginname	varchar	18	0	☐	
emppwd	varchar	18	0	☐	
empname	varchar	18	0	☐	
dept	varchar	20	0	☑	
pos	varchar	20	0	☑	
level	int	2	0	☑	
card_id	int	11	0	☑	

图 19-1　员工表

员工卡表：workCard，如图 19-2 所示。

图 19-2　员工卡表

员工表中的 card_id 作为员工表 id 的外键。

下面将员工表与员工卡表进行一对一关联，当取出员工表信息时，员工卡表信息也一起取出。

（1）创建实体类。

创建员工卡表实体类 WorkCardEntity。

```java
package com.chinasofti.chapter030401.entity;

public class WorkCardEntity {
    private int id;
    private String code;
    public int getId() {
        return id;
    }
    public void setId(int id) {
        this.id = id;
    }
    public String getCode() {
        return code;
    }
    public void setCode(String code) {
        this.code = code;
    }
}
```

创建员工表实体类，在员工表实体类中定义员工卡表实体类对象。

```java
package com.chinasofti.chapter030401.entity;

public class EmployeeEntity {
    private int id;
    private String loginName;
```

```
private String empPwd;
private String empname;
private String dept;
private String pos;
private int level;
private WorkCardEntity workCardEntity;
public int getId() {
    return id;
}
public void setId(int id) {
    this.id = id;
}
public String getLoginname() {
    return loginName;
}
public void setLoginname(String loginName) {
    this.loginName = loginName;
}
public String getEmpPwd() {
    return empPwd;
}
public void setEmpPwd(String empPwd) {
    this.empPwd = empPwd;
}
public String getEmpname() {
    return empname;
}
public void setEmpname(String empname) {
    this.empname = empname;
}
public String getDept() {
    return dept;
}
public void setDept(String dept) {
    this.dept = dept;
}
public String getPos() {
    return pos;
}
public void setPos(String pos) {
    this.pos = pos;
}
public int getLevel() {
    return level;
}
public void setLevel(int level) {
    this.level = level;
```

```
    }
    public WorkCardEntity getWorkCardEntity() {
        return workCardEntity;
    }
    public void setWorkCardEntity(WorkCardEntity workCardEntity) {
        this.workCardEntity = workCardEntity;
    }
}
```

（2）创建一个取员工表数据的 mapping 接口 EmployeeMapper.java。

```
package com.chinasofti.chapter030401.mapper;

import com.chinasofti.chapter030401.entity.EmployeeEntity;

public interface EmployeeMapper {
    EmployeeEntity selectOneToOne(Integer id);
}
```

定义一个取数据的方法 selectOneToOne，参数是员工表 id，返回的是员工表实体类（员工表实体类里包含员工卡表实体类）。

（3）创建 mapping 映射配置文件，由于是两个表，因此分别创建两个映射文件。

① 员工卡表的映射文件：WorkCardMapper.xml。

```
<?xml version="1.0" encoding="UTF-8"?>
<!DOCTYPE mapper PUBLIC "-//mybatis.org//DTD Mapper 3.0//EN"
"http://mybatis.org/dtd/mybatis-3-mapper.dtd">
<mapper namespace="com.chinasofti.chapter030401.mapper.WorkCardMapper">
    <select id="selectWorkCardById" parameterType="int"
    resultType="com.chinasofti.chapter030401.entity.WorkCardEntity">
        SELECT * FROM workCard WHERE id=#{id}
    </select>
</mapper>
```

namespace 为员工卡表实体类的包路径，因为要根据员工卡 id 取出员工卡信息，所以使用 select 标签，定义方法 id 为 selectWorkCardById，传入的参数 parameterType 类型是整型 int，返回类型 resultType 是员工卡表的实体类。要通过员工卡表的 id 取出员工卡信息放入一个员工卡实体类中。

② 员工表的映射配置文件：EmployeeMapper.xml。

```
<?xml version="1.0" encoding="UTF-8"?>
<!DOCTYPE mapper PUBLIC "-//mybatis.org//DTD Mapper 3.0//EN"
"http://mybatis.org/dtd/mybatis-3-mapper.dtd">
<mapper namespace="com.chinasofti.chapter030401.mapper.EmployeeMapper">
    <select id="selectOneToOne" parameterType="int"
        resultMap="employeeMapper">
        SELECT * FROM employee WHERE id=#{id}
    </select>
```

```xml
        <resultMap type="com.chinasofti.chapter030401.entity.EmployeeEntity"
            id="employeeMapper">
            <id property="id" column="id" />
            <result property="loginName" column="loginName" />
            <result property="empPwd" column="empPwd" />
            <result property="empname" column="empname" />
            <result property="dept" column="dept" />
            <result property="pos" column="pos" />
            <result property="level" column="level" />
            <association
        property="workCardEntity" column="card_id"
        select="com.chinasofti.chapter030401.mapper.WorkCardMapper.selectWorkCardById"
        javaType="com.chinasofti.chapter030401.entity.WorkCardEntity" />
        </resultMap>
    </mapper>
```

select 标签的 id 需要对应 EmployeeMapper.java 接口中定义的方法名称，注意返回值是 resultMap 名称对应 resultMap 标签的 id，使用 resultMap 标签来配置一对一关系映射。

resultMap 属性的 type 属性定义为员工实体类。之后，使用 result 标签对表字段与实体类的属性进行对应（如果名称一样，则可以自动对应，不需要编写，这里为了让读者能更深刻地理解，采用手写的方式）。

最后使用 association 标签进行一对一映射关系配置，property 属性值是员工表实体类 EmployeeEntity 中的 workCardEntity 员工卡表实体类对象名称 workCardEntity，column 为员工表实体类的字段 card_id（外键），select 属性为员工卡表的映射文件 workCardMapper.xml 中 select 标签的 id，javaType 是取出的数据类型。

（4）编写测试类 Test。

```java
package com.chinasofti.chapter030401.test;

import java.io.IOException;
import java.util.ArrayList;
import java.util.List;

import org.apache.ibatis.io.Resources;
import org.apache.ibatis.session.ResultContext;
import org.apache.ibatis.session.ResultHandler;
import org.apache.ibatis.session.RowBounds;
import org.apache.ibatis.session.SqlSession;
import org.apache.ibatis.session.SqlSessionFactoryBuilder;

import com.chinasofti.chapter030401.entity.EmployeeEntity;
import com.chinasofti.chapter030401.entity.WorkCardEntity;
import com.chinasofti.chapter030401.mapper.EmployeeMapper;

public class Test {
    public static void main(String[] args) throws IOException {
        //读取 mybatis 配置文件，得到 SqlSession 对象实例 session
```

```
                SqlSession session = new SqlSessionFactoryBuilder()
.build(Resources.getResourceAsStream("mybatis-config.xml")).openSession();
                EmployeeMapper emMapper = session.getMapper(EmployeeMapper.class);
                EmployeeEntity employeeEntity = emMapper.selectOneToOne(42);
                WorkCardEntity workCardEntity = employeeEntity.getWorkCardEntity();
                System.out.println("EmployeeEntity_id = "+employeeEntity.getId());
        System.out.println("EmployeeEntity_loginName="+employeeEntity.getLoginname());
        System.out.println("EmployeeEntity_empPwd = "+employeeEntity.getEmpPwd());
        System.out.println("EmployeeEntity_empname="+employeeEntity.getEmpname());
            System.out.println("WorkCardEntity_id = "+workCardEntity.getId());
            System.out.println("WorkCardEntity_code = "+workCardEntity.getCode());
                session.commit();
                session.close();
        }
```

使用 mapper 接口代理来进行操作执行，取出 id 为 42 的员工及员工卡信息，如图 19-3 所示。

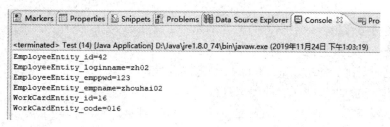

图 19-3　id 为 42 的员工及员工卡信息

实际数据库信息如下。
员工表如图 19-4 所示。

id	loginname	emppwd	empname	dept	pos	level	card_id
21	lucy01	01	wxh01	(Null)	(Null)	1	1
22	lucy02	02	wxh02	(Null)	(Null)	1	2
23	lucy03	03	wxh03	(Null)	(Null)	1	3
24	lucy04	04	wxh04	(Null)	(Null)	1	4
25	lucy05	05	wxh05	(Null)	(Null)	1	5
26	lucy06	06	wxh06	(Null)	(Null)	1	6
28	syq	123	songyongquan	(Null)	(Null)	1	7
29	syq01	123	songyongquan01	(Null)	(Null)	1	8
35	yq0	123	yangqiang0	(Null)	(Null)	1	9
36	yq1	123	yangqiang1	(Null)	(Null)	1	10
37	yq2	123	yangqiang2	(Null)	(Null)	1	11
38	yq3	123	yangqiang3	(Null)	(Null)	1	12
39	yq4	123	yangqiang4	(Null)	(Null)	1	13
40	zh	123	zhouhai	(Null)	(Null)	1	14
41	zh01	123	zhouhai01	(Null)	(Null)	1	15
42	zh02	123	zhouhai02	(Null)	(Null)	1	16

图 19-4　员工表

员工卡表如图 19-5 所示。

id	code
1	001
2	002
3	003
4	004
5	005
6	006
7	007
8	008
9	009
10	010
11	011
12	012
13	013
14	013
15	015
16	016

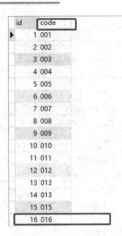

图 19-5　员工卡表

19.2 一对多关联

在现实生活中有很多一对多的例子。例如在班级和学生的关系中，一个班级可以有多个学生，班级是一端，学生是多端。

下面通过一个例子介绍在 MyBatis 中是怎样进行关联的，假设一个员工可以有多个客户，当查询员工的时候，可以把所有的客户进行关联查询。

（1）创建客户表、员工表（同上述一对一关联案例）。

客户表如图 19-6 所示。

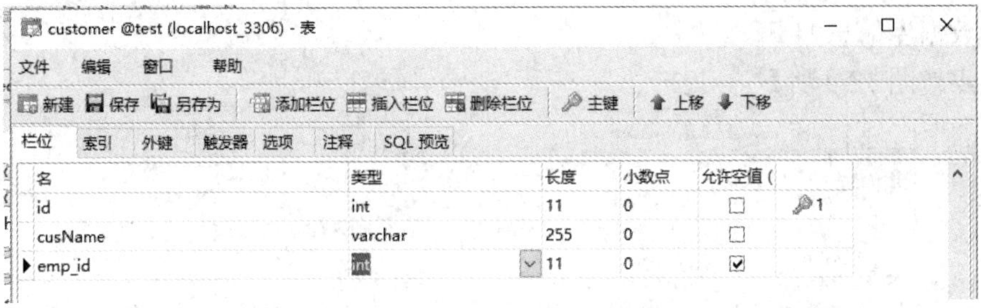

图 19-6　客户表

客户表有三个字段：① 客户 id；② 客户姓名；③ 所属的员工 id。

（2）创建实体类。

员工实体类为 EmployeeEntity，在员工实体类中有客户类对象 List 的属性。

```
package com.chinasofti.chapter030402.entity;

import java.util.List;

public class EmployeeEntity {
    private int id;
    private String loginName;
    private String empPwd;
```

```java
    private String empname;
    private String dept;
    private String pos;
    private int level;
    private List<CustomerEntity> customerEntitys;
    public int getId() {
        return id;
    }
    public void setId(int id) {
        this.id = id;
    }
    public String getLoginname() {
        return loginName;
    }
    public void setLoginname(String loginName) {
        this.loginName = loginName;
    }
    public String getEmpPwd() {
        return empPwd;
    }
    public void setEmpPwd(String empPwd) {
        this.empPwd = empPwd;
    }
    public String getEmpname() {
        return empname;
    }
    public void setEmpname(String empname) {
        this.empname = empname;
    }
    public String getDept() {
        return dept;
    }
    public void setDept(String dept) {
        this.dept = dept;
    }
    public String getPos() {
        return pos;
    }
    public void setPos(String pos) {
        this.pos = pos;
    }
    public int getLevel() {
        return level;
    }
    public void setLevel(int level) {
        this.level = level;
    }
```

```
    public List<CustomerEntity> getCustomerEntitys() {
        return customerEntitys;
    }
    public void setCustomerEntitys(List<CustomerEntity> customerEntitys) {
        this.customerEntitys = customerEntitys;
    }
}
```

客户实体类为 CustomerEntity，在客户实体类中定义员工实体类（一个客户只能由一个员工服务）。

```
package com.chinasofti.chapter030402.entity;

public class CustomerEntity {
    private int id;
    private String CusName;
    private EmployeeEntity employeeEntity;
    public int getId() {
        return id;
    }
    public void setId(int id) {
        this.id = id;
    }
    public String getCusName() {
        return CusName;
    }
    public void setCusName(String cusName) {
        CusName = cusName;
    }
    public EmployeeEntity getEmployeeEntity() {
        return employeeEntity;
    }
    public void setEmployeeEntity(EmployeeEntity employeeEntity) {
        this.employeeEntity = employeeEntity;
    }
}
```

（3）创建映射文件。

创建映射文件 CustomerMapper.xml。

```
<?xml version="1.0" encoding="UTF-8"?>
<!DOCTYPE mapper PUBLIC "-//mybatis.org//DTD Mapper 3.0//EN"
"http://mybatis.org/dtd/mybatis-3-mapper.dtd">
<mapper namespace="com.chinasofti.chapter030402.mapper.CustomerMapper">

    <select id="selectCustomerById" parameterType="int"
        resultMap="customerMap">
        SELECT * FROM employee a,customer b WHERE b.id=#{id} AND a.id=b.emp_id
```

```xml
        </select>

        <select id="selectCustomerByEmpId" parameterType="int"
            resultMap="customerMap">
            SELECT * FROM customer WHERE emp_id=#{id}
        </select>

        <!--一个客户只能让一个员工服务 -->
        <resultMap type="com.chinasofti.chapter030402.entity.CustomerEntity"
            id="customerMap">
            <id property="id" column="id" />
            <result property="cusName" column="cusName" />
            <association property="employeeEntity"
javaType="com.chinasofti.chapter030402.entity.EmployeeEntity">
                <id property="id" column="id" />
                <result property="loginName" column="loginName" />
                <result property="empPwd" column="empPwd" />
                <result property="empname" column="empname" />
                <result property="dept" column="dept" />
                <result property="pos" column="pos" />
                <result property="level" column="level" />
            </association>
        </resultMap>
</mapper>
```

一个客户只能对应一个员工，其实就是一对一的配置，只不过取客户信息的 SQL 是一个多表关联查询 selectCustomerById，另外需要增加一个查询方法 selectCustomerByEmpId，该方法可以根据员工的 id 取出所有对应的客户信息，selectCustomerByEmpId 需要在员工映射配置中使用。

创建 EmployeeMapper.xml 文件。

```xml
<?xml version="1.0" encoding="UTF-8"?>
<!DOCTYPE mapper PUBLIC "-//mybatis.org//DTD Mapper 3.0//EN"
"http://mybatis.org/dtd/mybatis-3-mapper.dtd">
<mapper namespace="com.chinasofti.chapter030402.mapper.EmployeeMapper">

    <select id="selectEmployeeById" parameterType="int"
        resultMap="employeeMap">
        SELECT * FROM employee WHERE id=#{id}
    </select>
    <resultMap type="com.chinasofti.chapter030402.entity.EmployeeEntity"
        id="employeeMap">
        <id property="id" column="id" />
        <result property="loginName" column="loginName" />
        <result property="empPwd" column="empPwd" />
        <result property="empname" column="empname" />
        <result property="dept" column="dept" />
```

```
                 <result property="pos" column="pos" />
                 <result property="level" column="level" />
                 <collection property="customerEntitys" column="id" ofType="com.chinasofti.chapter030402.
entity.CustomerEntity"
           select="com.chinasofti.chapter030402.mapper.CustomerMapper.selectCustomerByEmpId"
                 javaType="ArrayList">
                 <id property="id" column="id" />
                 <result property="cusName" column="cusName" />
             </collection>
         </resultMap>
     </mapper>
```

上述配置 resultMap 标签做一个一对多的关联，取出员工表的信息，再用信息中的 id 作为参数调用客户表中配置的 selectCustomerByEmpId 查出所有匹配此 id 的客户，放入员工实体类的 List 对象 customerEntitys 列表中。

（4）创建 mapper 接口。

在 CustomerMapper.java 中，selectCustomerById 对应 CustomerMapper.xml 配置文件中的 select 标签的 id。

```
package com.chinasofti.chapter030402.mapper;

import com.chinasofti.chapter030402.entity.CustomerEntity;

public interface CustomerMapper {
    CustomerEntity selectCustomerById(Integer id);
}
```

在 EmployeeMapper.java 中，selectEmployeeById 对应 EmployeeMapper.xml 配置文件中的 select 标签 id。

```
package com.chinasofti.chapter030402.mapper;

import com.chinasofti.chapter030402.entity.EmployeeEntity;

public interface EmployeeMapper {
    EmployeeEntity selectEmployeeById(Integer id);
}
```

（5）配置 mybatis-config.xml 文件，导入 EmployeeMapper.xml、CustomerMapper.xml 这两个映射文件。

```
<?xml version="1.0" encoding="UTF-8"?>
<!DOCTYPE configuration
    PUBLIC "-//mybatis.org//DTD Config 3.0//EN"
    "http://mybatis.org/dtd/mybatis-3-config.dtd">
<configuration>
    <environments default="mysql">
        <environment id="mysql">
```

```
            <!-- 事务处理类型为简单的 JDBC -->
            <transactionManager type="JDBC"/>
            <!-- JDBC 数据源配置为 POOLED 连接池 -->
            <dataSource type="POOLED">
                <!-- 配置连接信息 -->
                <property name="driver"
                        value="com.mysql.jdbc.Driver"/>
                <property name="url"
                        value="jdbc:mysql://127.0.0.1:3306/test"/>
                <property name="username" value="root"/>
                <property name="password" value="ctopwd#01"/>
            </dataSource>
        </environment>
    </environments>
    <!-- MyBatis 映射文件 -->
    <mappers>
        <mapper resource="com/chinasofti/chapter030402/mapper/EmployeeMapper.xml"/>
        <mapper resource="com/chinasofti/chapter030402/mapper/CustomerMapper.xml"/>
    </mappers>
</configuration>
```

（6）编写测试文件，调用 selectEmployeeById 查询员工信息及员工所对应的所有客户。

```
package com.chinasofti.chapter030402.test;

import java.io.IOException;
import java.util.List;

import org.apache.ibatis.io.Resources;
import org.apache.ibatis.session.SqlSession;
import org.apache.ibatis.session.SqlSessionFactoryBuilder;

import com.chinasofti.chapter030402.entity.CustomerEntity;
import com.chinasofti.chapter030402.entity.EmployeeEntity;
import com.chinasofti.chapter030402.mapper.EmployeeMapper;

public class Test {

    public static void main(String[] args) throws IOException {
        //读取 mybatis 配置文件，得到 SqlSession 对象实例 session
        SqlSession session = new SqlSessionFactoryBuilder()
.build(Resources.getResourceAsStream("mybatis-config.xml")).openSession();
        EmployeeMapper emMapper=session.getMapper(EmployeeMapper.class);
        EmployeeEntity employeeEntity=emMapper.selectEmployeeById(42);
        List<CustomerEntity> list=employeeEntity.getCustomerEntitys();
        System.out.println("员工信息:");
System.out.println("EmployeeEntity_id="+employeeEntity.getId());
System.out.println("EmployeeEntity_loginName="+employeeEntity.getLoginname());
```

```
System.out.println("EmployeeEntity_empPwd="+employeeEntity.getEmpPwd());
System.out.println("EmployeeEntity_empname="+employeeEntity.getEmpname());
    System.out.println("对应的客户信息:");
    for(CustomerEntity cus:list){
System.out.println("CustomerEntity_id="+cus.getId());
System.out.println("CustomerEntity_CusName="+cus.getCusName());
        System.out.println("");
    }
    session.commit();
    session.close();
}
}
```

查询 id 是 42 的员工信息及所有相关客户。id 是 42 的员工信息如图 19-7 所示。

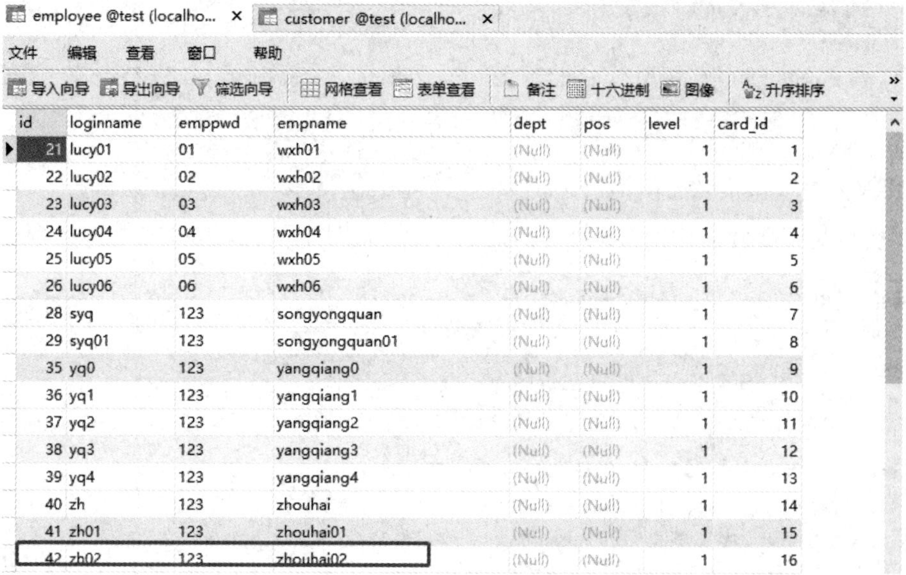

图 19-7　id 是 42 的员工信息

di 是 42 的员工的所有相关客户如图 19-8 所示。

图 19-8　id 是 42 的员工的所有相关客户

运行结果如图 19-9 所示。

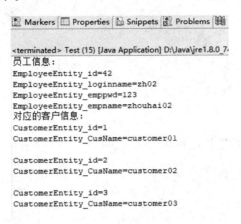

图 19-9 运行结果

19.3 多对多关联

在订单和商品的关系中，一个订单中可以有很多种商品，一个商品也可在很多订单中，这种关系即多对多关系。通常，在数据库表中由一个中间表来维持多对多的关系。以下介绍多对多实例实现过程。

在通过订单的 id 取出订单信息的同时，根据中间表取出对应的多个商品。在通过商品的 id 取出商品信息的同时，根据中间表取出对应的多个订单。

（1）创建订单表、商品表及中间表，并加入测试数据。

订单表 myOrder 如图 19-10 所示。

测试数据如图 19-11 所示。

栏位	索引	外键	触发器	选项	注释	SQL 预览			
名			类型		长度	小数点	允许空值 (		
▶ id			int		11	0	☐	🔑1	
code			varchar		255	0	☑		

图 19-10 订单表 myOrder

id	code
▶ 1	1234
2	6789

图 19-11 测试数据

商品表 commodity 如图 19-12 所示。

测试数据如图 19-13 所示。

名	类型	长度	小数点	允许空值 (	
▶ id	int	11	0	☐	🔑1
name	varchar	255	0	☑	

图 19-12 商品表 commodity

id	name
▶ 1	韭菜
2	茄子
3	香蕉
4	大葱

图 19-13 测试数据

中间表 middle 如图 19-14 所示。

测试数据如图 19-15 所示。

id	commodityId	orderId
1	1	1
2	2	1
3	3	1
4	4	2
5	1	2

名	类型	长度	小数点	允许空值（
id	int	11	0	☐ 　🔑1
▶ commodityId	int	11	0	☑
orderId	int	11	0	☑

图 19-14　中间表 middle　　　　　　　　图 19-15　测试数据

（2）创建实体类。

订单表实体类为 OrderEntity，commodityEntitys 为商品实体类的 List 对象。

```java
package com.chinasofti.chapter030403.entity;

import java.util.List;

public class OrderEntity {
    private int id;
    private String code;
    private List<CommodityEntity> commodityEntitys;
    public int getId() {
        return id;
    }
    public void setId(int id) {
        this.id = id;
    }
    public String getCode() {
        return code;
    }
    public void setCode(String code) {
        this.code = code;
    }
    public List<CommodityEntity> getCommodityEntitys() {
        return commodityEntitys;
    }
    public void setCommodityEntitys(List<CommodityEntity> commodityEntitys) {
        this.commodityEntitys = commodityEntitys;
    }
}
```

商品表实体类为 CommodityEntity，orderEntitys 为订单实体类的 List 对象。

```java
package com.chinasofti.chapter030403.entity;
import java.util.List;
public class CommodityEntity {
    private int id;
    private String name;
    private List<OrderEntity> orderEntitys;
    public int getId() {
        return id;
    }
}
```

```java
        public void setId(int id) {
            this.id = id;
        }
        public String getName() {
            return name;
        }
        public void setName(String name) {
            this.name = name;
        }
        public List<OrderEntity> getOrderEntitys() {
            return orderEntitys;
        }
        public void setOrderEntitys(List<OrderEntity> orderEntitys) {
            this.orderEntitys = orderEntitys;
        }
}
```

（3）配置 mapper 映射文件。

创建订单表映射文件 OrderMapper.xml。

```xml
<?xml version="1.0" encoding="UTF-8"?>
<!DOCTYPE mapper PUBLIC "-//mybatis.org//DTD Mapper 3.0//EN"
"http://mybatis.org/dtd/mybatis-3-mapper.dtd">
<mapper namespace="com.chinasofti.chapter030403.mapper.OrderMapper">

    <select id="selectOrderById" parameterType="int"
        resultMap="orderMap">
        SELECT * FROM myOrder WHERE id=#{id}
    </select>

    <resultMap type="com.chinasofti.chapter030403.entity.OrderEntity"
        id="orderMap">
        <id property="id" column="id" />
        <result property="code" column="code" />

        <collection property="commodityEntitys" column="id" ofType="com.chinasofti.chapter030403.
Entity.CommodityEntity"
        select="com.chinasofti.chapter030403.mapper.CommodityMapper.selectCommodityByOrderId"
            javaType="ArrayList">
            <id property="id" column="id" />
            <result property="name" column="name" />
        </collection>
    </resultMap>


    <select id="selectOrderByCommodityId"
    parameterType="int"
    resultType="com.chinasofti.chapter030403.entity.OrderEntity">
```

```
        SELECT * FROM myOrder   WHERE id IN(SELECT orderId FROM middle WHERE
commodityId=#{id})
        </select>
    </mapper>
```

编写 select 查询语句"selectOrderByCommodityId"，根据商品 id，从中间表取订单表 id。

其他按一对多配置，collection 标签的 select 值对应商品映射文件 commodity.xml 中 select 标签 id 为"selectCommo dityByOrderId"的模块。

商品映射文件为 commodity.xml，与订单映射文件基本一致，只不过对两个表配置进行了互换。

```
<?xml version="1.0" encoding="UTF-8"?>
<!DOCTYPE mapper PUBLIC "-//mybatis.org//DTD Mapper 3.0//EN"
"http://mybatis.org/dtd/mybatis-3-mapper.dtd">
<mapper namespace="com.chinasofti.chapter030403.mapper.CommodityMapper">

    <select id="selectCommodityByOrderId"
    parameterType="int"
    resultType="com.chinasofti.chapter030403.entity.CommodityEntity">
        SELECT * FROM commodity   WHERE id IN(SELECT commodityId FROM middle WHERE
orderId=#{id})
    </select>
    <select id="selectCommodityById" parameterType="int"
        resultMap="commodityMap">
        SELECT * FROM commodity WHERE id=#{id}
    </select>
    <resultMap type="com.chinasofti.chapter030403.entity.CommodityEntity"
        id="commodityMap">
        <id property="id" column="id" />
        <result property="name" column="name" />
        <collection property="orderEntitys" column="id" ofType="com.chinasofti.chapter030403.
Entity.OrderEntity"
        select="com.chinasofti.chapter030403.mapper.OrderMapper.selectOrderByCommodityId"
javaType="ArrayList">
            <id property="id" column="id" />
            <result property="code" column="code" />
        </collection>
    </resultMap>
</mapper>
```

（4）创建 mapper 接口对象。

创建订单的 mapper 接口 OrderMapper.java。

```
package com.chinasofti.chapter030403.mapper;

import com.chinasofti.chapter030403.entity.OrderEntity;

public interface OrderMapper {
```

```
    OrderEntity selectOrderById(Integer id);

    OrderEntity selectOrderByCommodityId(int id);
}
```

创建商品的 mapper 接口 CommodityMapper.java。

```
package com.chinasofti.chapter030403.mapper;

import com.chinasofti.chapter030403.entity.CommodityEntity;

public interface CommodityMapper {
    CommodityEntity selectCommodityByOrderId(int id);

    CommodityEntity selectCommodityById(Integer id);
}
```

（5）创建 mybatis-config.xml 把 mapper 配置文件导入。

```
<?xml version="1.0" encoding="UTF-8"?>
<!DOCTYPE configuration
    PUBLIC "-//mybatis.org//DTD Config 3.0//EN"
    "http://mybatis.org/dtd/mybatis-3-config.dtd">
<configuration>
    <environments default="mysql">
        <environment id="mysql">
            <!-- 事务处理类型为简单的 JDBC -->
            <transactionManager type="JDBC"/>
            <!-- JDBC 数据源配置为 POOLED 连接池 -->
            <dataSource type="POOLED">
              <!-- 配置连接信息 -->
              <property name="driver"
                    value="com.mysql.jdbc.Driver"/>
              <property name="url"
                    value="jdbc:mysql://127.0.0.1:3306/test"/>
              <property name="username" value="root"/>
              <property name="password" value="ctopwd#01"/>
            </dataSource>
        </environment>
    </environments>
    <!-- MyBatis 映射文件 -->
    <mappers>
        <mapper resource="com/chinasofti/chapter030403/mapper/CommodityMapper.xml"/>
        <mapper resource="com/chinasofti/chapter030403/mapper/OrderMapper.xml"/>
    </mappers>
</configuration>
```

（6）创建测试文件。

```
package com.chinasofti.chapter030403.test;
```

```java
import java.io.IOException;
import java.util.List;

import org.apache.ibatis.io.Resources;
import org.apache.ibatis.session.SqlSession;
import org.apache.ibatis.session.SqlSessionFactoryBuilder;

import com.chinasofti.chapter030403.entity.CommodityEntity;
import com.chinasofti.chapter030403.entity.OrderEntity;
import com.chinasofti.chapter030403.mapper.CommodityMapper;
import com.chinasofti.chapter030403.mapper.OrderMapper;

public class Test {

    public static void main(String[] args) throws IOException {
        //读取 mybatis 配置文件，得到 SqlSession 对象实例 session
        SqlSession session = new SqlSessionFactoryBuilder()
.build(Resources.getResourceAsStream("mybatis-config.xml")).openSession();

        OrderMapper orderMapper=session.getMapper(OrderMapper.class);
        OrderEntity orderEntity=orderMapper.selectOrderById(2);
        List<CommodityEntity> commoditylist=orderEntity.getCommodityEntitys();
        System.out.println("取出订单 id 是 2 的订单信息：");
System.out.println("orderEntity_id="+orderEntity.getId());
System.out.println("orderEntity_code="+orderEntity.getCode());
        for(int i=0;i<commoditylist.size();i++){
            CommodityEntity com=commoditylist.get(i);
            System.out.println("订单信息对应的第"+(i+1)+"件商品：");
System.out.println("CommodityEntity_id="+com.getId());
System.out.println("CommodityEntity_name="+com.getName());
        }
        System.out.println("");
        CommodityMapper commodityMapper=session.getMapper(CommodityMapper.class);
        CommodityEntity commodityEntity=commodityMapper.selectCommodityById(1);
        List<OrderEntity> orderlist=commodityEntity.getOrderEntitys();
        System.out.println("取出商品 id 是 1 的商品信息：");
System.out.println("commodityEntity_id="+commodityEntity.getId());
System.out.println("commodityEntity_name="+commodityEntity.getName());
        for(int i=0;i<orderlist.size();i++){
            OrderEntity order=orderlist.get(i);
            System.out.println("商品信息对应的第"+(i+1)+"个订单：");
System.out.println("OrderEntity_id="+order.getId());
System.out.println("OrderEntity_code="+order.getCode());
        }
        session.commit();
        session.close();
```

```
    }
}
```

运行结果如图 19-16 所示。

```
Markers  Properties  Snippets

<terminated> Test (16) [Java Application]
取出订单id是2的订单信息：
orderEntity_id=2
orderEntity_code=6789
订单信息对应的第1件商品：
CommodityEntity_id=4
CommodityEntity_name=大葱
订单信息对应的第2件商品：
CommodityEntity_id=1
CommodityEntity_name=韭菜

取出商品id是1的商品信息：
commodityEntity_id=1
commodityEntity_name=韭菜
商品信息对应的第1个订单：
OrderEntity_id=1
OrderEntity_code=1234
商品信息对应的第2个订单：
OrderEntity_id=2
OrderEntity_code=6789
```

图 19-16　运行结果

第 20 章

MyBatis 中的动态 SQL

有些业务场景需要通过 SQL 语句的拼装来实现。在 MyBatis 中提供了一系列的标签，这些标签为进行 SQL 语句的拼装提供了便利。下面介绍常用的标签。

20.1 if

查询 Employee 表，如果参数 id 是 "-1" 则查询所有的数据，否则就按 id 号进行查询。

步骤一：创建实体类（同上述实例）。

步骤二：创建 mapper 映射文件 EmployeeMapper.xml。

```xml
<?xml version="1.0" encoding="UTF-8"?>
<!DOCTYPE mapper PUBLIC "-//mybatis.org//DTD Mapper 3.0//EN"
"http://mybatis.org/dtd/mybatis-3-mapper.dtd">
<mapper namespace="com.chinasofti.chapter030501.mapper.EmployeeMapper">
    <select id="getInfo" parameterType="com.chinasofti.chapter030501.entity.EmployeeEntity"
resultType="com.chinasofti.chapter030501.entity.EmployeeEntity">
        select * FROM employee
        <if test="id!=-1">
            WHERE id=#{id}
        </if>
    </select>
</mapper>
```

在以上配置中，id 为 getInfo 的 select，参数用的是实体类，返回的也是实体类，SQL 语句的#{}占位符花括号中的字段要与实体类一致，这里是 id。然后进行判断，如果 id 不等于-1，则串联 SQL 条件语句 "WHERE id=#{id}"。

步骤三：创建映射接口 EmployeeMapper.java。

```java
package com.chinasofti.chapter030501.mapper;

import java.util.List;
```

```
import com.chinasofti.chapter030501.entity.EmployeeEntity;

public interface EmployeeMapper {
    List<EmployeeEntity> getInfo(EmployeeEntity emp);
}
```

方法名要与配置文件中的 id 一致，参数类型和返回值也要一致，这里返回的实体类封装成 List。

步骤四：把 mapper 映射文件加入 mybatis-config.xml 配置文件中。

```xml
<?xml version="1.0" encoding="UTF-8"?>
<!DOCTYPE configuration
  PUBLIC "-//mybatis.org//DTD Config 3.0//EN"
  "http://mybatis.org/dtd/mybatis-3-config.dtd">
<configuration>

  <environments default="mysql">
    <environment id="mysql">
      <!-- 事务处理类型为简单的 JDBC -->
      <transactionManager type="JDBC"/>
      <!-- JDBC 数据源配置为 POOLED 连接池 -->
      <dataSource type="POOLED">
        <!-- 配置连接信息 -->
        <property name="driver"
                value="com.mysql.jdbc.Driver"/>
        <property name="url"
                value="jdbc:mysql://127.0.0.1:3306/test"/>
        <property name="username" value="root"/>
        <property name="password" value="ctopwd#01"/>
      </dataSource>
    </environment>
  </environments>
  <!-- MyBatis 映射文件 -->
  <mappers>
    <mapper resource="com/chinasofti/chapter030501/mapper/EmployeeMapper.xml"/>
  </mappers>
</configuration>
```

步骤五：创建测试类。

```java
package com.chinasofti.chapter030501.test;

import java.io.IOException;
import java.util.List;

import org.apache.ibatis.io.Resources;
import org.apache.ibatis.session.SqlSession;
import org.apache.ibatis.session.SqlSessionFactoryBuilder;
```

```
import com.chinasofti.chapter030501.entity.EmployeeEntity;
import com.chinasofti.chapter030501.mapper.EmployeeMapper;

public class Test {

    public static void main(String[] args) throws IOException {
        SqlSession session = new SqlSessionFactoryBuilder()
.build(Resources.getResourceAsStream("mybatis-config.xml")).openSession();
        EmployeeEntity empParameter=new EmployeeEntity();
        empParameter.setId(42);
        //empParameter.setId(-1);
        EmployeeMapper emMapper=session.getMapper(EmployeeMapper.class);

        List<EmployeeEntity> empList=emMapper.getInfo(empParameter);
        session.commit();
        session.close();
        for(EmployeeEntity emp:empList){
            System.out.println("id="+emp.getId());
    System.out.println("longname="+emp.getLoginname());
            System.out.println("empPwd="+emp.getEmpPwd());
            System.out.println("empname="+emp.getEmpname());
            System.out.println("");
        }
    }
}
```

当给出实体类参数属性 id 是 42 时，结果如图 20-1 所示。

当给出实体类参数属性 id 是-1 时，结果如图 20-2 所示。

图 20-1　id 是 42 时的结果

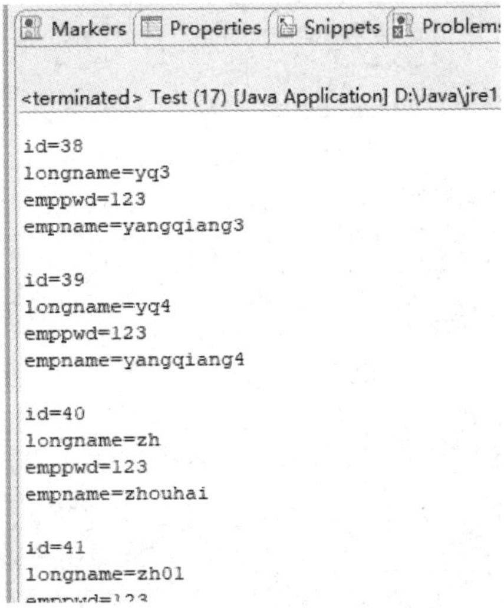

图 20-2　id 是-1 时的结果

20.2 choose（when、otherwise）

查询 Employee 表，如果 id 不等于-1 则按 id 选择；如果 level 不等于-1 则按 level 查找，否则按 empPwd 查找。

具体步骤与 if 标签实现类似，区别于映射文件 EmployeeMapper.xml 的写法。

```xml
<?xml version="1.0" encoding="UTF-8"?>
<!DOCTYPE mapper PUBLIC "-//mybatis.org//DTD Mapper 3.0//EN"
"http://mybatis.org/dtd/mybatis-3-mapper.dtd">
<mapper namespace="com.chinasofti.chapter030501.mapper.EmployeeMapper">
    <select id="getInfo" parameterType="com.chinasofti.chapter030501.entity.EmployeeEntity"
resultType="com.chinasofti.chapter030501.entity.EmployeeEntity">
        select * FROM employee WHERE
        <choose>
            <when test="id!=-1">
                id=#{id}
            </when>
            <when test="level!=-1">
                level=#{level}
            </when>
            <otherwise>
                empPwd='1234'
            </otherwise>
        </choose>
    </select>
</mapper>
```

如果 id!=-1 则按 id 查询，如果 level!=-1 则按 level 查询，否则按 empPwd='1234'查询。
测试类与 if 实现也类似，首先把参数实体类的 id 设为 42，数据库数据如图 20-3 所示。

id	loginname	emppwd	empname	dept	pos	level	card_id
21	lucy01	01	wxh01	(Null)	(Null)	2	1
22	lucy02	02	wxh02	(Null)	(Null)	2	2
23	lucy03	03	wxh03	(Null)	(Null)	1	(Null)
24	lucy04	04	wxh04	(Null)	(Null)	1	4
25	lucy05	05	wxh05	(Null)	(Null)	1	5
26	lucy06	06	wxh06	(Null)	(Null)	1	6
28	syq	123	songyongquan	(Null)	(Null)	1	7
29	syq01	123	songyongquan01	(Null)	(Null)	1	8
35	yq0	123	yangqiang0	(Null)	(Null)	1	9
36	yq1	123	yangqiang1	(Null)	(Null)	1	10
37	yq2	123	yangqiang2	(Null)	(Null)	1	11
38	yq3	123	yangqiang3	(Null)	(Null)	1	12
39	yq4	123	yangqiang4	(Null)	(Null)	1	13
40	zh	123	zhouhai	(Null)	(Null)	1	14
41	zh01	1234	zhouhai01	(Null)	(Null)	1	15
42	zh02	1234	zhouhai02	(Null)	(Null)	1	16

图 20-3 数据库数据

运行结果如图 20-4 所示。

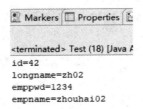

图 20-4　运行结果

把 id 赋值成-1，level 赋值成 2。数据库数据如图 20-5 所示。

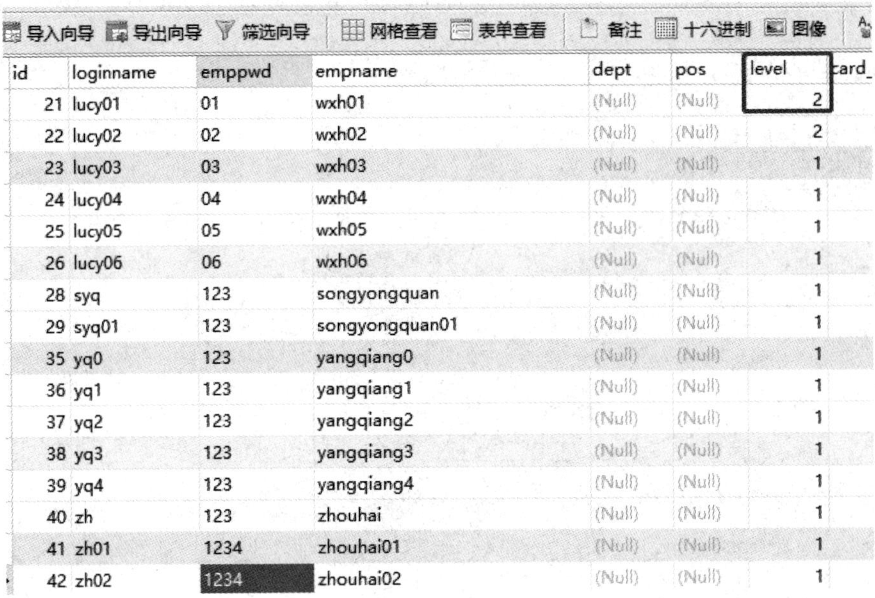

id	loginname	emppwd	empname	dept	pos	level	card_
21	lucy01	01	wxh01	(Null)	(Null)	2	
22	lucy02	02	wxh02	(Null)	(Null)	2	
23	lucy03	03	wxh03	(Null)	(Null)	1	
24	lucy04	04	wxh04	(Null)	(Null)	1	
25	lucy05	05	wxh05	(Null)	(Null)	1	
26	lucy06	06	wxh06	(Null)	(Null)	1	
28	syq	123	songyongquan	(Null)	(Null)	1	
29	syq01	123	songyongquan01	(Null)	(Null)	1	
35	yq0	123	yangqiang0	(Null)	(Null)	1	
36	yq1	123	yangqiang1	(Null)	(Null)	1	
37	yq2	123	yangqiang2	(Null)	(Null)	1	
38	yq3	123	yangqiang3	(Null)	(Null)	1	
39	yq4	123	yangqiang4	(Null)	(Null)	1	
40	zh	123	zhouhai	(Null)	(Null)	1	
41	zh01	1234	zhouhai01	(Null)	(Null)	1	
42	zh02	1234	zhouhai02	(Null)	(Null)	1	

图 20-5　数据库数据

运行结果如图 20-6 所示。

图 20-6　运行结果

把 id 和 level 都赋值成-1，查询 empPwd 是 1234 的数据。数据库数据如图 20-7 所示。

id	loginname	emppwd	empname	dept	pos	level	card_id
21	lucy01	01	wxh01	(Null)	(Null)	2	1
22	lucy02	02	wxh02	(Null)	(Null)	2	2
23	lucy03	03	wxh03	(Null)	(Null)	1	(Null)
24	lucy04	04	wxh04	(Null)	(Null)	1	4
25	lucy05	05	wxh05	(Null)	(Null)	1	5
26	lucy06	06	wxh06	(Null)	(Null)	1	6
28	syq	123	songyongquan	(Null)	(Null)	1	7
29	syq01	123	songyongquan01	(Null)	(Null)	1	8
35	yq0	123	yangqiang0	(Null)	(Null)	1	9
36	yq1	123	yangqiang1	(Null)	(Null)	1	10
37	yq2	123	yangqiang2	(Null)	(Null)	1	11
38	yq3	123	yangqiang3	(Null)	(Null)	1	12
39	yq4	123	yangqiang4	(Null)	(Null)	1	13
40	zh	123	zhouhai	(Null)	(Null)	1	14
41	zh01	1234	zhouhai01	(Null)	(Null)	1	15
42	zh02	1234	zhouhai02	(Null)	(Null)	1	16

图 20-7　数据库数据

运行结果如图 20-8 所示。

图 20-8　运行结果

20.3　where

<where>标签可实现 SQL 语句中的动态 WHERE 子句。

```
<select id="getInfo"
parameterType="com.chinasofti.chapter030501.entity.EmployeeEntity"
resultType="com.chinasofti.chapter030501.entity.EmployeeEntity">
        select * FROM employee WHERE
        <if test="id!=-1">
                id=#{id}
        </if>
</select>
```

当 id=-1 时，执行 SQL 语句就会多一个 WHERE，可以使用<where >来解决。

修改<if>的实例中的 mapper 映射文件，运行结果与<if>实例一致。

```
<?xml version="1.0" encoding="UTF-8"?>
```

```
<!DOCTYPE mapper PUBLIC "-//mybatis.org//DTD Mapper 3.0//EN"
"http://mybatis.org/dtd/mybatis-3-mapper.dtd">
<mapper namespace="com.chinasofti.chapter030503.mapper.EmployeeMapper">
    <select id="getInfo"
parameterType="com.chinasofti.chapter030503.entity.EmployeeEntity"
resultType="com.chinasofti.chapter030503.entity.EmployeeEntity">
        select * FROM employee
        <where>
            <if test="id!=-1">
                    id=#{id}
            </if>
        </where>
    </select>
</mapper>
```

20.4　set

<set>可以代替 SQL 语句中的 SET 关键字，一般与<if>搭配动态地进行数据更新，如需要更新 Employee 表中的 loginName、empPwd、empname 三个字段，哪个字段有值就更新哪个字段，否则就不更新。

步骤一：创建实体类（同上述实例）。

步骤二：配置 mapper 映射文件。

```
<?xml version="1.0" encoding="UTF-8"?>
<!DOCTYPE mapper PUBLIC "-//mybatis.org//DTD Mapper 3.0//EN"
"http://mybatis.org/dtd/mybatis-3-mapper.dtd">
<mapper namespace="com.chinasofti.chapter030504.mapper.EmployeeMapper">
    <update id="updateEmp"
parameterType="com.chinasofti.chapter030504.entity.EmployeeEntity">
        update employee
        <set>
            <if test="loginName!=null">loginName=#{loginName},</if>
            <if test="empPwd!=null">empPwd=#{empPwd},</if>
            <if test="empname!=null">empname=#{empname} </if>
        </set>
        where id=42
    </update>
</mapper>
```

update 标签的 id 是 updateEmp，参数是实体类，set 关键字由<set>代替，三个字段如果不为 null 则更新，条件是更新 id 为 42 的数据。

步骤三：定义接口，方法名称与配置文件的 id 一致，参数类型与配置文件参数类型一致。

```
package com.chinasofti.chapter030504.mapper;
```

```
import com.chinasofti.chapter030504.entity.EmployeeEntity;

public interface EmployeeMapper {
    void updateEmp(EmployeeEntity emp);
}
```

步骤四：配置 mybatis-config.xml（同上述实例）。

步骤五：编写测试类。

```
package com.chinasofti.chapter030504.test;

import java.io.IOException;

import org.apache.ibatis.io.Resources;
import org.apache.ibatis.session.SqlSession;
import org.apache.ibatis.session.SqlSessionFactoryBuilder;

import com.chinasofti.chapter030504.entity.EmployeeEntity;
import com.chinasofti.chapter030504.mapper.EmployeeMapper;

public class Test {

    public static void main(String[] args) throws IOException {
        SqlSession session = new SqlSessionFactoryBuilder()
.build(Resources.getResourceAsStream("mybatis-config.xml")).openSession();

        EmployeeEntity empParameter=new EmployeeEntity();
        empParameter.setLoginname("000");
        empParameter.setEmpPwd("111");
        empParameter.setEmpname("222");
        EmployeeMapper emMapper=session.getMapper(EmployeeMapper.class);

        emMapper.updateEmp(empParameter);
        session.commit();
        session.close();
    }
}
```

运行结果如图 20-9 所示。

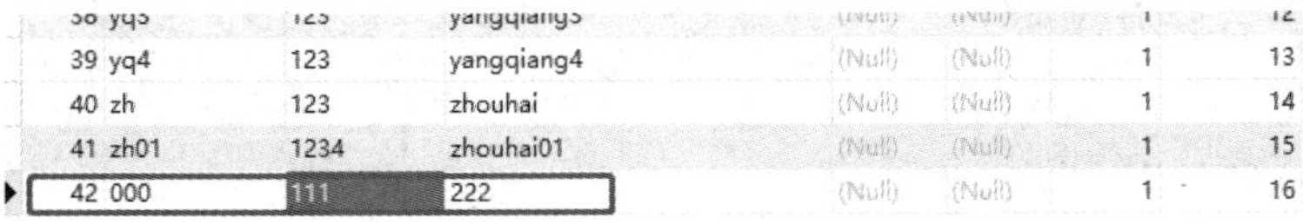

38 yq3	123	yangqiang3	(Null)	(Null)	1	12
39 yq4	123	yangqiang4	(Null)	(Null)	1	13
40 zh	123	zhouhai	(Null)	(Null)	1	14
41 zh01	1234	zhouhai01	(Null)	(Null)	1	15
▶ 42 000	111	222	(Null)	(Null)	1	16

图 20-9　运行结果

20.5 foreach

foreach 用来遍历集合，如 SQL 语句"SELECT * FROM employee WHERE id IN (21,22)"在 MyBatis 中执行，IN 关键字后面的语句如果作为参数传入，则它可以是一个集合，可以使用 foreach 进行遍历，依然用 Employee 表作为案例。

步骤一：创建实体类（略）。

步骤二：创建 mapper 映射文件 EmployeeMapper.xml。

```xml
<?xml version="1.0" encoding="UTF-8"?>
<!DOCTYPE mapper PUBLIC "-//mybatis.org//DTD Mapper 3.0//EN"
"http://mybatis.org/dtd/mybatis-3-mapper.dtd">
<mapper namespace="com.chinasofti.chapter030505.mapper.EmployeeMapper">
    <select id="getInfo"
resultType="com.chinasofti.chapter030505.entity.EmployeeEntity">
        SELECT * FROM employee WHERE id IN
        <foreach collection="list" item="id" index="index" open="(" close=")" separator=",">
            #{id}
        </foreach>
    </select>
</mapper>
```

foreach 属性 collection 表示传入的参数的数据类型；item 属性代表集合中的对象，item 属性值是什么，#{ }花括号里就写什么；index 代表元素的序号（如果是 map 则代表 key）；open 代表开始的语句是什么，这里是"（"；close 代表结束的语句是什么，这里是"）"；separator 代表分隔符，这里是","。

步骤三：创建映射接口，参数是存放 Integer 的 List，方法名是映射配置文件的 id，返回存放实体类的 List。

```java
package com.chinasofti.chapter030505.mapper;

import java.util.List;
import com.chinasofti.chapter030505.entity.EmployeeEntity;

public interface EmployeeMapper {
    List<EmployeeEntity> getInfo(List<Integer> list);
}
```

步骤四：配置 mybatis-config.xml（略）。

步骤五：编写测试类。

```java
package com.chinasofti.chapter030505.test;

import java.io.IOException;
import java.util.ArrayList;
import java.util.List;
```

```
import org.apache.ibatis.io.Resources;
import org.apache.ibatis.session.SqlSession;
import org.apache.ibatis.session.SqlSessionFactoryBuilder;

import com.chinasofti.chapter030505.entity.EmployeeEntity;
import com.chinasofti.chapter030505.mapper.EmployeeMapper;

public class Test {

    public static void main(String[] args) throws IOException {
        SqlSession session = new SqlSessionFactoryBuilder()
.build(Resources.getResourceAsStream("mybatis-config.xml")).openSession();
        List<Integer> list=new ArrayList<Integer>();
        list.add(21);
        list.add(22);
        EmployeeMapper emMapper=session.getMapper(EmployeeMapper.class);

        List<EmployeeEntity> empList=emMapper.getInfo(list);
        session.commit();
        session.close();
        for(EmployeeEntity emp:empList){
            System.out.println("id="+emp.getId());
            System.out.println("longname="+emp.getLoginname());
            System.out.println("empPwd="+emp.getEmpPwd());
            System.out.println("empname="+emp.getEmpname());
            System.out.println("");
        }
    }
}
```

List 是参数，放入 21、22 两个数，代表要获取 id 是 21、22 的数据，数据库数据如图 20-10 所示。

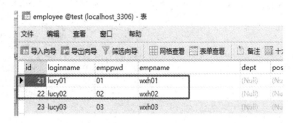

图 20-10　数据库数据

运行结果如图 20-11 所示。

图 20-11　运行结果

20.6　bind

用\<bind\>可以将一个 OGNL 表达式创建成一个变量。

下面对 Employee 表中的 loginName 进行模糊查询。

步骤一：创建实体类（略）。

步骤二：创建映射文件 EmployeeMapper.xml，通过\<bind\> 把传过来的实体类中的 loginName 值串联成'%×××%'形式，并起名为 search，在 SQL 语句中用#{search}进行带入。

```xml
<?xml version="1.0" encoding="UTF-8"?>
<!DOCTYPE mapper PUBLIC "-//mybatis.org//DTD Mapper 3.0//EN"
"http://mybatis.org/dtd/mybatis-3-mapper.dtd">
<mapper namespace="com.chinasofti.chapter030506.mapper.EmployeeMapper">
    <select id="getInfo" resultType="com.chinasofti.chapter030506.entity.EmployeeEntity">
        <bind name="search" value="'%'+loginName+'%'"/>
        SELECT * FROM employee WHERE loginName LIKE #{search}
    </select>
</mapper>
```

步骤三：创建映射文件接口。

```java
package com.chinasofti.chapter030506.mapper;

import java.util.List;

import com.chinasofti.chapter030506.entity.EmployeeEntity;

public interface EmployeeMapper {
    List<EmployeeEntity> getInfo(EmployeeEntity emp);
}
```

步骤四：配置 mybatis-config.xml 文件（略）。

步骤五：编写测试类。

```java
package com.chinasofti.chapter030506.test;
```

```
import java.io.IOException;
import java.util.List;

import org.apache.ibatis.io.Resources;
import org.apache.ibatis.session.SqlSession;
import org.apache.ibatis.session.SqlSessionFactoryBuilder;

import com.chinasofti.chapter030506.entity.EmployeeEntity;
import com.chinasofti.chapter030506.mapper.EmployeeMapper;

public class Test {

    public static void main(String[] args) throws IOException {
        SqlSession session = new SqlSessionFactoryBuilder()
.build(Resources.getResourceAsStream("mybatis-config.xml")).openSession();
        EmployeeEntity empEnt=new EmployeeEntity();
        empEnt.setLoginname("zh");
        EmployeeMapper emMapper=session.getMapper(EmployeeMapper.class);
        List<EmployeeEntity> empList=emMapper.getInfo(empEnt);
        session.commit();
        session.close();
        for(EmployeeEntity emp:empList){
            System.out.println("id="+emp.getId());
            System.out.println("longname="+emp.getLoginname());
            System.out.println("empPwd="+emp.getEmpPwd());
            System.out.println("empname="+emp.getEmpname());
            System.out.println("");
        }
    }
}
```

将 loginName 包含 "zh" 的所有数据取出，数据库数据如图 20-12 所示。
运行结果如图 20-13 所示。

id	loginname	emppwd	empname	dept	pos	level	card_id
21	lucy01	01	wxh01	(Null)	(Null)	2	
22	lucy02	02	wxh02	(Null)	(Null)	2	
23	lucy03	03	wxh03	(Null)	(Null)	1	(Nul
24	lucy04	04	wxh04	(Null)	(Null)	1	
25	lucy05	05	wxh05	(Null)	(Null)	1	
26	lucy06	06	wxh06	(Null)	(Null)	1	
28	syq	123	songyongquan	(Null)	(Null)	1	
29	syq01	123	songyongquan01	(Null)	(Null)	1	
35	yq0	123	yangqiang0	(Null)	(Null)	1	
36	yq1	123	yangqiang1	(Null)	(Null)	1	1
37	yq2	123	yangqiang2	(Null)	(Null)	1	1
38	yq3	123	yangqiang3	(Null)	(Null)	1	1
39	yq4	123	yangqiang4	(Null)	(Null)	1	1
40	zh	123	zhouhai	(Null)	(Null)	1	1
41	zh01	1234	zhouhai01	(Null)	(Null)	1	1
42	000	111	222	(Null)	(Null)	1	1

图 20-12　数据库数据

```
Markers  Properti

<terminated> Test (23) [J
id=40
longname=zh
emppwd=123
empname=zhouhai

id=41
longname=zh01
emppwd=1234
empname=zhouhai01
```

图 20-13　运行结果

第 **21** 章

MyBatis 中的注解

在之前的章节中，对数据库的增删改查等操作都是使用 XML 配置文件对 SQL 语句进行管理或者映射的，也可以通过注解方式便捷地实现相关功能。

21.1 增删改查基本操作

下面通过一个例子分别使用增删改查的注解方式对一直使用的 Employee 表进行操作。

（1）插入注解@Insert。

步骤一：创建实体类（略）。

步骤二：创建接口，使用注解，不需要配置文件。

```
import org.apache.ibatis.annotations.Insert;

import com.chinasofti.chapter030601.entity.EmployeeEntity;

public interface EmployeeMapper {
    @Insert("INSERT INTO employee(loginName,empPwd,empname) VALUES(#{loginName},
#{empPwd},#{empname})")
    int insertEmp(EmployeeEntity emp);
}
```

可以使用注解@Insert（就是把配置文件的<insert>标签换成注解），还可以使用@Options 注解来添加一些附加值。如@Options(userGeneratedKeys=true, keyProperty="id")，第一个参数表示主键自动增长，第二个参数表示把主键 id 设置到实体类中。

步骤三：完善 mybatis-config.xml 配置文件（略），由于没有 mapper 的配置文件，因此无须进行 mapper 的配置，其他配置不变。

步骤四：创建测试类。

```
package com.chinasofti.chapter030601.test;

import java.io.IOException;
```

```
import org.apache.ibatis.io.Resources;
import org.apache.ibatis.session.SqlSession;
import org.apache.ibatis.session.SqlSessionFactoryBuilder;

import com.chinasofti.chapter030601.entity.EmployeeEntity;
import com.chinasofti.chapter030601.mapper.EmployeeMapper;

public class Test {

    public static void main(String[] args) throws IOException {
        SqlSession session = new SqlSessionFactoryBuilder()
.build(Resources.getResourceAsStream("mybatis-config.xml")).openSession();
        EmployeeEntity empEnt=new EmployeeEntity();
        empEnt.setLoginname("zh02");
        empEnt.setEmpname("zhouhai02");
        empEnt.setEmpPwd("123");
        session.getConfiguration().addMapper(EmployeeMapper.class);
        EmployeeMapper emMapper=session.getMapper(EmployeeMapper.class);
        int row=emMapper.insertEmp(empEnt);
        System.out.println("row="+row);
        session.commit();
        session.close();
    }
}
```

运行结果如图 21-1 所示，框中部分表示新增成功的数据。

37	yq2	123	yangqiang2	(Null)	(Null)	1	11
38	yq3	123	yangqiang3	(Null)	(Null)	1	12
39	yq4	123	yangqiang4	(Null)	(Null)	1	13
40	zh	123	zhouhai	(Null)	(Null)	1	14
41	zh01	1234	zhouhai01	(Null)	(Null)	1	15
42	000	111	222	(Null)	(Null)	1	16
56	zh02	123	zhouhai02	(Null)	(Null)	(Null)	(Null)

图 21-1　运行结果

（2）修改注解@Update。

步骤一：创建实体类（略）。

步骤二：创建映射接口。

```
package com.chinasofti.chapter030602.mapper;

import org.apache.ibatis.annotations.Update;

import com.chinasofti.chapter030602.entity.EmployeeEntity;

public interface EmployeeMapper {

    @Update("UPDATE employee set loginName=#{loginName}, empPwd=#{empPwd},empname=
```

#{empname} WHERE id=#{id}")
　　　　int updateEmp(EmployeeEntity emp);
　　}

　　步骤三：完善 mybatis-config.xml 配置文件（略），由于没有 mapper 的配置文件，因此无须进行 mapper 的配置，其他配置不变不变。
　　步骤四：创建测试类。

```
package com.chinasofti.chapter030602.test;

import java.io.IOException;

import org.apache.ibatis.io.Resources;
import org.apache.ibatis.session.SqlSession;
import org.apache.ibatis.session.SqlSessionFactoryBuilder;

import com.chinasofti.chapter030602.entity.EmployeeEntity;
import com.chinasofti.chapter030602.mapper.EmployeeMapper;

public class Test {

    public static void main(String[] args) throws IOException {
        SqlSession session = new SqlSessionFactoryBuilder()
.build(Resources.getResourceAsStream("mybatis-config.xml")).openSession();
        EmployeeEntity empEnt=new EmployeeEntity();
        empEnt.setId(56);
        empEnt.setLoginname("zh03");
        empEnt.setEmpname("zhouhai03");
        empEnt.setEmpPwd("003");
        session.getConfiguration().addMapper(EmployeeMapper.class);
        EmployeeMapper emMapper=session.getMapper(EmployeeMapper.class);
        int row=emMapper.updateEmp(empEnt);
        System.out.println("row="+row);
        session.commit();
        session.close();
    }
}
```

　　修改 id 是 56 的数据，原始数据如图 21-2 所示。

37	yq2	123	yangqiang2	(Null)	(Null)	1	11
38	yq3	123	yangqiang3	(Null)	(Null)	1	12
39	yq4	123	yangqiang4	(Null)	(Null)	1	13
40	zh	123	zhouhai	(Null)	(Null)	1	14
41	zh01	1234	zhouhai01	(Null)	(Null)	1	15
42	000	111	222	(Null)	(Null)	1	16
56	zh02	123	zhouhai02	(Null)	(Null)	(Null)	(Null)

图 21-2　原始数据

修改后的结果如图 21-3 所示。

37	yq2	123	yangqiang2	(Null)	(Null)	1
38	yq3	123	yangqiang3	(Null)	(Null)	1
39	yq4	123	yangqiang4	(Null)	(Null)	1
40	zh	123	zhouhai	(Null)	(Null)	1
41	zh01	1234	zhouhai01	(Null)	(Null)	1
42	000	111	222	(Null)	(Null)	1
56	zh03	003	zhouhai03	(Null)	(Null)	(Null)

图 21-3　修改后的结果

（3）删除注解@Delete。

步骤一：创建实体类（略）。

步骤二：创建映射接口。

```
package com.chinasofti.chapter030603.mapper;

import org.apache.ibatis.annotations.Delete;

import com.chinasofti.chapter030603.entity.EmployeeEntity;

public interface EmployeeMapper {
    @Delete("DELETE FROM employee WHERE id=#{id}")
    int deleteEmp(EmployeeEntity emp);
}
```

步骤三：完善 mybatis-config.xml 配置文件（略），由于没有 mapper 的配置文件，因此无须进行 mapper 的配置，其他配置不变。

步骤四：创建测试类。

```
package com.chinasofti.chapter030603.test;

import java.io.IOException;

import org.apache.ibatis.io.Resources;
import org.apache.ibatis.session.SqlSession;
import org.apache.ibatis.session.SqlSessionFactoryBuilder;

import com.chinasofti.chapter030603.entity.EmployeeEntity;
import com.chinasofti.chapter030603.mapper.EmployeeMapper;

public class Test {

    public static void main(String[] args) throws IOException {
        SqlSession session = new SqlSessionFactoryBuilder()
.build(Resources.getResourceAsStream("mybatis-config.xml")).openSession();
        EmployeeEntity empEnt=new EmployeeEntity();
```

```
        empEnt.setId(56);
        session.getConfiguration().addMapper(EmployeeMapper.class);
        EmployeeMapper emMapper=session.getMapper(EmployeeMapper.class);
        int row=emMapper.deleteEmp(empEnt);
        System.out.println("row="+row);
        session.commit();
        session.close();
    }
}
```

删除 id 是 56 的数据，原始数据如图 21-4 所示。

37 yq2	123	yangqiang2	(Null)	(Null)	1
38 yq3	123	yangqiang3	(Null)	(Null)	1
39 yq4	123	yangqiang4	(Null)	(Null)	1
40 zh	123	zhouhai	(Null)	(Null)	1
41 zh01	1234	zhouhai01	(Null)	(Null)	1
42 000	111	222	(Null)	(Null)	1
56 zh03	003	zhouhai03	(Null)	(Null)	(Null)

图 21-4　原始数据

执行后的数据如图 21-5 所示。

39 yq4	123	yangqiang4	(Null)	(Null)	1	13
40 zh	123	zhouhai	(Null)	(Null)	1	14
41 zh01	1234	zhouhai01	(Null)	(Null)	1	15
42 000	111	222	(Null)	(Null)	1	16

图 21-5　执行后的数据

（4）查询注解@Select。

步骤一：创建实体类（略）。

步骤二：创建映射接口，如果数据库字段名与实体类字段名不一致，则需要使用 @Results 进行对应。

```
package com.chinasofti.chapter030604.mapper;

import org.apache.ibatis.annotations.Result;
import org.apache.ibatis.annotations.Results;
import org.apache.ibatis.annotations.Select;

import com.chinasofti.chapter030604.entity.EmployeeEntity;

public interface EmployeeMapper {
    @Select("SELECT * FROM employee WHERE id=#{id}")
    @Results({ @Result(id = true, column = "id", property = "id"),
            @Result(column = "loginName", property = "loginName"), @Result(column = "empPwd",
property = "empPwd"),
            @Result(column = "empname", property = "empname"), @Result(column = "dept", property
```

```
= "dept"),
                    @Result(column = "pos", property = "pos"), @Result(column = "level", property =
"level"), })
        EmployeeEntity selectEmp(EmployeeEntity emp);
    }
```

步骤三：完善 mybatis-config.xml 配置文件（略），由于没有 mapper 的配置文件，因此无须进行 mapper 的配置，其他配置不变。

步骤四：创建测试类。

```java
package com.chinasofti.chapter030604.test;

import java.io.IOException;

import org.apache.ibatis.io.Resources;
import org.apache.ibatis.session.SqlSession;
import org.apache.ibatis.session.SqlSessionFactoryBuilder;

import com.chinasofti.chapter030604.entity.EmployeeEntity;
import com.chinasofti.chapter030604.mapper.EmployeeMapper;

public class Test {

    public static void main(String[] args) throws IOException {
        SqlSession session = new SqlSessionFactoryBuilder()
.build(Resources.getResourceAsStream("mybatis-config.xml")).openSession();
        EmployeeEntity empEnt=new EmployeeEntity();
        empEnt.setId(21);        session.getConfiguration().addMapper(EmployeeMapper.class);
        EmployeeMapper emMapper=session.getMapper(EmployeeMapper.class);
        empEnt=emMapper.selectEmp(empEnt);
        System.out.println("id="+empEnt.getId());
        System.out.println("loginName="+empEnt.getLoginname());
        System.out.println("empPwd="+empEnt.getEmpPwd());
        System.out.println("empname="+empEnt.getEmpname());
        session.commit();
        session.close();
    }
}
```

查找 id 是 21 的数据，数据库的数据如图 21-6 所示。

id	loginname	emppwd	empname	dept	pos	level	card_id
21	lucy01	01	wxh01	(Null)	(Null)	2	1

图 21-6　数据库的数据

运行结果如图 21-7 所示。

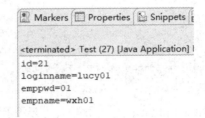

图 21-7　运行结果

21.2　一对一、一对多、多对多操作

（1）一对一。

下面使用第 19 章"MyBatis 中的数据关联"中的员工表 Employee，以员工卡表 workCard 为例，进行注解一对一关联操作，当查询员工表时，连带员工卡表数据一起查询出来。

步骤一：实体类参见"MyBatis 中的数据关联"中的一对一（略）。

步骤二：创建映射接口。

创建 Employee 表的映射接口。

```java
package com.chinasofti.chapter030605.mapper;

import org.apache.ibatis.annotations.Result;
import org.apache.ibatis.annotations.Results;
import org.apache.ibatis.annotations.Select;
import org.apache.ibatis.annotations.One;
import com.chinasofti.chapter030605.entity.EmployeeEntity;

public interface EmployeeMapper {
    @Select("SELECT * FROM employee WHERE id=#{id}")
    @Results({
        @Result(id = true, column = "id", property = "id"),
        @Result(column = "loginName", property = "loginName"),
        @Result(column = "empPwd", property = "empPwd"),
        @Result(column = "empname", property = "empname"),
        @Result(column = "dept", property = "dept"),
        @Result(column = "pos", property = "pos"),
        @Result(column = "level", property = "level"),
        @Result(column = "card_id", property = "workCardEntity",
one=@One(select="com.chinasofti.chapter030605.mapper.WorkCardMapper.selectWorkCardById"))})
    EmployeeEntity selectOneToOne(Integer id);
}
```

通过@Result(column = "card_id", property = "workCardEntity", one=@One(select="com.chinasofti.chapter030605.mapper.WorkCardMapper.selectWorkCardById"))把员工与员工卡相关联，当取出员工信息时把员工信息中的 card_id 字段数据作为参数，调用 WorkCardMapper 接口中的 selectWorkCardById 方法取出员工卡数据，把这些员工卡数据放入员工实体类的员工

卡实体类对象中，从而进行关联。

　　创建 workCard 表接口。

```
package com.chinasofti.chapter030605.mapper;

import org.apache.ibatis.annotations.Select;

import com.chinasofti.chapter030605.entity.WorkCardEntity;

public interface WorkCardMapper {
    @Select("SELECT * FROM workCard WHERE id=#{id}")
    WorkCardEntity selectWorkCardById(Integer id);
}
```

　　实体类的属性名称与表列名称一致时无须人工对应，可省略@Results。

　　步骤三：完善 mybatis-config.xml 配置文件（略），由于没有 mapper 的配置文件，因此无须进行 mapper 的配置，其他配置不变。

　　步骤四：创建测试类。

```
package com.chinasofti.chapter030605.test;

import java.io.IOException;

import org.apache.ibatis.io.Resources;
import org.apache.ibatis.session.SqlSession;
import org.apache.ibatis.session.SqlSessionFactoryBuilder;

import com.chinasofti.chapter030605.entity.EmployeeEntity;
import com.chinasofti.chapter030605.entity.WorkCardEntity;
import com.chinasofti.chapter030605.mapper.EmployeeMapper;
import com.chinasofti.chapter030605.mapper.WorkCardMapper;

public class Test {

    public static void main(String[] args) throws IOException {
        //读取 mybatis 配置文件，得到 SqlSession 对象实例 session
        SqlSession session = new SqlSessionFactoryBuilder()
.build(Resources.getResourceAsStream("mybatis-config.xml")).openSession();
        session.getConfiguration().addMapper(WorkCardMapper.class);
        session.getConfiguration().addMapper(EmployeeMapper.class);
        EmployeeMapper emMapper=session.getMapper(EmployeeMapper.class);
        EmployeeEntity employeeEntity=emMapper.selectOneToOne(21);
        WorkCardEntity workCardEntity=employeeEntity.getWorkCardEntity();
        System.out.println("EmployeeEntity_id="+employeeEntity.getId());
        System.out.println("EmployeeEntity_loginName="+employeeEntity.getLoginname());
        System.out.println("EmployeeEntity_empPwd="+employeeEntity.getEmpPwd());
        System.out.println("EmployeeEntity_empname="+employeeEntity.getEmpname());
        System.out.println("WorkCardEntity_id="+workCardEntity.getId());
```

```
        System.out.println("WorkCardEntity_code="+workCardEntity.getCode());
        session.commit();
        session.close();
    }
}
```

数据库数据如下。

员工表如图 21-8 所示。

id	loginname	emppwd	empname	dept	pos	level	card_id
21	lucy01	01	wxh01	(Null)	(Null)	2	1
22	lucy02	02	wxh02	(Null)	(Null)	2	2

图 21-8　员工表

员工卡表如图 21-9 所示。

运行结果如图 21-10 所示。

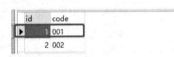

id	code
1	001
2	002

图 21-9　员工卡表

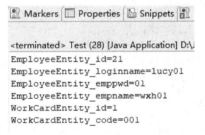

图 21-10　运行结果

（2）一对多。

以使用"MyBatis 中的数据关联"中的员工表 Employee 与客户表 Customer 为例，进行注解一对多关联操作，当查询员工表时，连带把对应的多个客户信息从客户表中一起查询出来。

步骤一：创建实体类参见"MyBatis 中的数据关联"中的一对多（略）。

步骤二：映射接口。

创建 Employee 表的映射接口。

```
package com.chinasofti.chapter030606.mapper;

import org.apache.ibatis.annotations.Many;
import org.apache.ibatis.annotations.Result;
import org.apache.ibatis.annotations.Results;
import org.apache.ibatis.annotations.Select;

import com.chinasofti.chapter030606.entity.EmployeeEntity;

public interface EmployeeMapper {
    @Select("SELECT * FROM employee WHERE id=#{id}")
    @Results({
        @Result(id = true, column = "id", property = "id"),
        @Result(column = "loginName", property = "loginName"),
```

```
        @Result(column = "empPwd", property = "empPwd"),
        @Result(column = "empname", property = "empname"),
        @Result(column = "dept", property = "dept"),
        @Result(column = "pos", property = "pos"),
        @Result(column = "level", property = "level"),
        @Result(column = "id", property = "customerEntitys",
many=@Many(select="com.chinasofti.chapter030606.mapper.CustomerMapper.selectCustomerByEmpId"))})
    EmployeeEntity selectEmployeeById(Integer id);
}
```

通过员工表查询出的数据中的 id 数据作为参数，调用 CustomerMapper 接口中的 selectCustomerByEmpId 方法，返回一个存放客户信息的 List，这个 List 会赋值给员工表实体类的 List 对象 customerEntitys。

创建 Customer 表的映射接口。

```
package com.chinasofti.chapter030606.mapper;

import org.apache.ibatis.annotations.Select;

import com.chinasofti.chapter030606.entity.CustomerEntity;

public interface CustomerMapper {
    @Select("SELECT * FROM customer WHERE emp_id=#{id}")
    CustomerEntity selectCustomerByEmpId(Integer id);
}
```

步骤三：完善 mybatis-config.xml 配置文件（略），由于没有 mapper 的配置文件，因此无须进行 mapper 的配置，其他配置不变。

步骤四：创建测试类。

```
package com.chinasofti.chapter030606.test;

import java.io.IOException;
import java.util.List;

import org.apache.ibatis.io.Resources;
import org.apache.ibatis.session.SqlSession;
import org.apache.ibatis.session.SqlSessionFactoryBuilder;

import com.chinasofti.chapter030606.entity.CustomerEntity;
import com.chinasofti.chapter030606.entity.EmployeeEntity;
import com.chinasofti.chapter030606.mapper.CustomerMapper;
import com.chinasofti.chapter030606.mapper.EmployeeMapper;

public class Test {

    public static void main(String[] args) throws IOException {
```

```
//读取 mybatis 配置文件，得到 SqlSession 对象实例 session
SqlSession session = new SqlSessionFactoryBuilder()
.build(Resources.getResourceAsStream("mybatis-config.xml")).openSession();
session.getConfiguration().addMapper(CustomerMapper.class);
session.getConfiguration().addMapper(EmployeeMapper.class);
EmployeeMapper emMapper=session.getMapper(EmployeeMapper.class);
EmployeeEntity employeeEntity=emMapper.selectEmployeeById(42);
List<CustomerEntity> list=employeeEntity.getCustomerEntitys();
System.out.println("员工信息：");
System.out.println("EmployeeEntity_id="+employeeEntity.getId());
System.out.println("EmployeeEntity_loginName="+employeeEntity.getLoginname());
System.out.println("EmployeeEntity_empPwd="+employeeEntity.getEmpPwd());
System.out.println("EmployeeEntity_empname="+employeeEntity.getEmpname());
System.out.println("对应的客户信息：");
for(CustomerEntity cus:list){
System.out.println("CustomerEntity_id="+cus.getId());
System.out.println("CustomerEntity_CusName="+cus.getCusName());
System.out.println("");
}
session.commit();
session.close();
}
}
```

查询 id 为 42 的员工的数据。

员工表数据如图 21-11 所示。

id	loginname	emppwd	empname	dept	pos	level	card_id
21	lucy01	01	wxh01	(Null)	(Null)	2	1
22	lucy02	02	wxh02	(Null)	(Null)	2	2
23	lucy03	03	wxh03	(Null)	(Null)	1	(Null)
24	lucy04	04	wxh04	(Null)	(Null)	1	4
25	lucy05	05	wxh05	(Null)	(Null)	1	5
26	lucy06	06	wxh06	(Null)	(Null)	1	6
28	syq	123	songyongquan	(Null)	(Null)	1	7
29	syq01	123	songyongquan01	(Null)	(Null)	1	8
35	yq0	123	yangqiang0	(Null)	(Null)	1	9
36	yq1	123	yangqiang1	(Null)	(Null)	1	10
37	yq2	123	yangqiang2	(Null)	(Null)	1	11
38	yq3	123	yangqiang3	(Null)	(Null)	1	12
39	yq4	123	yangqiang4	(Null)	(Null)	1	13
40	zh	123	zhouhai	(Null)	(Null)	1	14
41	zh01	1234	zhouhai01	(Null)	(Null)	1	15
42	000	111	222	(Null)	(Null)	1	16

图 21-11　员工表数据

客户表数据如图 21-12 所示。

运行结果如图 21-13 所示。

图 21-12　客户表数据　　　　　　　　图 21-13　运行结果

（3）多对多。

以使用"MyBatis 中的数据关联"中的订单表 Myorder 与商品表 Commodity 为例，进行注解多对多关联操作，当查询订单表的时候，连带把对应的多个商品信息从商品表中一起查询出来，反之亦然。

步骤一：实体类参见"MyBatis 中的数据关联"中的多对多（略）。

步骤二：创建映射接口。

创建 Myorder 订单表的映射接口。

```java
package com.chinasofti.chapter030607.mapper;

import org.apache.ibatis.annotations.Results;
import org.apache.ibatis.annotations.Result;
import org.apache.ibatis.annotations.Select;
import org.apache.ibatis.annotations.Many;

import com.chinasofti.chapter030607.entity.OrderEntity;

public interface OrderMapper {
    @Select("SELECT * FROM myOrder WHERE id=#{id}")
    @Results({
        @Result(id=true,column="id",property="id"),
        @Result(column="code",property="code"),

        @Result(column="id",property="commodityEntitys",many=@Many(select="com.chinasofti.chapter030607.mapper.CommodityMapper.selectCommodityByOrderId"))
    })
    OrderEntity selectOrderById(Integer id);

    @Select("SELECT * FROM myOrder    WHERE id IN(SELECT orderId FROM middle WHERE commodityId=#{id})")
    OrderEntity selectOrderByCommodityId(int id);
```

```
}
```

创建 Commodity 商品表的映射接口。

```java
package com.chinasofti.chapter030607.mapper;

import org.apache.ibatis.annotations.Many;
import org.apache.ibatis.annotations.Result;
import org.apache.ibatis.annotations.Results;
import org.apache.ibatis.annotations.Select;

import com.chinasofti.chapter030607.entity.CommodityEntity;

public interface CommodityMapper {

    @Select("SELECT * FROM commodity WHERE id=#{id}")
    @Results({
        @Result(id=true,column="id",property="id"),
        @Result(column="name",property="name"),

        @Result(column="id",property="orderEntitys",many=@Many(select="com.chinasofti.chapter030607.
mapper.OrderMapper.selectOrderByCommodityId"))
    })
    CommodityEntity selectCommodityById(Integer id);

    @Select("SELECT * FROM commodity    WHERE id IN(SELECT commodityId FROM middle
WHERE orderId=#{id})")
    CommodityEntity selectCommodityByOrderId(int id);
}
```

在商品表中通过@Results 对订单表进行关联，已取出的 id 为参数调用 OrderMapper 映射接口中的 selectOrderByCommodityId 方法。在订单表中思路相同，调用的是商品表中的 selectCommodityByOrderId 方法。

步骤三：完善 mybatis-config.xml 配置文件（略），由于没有 mapper 的配置文件，因此无须进行 mapper 的配置，其他配置不变。

步骤四：创建测试类。

```java
package com.chinasofti.chapter030607.test;

import java.io.IOException;
import java.util.List;

import org.apache.ibatis.io.Resources;
import org.apache.ibatis.session.SqlSession;
import org.apache.ibatis.session.SqlSessionFactoryBuilder;


import com.chinasofti.chapter030607.entity.CommodityEntity;
```

```
import com.chinasofti.chapter030607.entity.OrderEntity;
import com.chinasofti.chapter030607.mapper.CommodityMapper;
import com.chinasofti.chapter030607.mapper.OrderMapper;

public class Test {

    public static void main(String[] args) throws IOException {
        //读取 mybatis 配置文件，得到 SqlSession 对象实例 session
        SqlSession session = new SqlSessionFactoryBuilder()
.build(Resources.getResourceAsStream("mybatis-config.xml")).openSession();
        session.getConfiguration().addMapper(CommodityMapper.class);
        session.getConfiguration().addMapper(OrderMapper.class);
        OrderMapper orderMapper=session.getMapper(OrderMapper.class);

        OrderEntity orderEntity=orderMapper.selectOrderById(2);
        List<CommodityEntity> commoditylist=orderEntity.getCommodityEntitys()
System.out.println("取出订单 id 是 2 的订单信息:");
System.out.println("orderEntity_id="+orderEntity.getId());
System.out.println("orderEntity_code="+orderEntity.getCode());
        for(int i=0;i<commoditylist.size();i++){
            CommodityEntity com=commoditylist.get(i);
System.out.println("订单信息对应的第"+(i+1)+"件商品:");
            System.out.println("CommodityEntity_id="+com.getId());
System.out.println("CommodityEntity_name="+com.getName());
        }
        System.out.println("");
        CommodityMapper commodityMapper=session.getMapper(CommodityMapper.class);
        CommodityEntity commodityEntity=commodityMapper.selectCommodityById(1);
        List<OrderEntity> orderlist=commodityEntity.getOrderEntitys();
        System.out.println("取出商品 id 是 1 的商品信息:");
        System.out.println("commodityEntity_id="+commodityEntity.getId());
        System.out.println("commodityEntity_name="+commodityEntity.getName());
        for(int i=0;i<orderlist.size();i++){
            OrderEntity order=orderlist.get(i);
            System.out.println("商品信息对应的第"+(i+1)+"个订单: ");
System.out.println("OrderEntity_id="+order.getId());
System.out.println("OrderEntity_code="+order.getCode());
        }
        session.commit();
        session.close();
    }
}
```

数据库表数据如下。
订单表如图 21-14 所示。
商品表如图 21-15 所示。
中间表如图 21-16 所示。

图 21-14　订单表　　　　图 21-15　商品表　　　　图 21-16　中间表

运行结果如图 21-17 所示。

图 21-17　运行结果

21.3　动态 SQL 注解

　　MyBatis 提供部分注解，如 @InsertProvider、@UpdateProvider、@DeleteProvider、@SelectProvider 等可以进行动态 SQL 的构建。这些注解都有一个 type 和 method 属性，type 可以指定一个类，method 可以指定这个类中的方法。

　　在指定的类和方法中，会用到名称为 "SQL" 的工具类名，如 T SELECT(String columns) 是串联 SQL 的 SELECT 字句；T FROM(String table) 是串联 SQL 的 FROM 字句。对于在数据库增删改查操作中使用的 SQL 语句，在工具类名中都有与其对应的关键字。

　　（1）@InsertProvider。

　　向员工表 Employee 中插入数据。

　　步骤一：创建实体类（略）。

　　步骤二：创建映射表接口，通过 type 指定 EmployeeProvider 类，通过 method 指定 insertEmp 方法。

```
package com.chinasofti.chapter030608.mapper;

import org.apache.ibatis.annotations.InsertProvider;
```

```
import com.chinasofti.chapter030608.entity.EmployeeEntity;

public interface EmployeeMapper {
    @InsertProvider(type=EmployeeProvider.class,method="insertEmp")
    int insertEmp(EmployeeEntity emp);
}
```

步骤三：编写 SQL 语句执行类。

```
package com.chinasofti.chapter030608.mapper;

import org.apache.ibatis.jdbc.SQL;

import com.chinasofti.chapter030608.entity.EmployeeEntity;

public class EmployeeProvider {
    public String insertEmp(EmployeeEntity emp){
        return new SQL(){
            {
                INSERT_INTO("employee");
                if(emp.getLoginname()!=null){
                    VALUES("loginName","#{loginName}");
                }
                if(emp.getEmpPwd()!=null){
                    VALUES("empPwd","#{empPwd}");
                }
                if(emp.getEmpname()!=null){
                    VALUES("empname","#{empname}");
                }
            }
        }.toString();
    }
}
```

步骤四：创建 mybatis-config.xml 配置文件（略），由于没有 mapper 的配置文件，因此无须进行 mapper 的配置，其他配置不变。

步骤五：创建测试类。

```
package com.chinasofti.chapter030608.test;

import java.io.IOException;

import org.apache.ibatis.io.Resources;
import org.apache.ibatis.session.SqlSession;
import org.apache.ibatis.session.SqlSessionFactoryBuilder;

import com.chinasofti.chapter030608.entity.EmployeeEntity;
import com.chinasofti.chapter030608.mapper.EmployeeMapper;
```

```
public class Test {

    public static void main(String[] args) throws IOException {
        SqlSession session = new SqlSessionFactoryBuilder()
.build(Resources.getResourceAsStream("mybatis-config.xml")).openSession();
        EmployeeEntity empEnt=new EmployeeEntity();
        empEnt.setLoginname("lw01");
        empEnt.setEmpname("liwei01");
        empEnt.setEmpPwd("123");
    session.getConfiguration().addMapper(EmployeeMapper.class);
        EmployeeMapper emMapper=session.getMapper(EmployeeMapper.class);
        int row=emMapper.insertEmp(empEnt);
        System.out.println("row="+row);
        session.commit();
        session.close();
    }
}
```

运行结果如图 21-18 所示。

40	zh	123	zhouhai	(Null)	(Null)	1	14
41	zh01	1234	zhouhai01	(Null)	(Null)	1	15
42	000	111	222	(Null)	(Null)	1	16
57	lw01	123	liwei01	(Null)	(Null)	(Null)	(Null)

图 21-18　运行结果

（2）@UpdateProvider。

对员工表 Employee 中的数据进行修改。

步骤一：创建实体类（略）。

步骤二：创建映射表接口，@UpdateProvider 指定 EmployeeProvider 类的 updateEmp 方法执行 SQL 语句。

```
package com.chinasofti.chapter030609.mapper;

import org.apache.ibatis.annotations.UpdateProvider;

import com.chinasofti.chapter030609.mapper.EmployeeProvider;
import com.chinasofti.chapter030609.entity.EmployeeEntity;

public interface EmployeeMapper {
    @UpdateProvider(type=EmployeeProvider.class,method="updateEmp")
    int updateEmp(EmployeeEntity emp);
}
```

步骤三：编写 SQL 语句执行类。

```
package com.chinasofti.chapter030609.mapper;
```

```java
import org.apache.ibatis.jdbc.SQL;

import com.chinasofti.chapter030609.entity.EmployeeEntity;

public class EmployeeProvider {
    public String updateEmp(EmployeeEntity emp){
        return new SQL(){
            {
                UPDATE("employee");
                if(emp.getLoginname()!=null){
                    SET("loginName=#{loginName}");
                }
                if(emp.getEmpPwd()!=null){
                    SET("empPwd=#{empPwd}");
                }
                if(emp.getEmpname()!=null){
                    SET("empname=#{empname}");
                }
                WHERE("id=#{id}");
            }
        }.toString();
    }
}
```

步骤四：完善 mybatis-config.xml 配置文件（略），由于没有 mapper 的配置文件，因此无须进行 mapper 的配置，其他配置不变。

步骤五：创建测试类。

```java
package com.chinasofti.chapter030609.test;

import java.io.IOException;

import org.apache.ibatis.io.Resources;
import org.apache.ibatis.session.SqlSession;
import org.apache.ibatis.session.SqlSessionFactoryBuilder;

import com.chinasofti.chapter030609.entity.EmployeeEntity;
import com.chinasofti.chapter030609.mapper.EmployeeMapper;

public class Test {

    public static void main(String[] args) throws IOException {
        SqlSession session = new SqlSessionFactoryBuilder()
.build(Resources.getResourceAsStream("mybatis-config.xml")).openSession();
        EmployeeEntity empEnt=new EmployeeEntity();
        empEnt.setId(57);
        empEnt.setLoginname("lw03");
        empEnt.setEmpname("liwei03");
```

```
empEnt.setEmpPwd("003");
session.getConfiguration().addMapper(EmployeeMapper.class);
EmployeeMapper emMapper=session.getMapper(EmployeeMapper.class);
int row=emMapper.updateEmp(empEnt);
System.out.println("row="+row);
session.commit();
session.close();
    }
}
```

对 id 是 51 的数据进行修改，运行结果如图 21-19 所示。

| 57 | lw03 | 002 | liwei03 | (Null) | (Null) | (Null) | (Null) |

图 21-19 运行结果

（3）@DeleteProvider。

对员工表 Employee 中的数据进行删除。

步骤一：创建实体类（略）。

步骤二：创建映射表接口。

```
package com.chinasofti.chapter030610.mapper;

import org.apache.ibatis.annotations.DeleteProvider;

import com.chinasofti.chapter030610.entity.EmployeeEntity;

public interface EmployeeMapper {

    @DeleteProvider(type=EmployeeProvider.class,method="deleteEmp")
    int deleteEmp(EmployeeEntity emp);
}
```

步骤三：编写 SQL 语句执行类。

```
package com.chinasofti.chapter030610.mapper;

import org.apache.ibatis.jdbc.SQL;

import com.chinasofti.chapter030610.entity.EmployeeEntity;

public class EmployeeProvider {
    public String deleteEmp(EmployeeEntity emp){
        return new SQL(){
            {
                DELETE_FROM("employee");
                if(emp.getId()!=0){
                    WHERE("id=#{id}");
                }
```

```
                                    }
                }.toString();
        }
}
```

步骤四：完善 mybatis-config.xml 配置文件（略），由于没有 mapper 的配置文件，因此无须进行 mapper 的配置，其他配置不变。

步骤五：创建测试类。

```
package com.chinasofti.chapter030610.test;

import java.io.IOException;

import org.apache.ibatis.io.Resources;
import org.apache.ibatis.session.SqlSession;
import org.apache.ibatis.session.SqlSessionFactoryBuilder;

import com.chinasofti.chapter030610.entity.EmployeeEntity;
import com.chinasofti.chapter030610.mapper.EmployeeMapper;

public class Test {

        public static void main(String[] args) throws IOException {
                SqlSession session = new SqlSessionFactoryBuilder()
.build(Resources.getResourceAsStream("mybatis-config.xml")).openSession();
                EmployeeEntity empEnt=new EmployeeEntity();
                empEnt.setId(57);
        session.getConfiguration().addMapper(EmployeeMapper.class);
                EmployeeMapper emMapper=session.getMapper(EmployeeMapper.class);
                int row=emMapper.deleteEmp(empEnt);
                System.out.println("row="+row);
                session.commit();
                session.close();
        }

}
```

删除 id 是 57 的数据，运行后，id 是 57 的数据被删除，如图 21-20 所示。

| 41 yq01 | 002 | yangqiang01 | {Null} | {Null} | 1 | 15 |
| 42 zh01 | 001 | zhouhai01 | {Null} | {Null} | 1 | 16 |

图 21-20　运行结果

（4）@SelectProvider。

对员工表 Employee 中的数据进行查询。

步骤一：创建实体类（略）。

步骤二：创建映射表接口。

```
package com.chinasofti.chapter030611.mapper;

import org.apache.ibatis.annotations.SelectProvider;

import com.chinasofti.chapter030611.entity.EmployeeEntity;

public interface EmployeeMapper {
    @SelectProvider(type=EmployeeProvider.class,method="selectEmp")
    EmployeeEntity selectEmp(EmployeeEntity emp);
}
```

步骤三：编写 SQL 语句执行类。

```
package com.chinasofti.chapter030611.mapper;

import org.apache.ibatis.jdbc.SQL;

import com.chinasofti.chapter030611.entity.EmployeeEntity;

public class EmployeeProvider {
    public String selectEmp(EmployeeEntity emp){
        return new SQL(){
            {
                SELECT("*");
                FROM("employee");
                if(emp.getId()!=0){
                    WHERE("id=#{id}");
                }
            }
        }.toString();
    }
}
```

步骤四：完善 mybatis-config.xml 配置文件（略），由于没有 mapper 的配置文件，因此无须进行 mapper 的配置，其他配置不变。

步骤五：创建测试类。

```
package com.chinasofti.chapter030611.test;

import java.io.IOException;

import org.apache.ibatis.io.Resources;
import org.apache.ibatis.session.SqlSession;
import org.apache.ibatis.session.SqlSessionFactoryBuilder;

import com.chinasofti.chapter030611.entity.EmployeeEntity;
import com.chinasofti.chapter030611.mapper.EmployeeMapper;
```

```java
public class Test {

    public static void main(String[] args) throws IOException {
        SqlSession session = new SqlSessionFactoryBuilder()
.build(Resources.getResourceAsStream("mybatis-config.xml")).openSession();
        EmployeeEntity empEnt=new EmployeeEntity();
        empEnt.setId(42);
        session.getConfiguration().addMapper(EmployeeMapper.class);
        EmployeeMapper emMapper=session.getMapper(EmployeeMapper.class);
        empEnt=emMapper.selectEmp(empEnt);
        System.out.println("id="+empEnt.getId());
        System.out.println("loginName="+empEnt.getLoginname());
        System.out.println("empPwd="+empEnt.getEmpPwd());
        System.out.println("empname="+empEnt.getEmpname());
        session.commit();
        session.close();
    }
}
```

查询出 id 是 42 的数据，如图 21-21 所示。

| | 41 | yq01 | 002 | yangqiang01 | (Null) | (Null) | 1 | 15 |
| ▶ | 42 | zh01 | 001 | zhouhai01 | (Null) | (Null) | 1 | 16 |

图 21-21　查询出 di 是 42 的数据

运行结果如图 21-22 所示。

图 21-22　运行结果

第 22 章

MyBatis 中的高级主题

22.1 MyBatis 事务处理

MyBatis 事务处理需要在配置文件中进行配置，type 类型主要有 JDBC 和 MANAGED 这两种。在前面案例的 mybatis-config.xml 配置文件中对事务的配置如下：

```
<!-- 事务处理类型为简单的 JDBC -->
<transactionManager type="JDBC"/>
```

在配置文件中，transactionManager 标签的 type 属性值为 JDBC，即 MyBatis 会将 java.sql.Connection 对象的事务进行封装，当调用 commit()、rollback()和 close()方法时，是调用 java.sql.Connection 中的这三个方法。

还可以将 type 设置成 MANAGED，表示把事务处理交给容器（Tomcat、JBOSS、WebLogic 等）实现。此时，虽然 MyBatis 也可以调用 commit()、rollback()、close()方法，但是不起作用（空实现）。

通过案例介绍使用 JDBC 的事务处理机制，即将 transactionManager 标签的 type 属性配置成 JDBC。

向数据库的 Employee 表中插入两条数据，在插入第一条数据时，人为地让代码产出异常，之后分别开启和不开启事务回滚，观察分析执行结果。

只看测试代码，其他配置及代码省略。

```
package com.chinasofti.chapter030701.test;

import java.io.IOException;

import org.apache.ibatis.io.Resources;
import org.apache.ibatis.session.SqlSession;
import org.apache.ibatis.session.SqlSessionFactoryBuilder;
import com.chinasofti.chapter030701.entity.EmployeeEntity;
import com.chinasofti.chapter030701.mapper.EmployeeMapper;
```

```
public class Test {
public static void main(String[] args) throws IOException {
        SqlSession session = new SqlSessionFactoryBuilder()
.build(Resources.getResourceAsStream("mybatis-config.xml")).openSession();
session.getConfiguration().addMapper(EmployeeMapper.class);
        EmployeeMapper emMapper=session.getMapper(EmployeeMapper.class);

        try{
                EmployeeEntity empEnt=new EmployeeEntity();
                empEnt.setLoginname("syq01");
                empEnt.setEmpname("songyongquan01");
                empEnt.setEmpPwd("018");
                int row=emMapper.insertEmp(empEnt);

                int a=3/0;
                empEnt.setLoginname("syq02");
                empEnt.setEmpname("songyongquan02");
                empEnt.setEmpPwd("019");
                int row01=emMapper.insertEmp(empEnt);
        }catch(Exception e){
                e.printStackTrace();
                //session.rollback();
        }finally {
                session.commit();
                session.close();
        }
    }
}
```

首先不进行事务回滚，运行后可以看到"syq01、songyongquan01、018"数据被插入，
之后报错"syq02、songyongquan02、019"不会被插入，运行结果如图 22-1 所示。

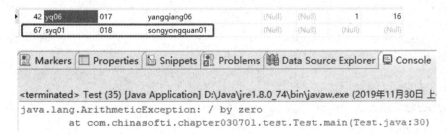

图 22-1　运行结果

这显然不是想要的结果。想要的结果是，如果出错则一条数据都不插入。这时需要进行
回滚，将上面代码中的 session.rollback();注释打开，在数据库表里删除刚插入的数据后重新执
行。可以看到数据库表里的数据是没有被插入的，运行结果如图 22-2 所示。

40	yq04	015	yangqiang04	(Null)	(Null)	1	14
41	yq05	016	yangqiang05	(Null)	(Null)	1	15
▶ 42	yq06	017	yangqiang06	(Null)	(Null)	1	16

🔳 Markers 🔲 Properties 📄 Snippets 🔲 Problems 📖 Data Source Explorer 💻 Console

```
<terminated> Test (35) [Java Application] D:\Java\jre1.8.0_74\bin\javaw.exe (2019年11月30日 上
java.lang.ArithmeticException: / by zero
        at com.chinasofti.chapter030701.test.Test.main(Test.java:30)
```

图 22-2　运行结果

需要注意的是，一般在和 Spring MVC 进行整合时，事务处理会交给 Spring 去完成。

22.2　MyBatis 缓存机制

MyBatis 缓存机制共有两个级别：SqlSession 级别（一级缓存）、mapper 级别（二级缓存）。

（1）一级缓存。

MyBatis 的一级缓存是自动默认开启的，无须手动配置。在同一个 SqlSession 中，如进行两次相同的查询操作，第一次，MyBatis 执行 SQL 语句去数据库里进行查询；第二次，不会执行 SQL 语句，因为第一次的查询语句会被保存在缓存中，第二次会在缓存中查找，前提是第二次不是执行 insert、update、delete 语句，并且执行了 commit() 方法。如果没有调用 commit()，则 DML 语句数据不会被提交，缓存依然存在；如果调用，则缓存会被清空。

查询 Employee 表中 id=21 的数据。配置文件与其他代码省略，创建测试类，代码如下所示：

```
package com.chinasofti.chapter030702.test;

import java.io.IOException;

import org.apache.ibatis.io.Resources;
import org.apache.ibatis.session.SqlSession;
import org.apache.ibatis.session.SqlSessionFactoryBuilder;

import com.chinasofti.chapter030702.entity.EmployeeEntity;
import com.chinasofti.chapter030702.mapper.EmployeeMapper;

public class Test {

    public static void main(String[] args) throws IOException {
        SqlSession session = new SqlSessionFactoryBuilder()
.build(Resources.getResourceAsStream("mybatis-config.xml")).openSession();
        EmployeeEntity empEnt=new EmployeeEntity();
        empEnt.setId(21);
        session.getConfiguration().addMapper(EmployeeMapper.class);
```

```
                    EmployeeMapper emMapper=session.getMapper(EmployeeMapper.class);
                    EmployeeEntity empEnt01=emMapper.selectEmp(empEnt);
                    EmployeeEntity empEnt02=emMapper.selectEmp(empEnt);
                    System.out.println(empEnt01);
                    System.out.println(empEnt02);
                    session.close();
            }
    }
```

在项目中加入日志配置，首先在 mybatis-config.xml 中加入：

```
<settings>
    <setting name="logImpl" value="LOG4J"/>
</settings>
```

其次，在 src 文件夹下创建配置文件 log4j.properties：

```
log4j.rootLogger=ERROR,stdout
log4j.logger.com.chinasofti.chapter030702.mapper=DEBUG
log4j.appender.stdout=org.apache.log4j.ConsoleAppender
log4j.appender.stdout.layout=org.apache.log4j.PatternLayout
log4j.appender.stdout.Target=System.out
log4j.appender.stdout.layout.ConversionPattern= %m%n
```

加入 log4j 开发包，如图 22-3 所示。
运行结果如图 22-4 所示，SQL 语句只执行了一次。

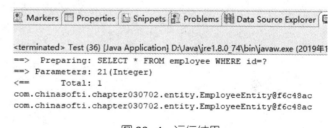

图 22-3　加入 log4j 开发包　　　　　　　　图 22-4　运行结果

（2）二级缓存。

二级缓存的作用域范围是 mapper 的 namespace，表示它可以被多个 SqlSession 所共享。它的范围比一级缓存大得多，二级缓存是不会被自动开启的，需要手动配置。

首先，需要在 mybatis-config.xml 中加入 setting 配置。

```
<settings>
    <setting name="cacheEnabled" value="true"/>
</settings>
```

然后，需要在使用二级缓存的 mapper 配置文件中加入以下配置。

```
<cache eviction="LRU" flushInterval="50000" size="1024" readOnly="true"/>
```

eviction 属性：收回策略，默认为 LRU 的意思是移除最长时间不被使用的对象。还可以配置 FIFO（先进先出策略）、SOFT（基于软引用策略）、WEAK（弱引用策略）。

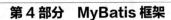

flushInterval 属性：刷新间隔，非必需属性，若不设置则代表无刷新间隔。

size 属性：缓存数目，若不设置则默认是 1024。

readOnly 属性：选择是否为只读，默认为 false。

虽然二级缓存可以提高查询效率，但通常不建议使用，原因如下。

① 会导致数据不一致，它的作用域是 namespace，如果两个 mapper 针对同一个表进行操作，出于二级缓存的原因，会产生数据不一致的问题。如果其中一个 mapper 做的是 DML（增改删）操作，则问题会更大。

② 涉及多表查询时，从业务上很难把多个表完全归属到一个 namespace 中，此时如果对其中一个表做 DML 操作，则问题可能很大。

③ 在上述两个问题的前提下，如果是团队开发，除非前期设计做得绝对完美，否则将导致灾难性事件。

·第 5 部分·

SSM 整合

在实际企业项目开发中，不会单独使用一种框架，通常会采用多种框架整合。第 23 章以企业应用中最常见的登录操作为例，实现了 Spring、Spring MVC 和 MyBatis 的整合（简称 SSM 整合）。Spring MVC 实现了控制器和视图层的相关内容、MyBatis 实现了数据访问和持久化的相关功能、Spring 起到了胶水的作用，通过 IoC/AOP 等核心功能，完成对象实例化，管理相关配置，将各个层和相关代码关联、管理起来，最终实现企业应用的快速开发并提供了较好的可维护性。

第 23 章

Spring 和 MyBatis 整合

以员工登录为例，对 Spring 和 MyBatis 进行整合。

（1）添加开发包。

① Spring 框架开发包、MyBatis 框架开发包：之前已经介绍过，这两个框架的开发包导入这里不再赘述。

② Spring 与 MyBatis 整合的开发包 mybatis-spring-x.x.x.jar：这里用的是 1.3.0 版本的 mybatis-spring-1.3.0.jar。

③ aspectj 框架开发包：aspectjrt.jar、aspectjtools.jar、aspectjweaver.jar。

④ aop 开发包：aopalliance.jar 及其他 AOP 事务 jar 包。

⑤ jdbc 开发包：mysql-connector-java-5.1.47.jar。

⑥ 数据源开发包（如 c3p0）：c3p0-0.9.2.1.jar、hibernate-c3p0-4.3.5.Final.jar、mchange-commons-java-0.2.3.4.jar。

⑦ 如果用到 JSTL 标签库，则需要加入 javax.servlet.jsp.jstl-api-1.2.1.jar、javax.servlet.jsp.jstl-1.2.1.jar。

（2）在 src 目录下创建资源文件。

db.properties：

```
dataSource.driverClass=com.mysql.jdbc.Driver
dataSource.jdbcUrl=jdbc:mysql://localhost:3306/test?useSSL=false&useUnicode=true&characterEncoding=utf-8
dataSource.user=root
dataSource.password=ctopwd#01
dataSource.maxPoolSize=20
dataSource.maxIdleTime=1000
dataSource.minPoolSize=6
dataSource.initialPoolSize=5
```

freemarker.properties：

```
tag_syntax=auto_detect
template_update_delay=60
default_encoding=UTF-8
output_encoding=UTF-8
```

```
locale=zh_CN
date_format=yyyy-MM-dd
time_format=HH:mm:ss
datetime_format=yyyy-MM-dd HH:mm:ss
classic_compatible=true
template_exception_handler=ignore
```

freemarker.properties 是 FreeMarker 用到的资源文件。FreeMarker 是一种基于模板生成输出文本的通用工具，这里主要用来输出 HTML 页面。

（3）在 WebContent/WEB-INF 目录下创建配置文件。

applicationContext.xml：

```xml
<?xml version="1.0" encoding="UTF-8"?>
<beans xmlns="http://www.springframework.org/schema/beans"
    xmlns:mybatis="http://mybatis.org/schema/mybatis-spring"
    xmlns:xsi="http://www.w3.org/2001/XMLSchema-instance"
    xmlns:p="http://www.springframework.org/schema/p"
    xmlns:context="http://www.springframework.org/schema/context"
    xmlns:mvc="http://www.springframework.org/schema/mvc"
    xmlns:tx="http://www.springframework.org/schema/tx"
    xmlns:aop="http://www.springframework.org/schema/aop"

    xsi:schemaLocation="http://www.springframework.org/schema/beans
        http://www.springframework.org/schema/beans/spring-beans-4.2.xsd
        http://www.springframework.org/schema/context
        http://www.springframework.org/schema/context/spring-context-4.2.xsd
        http://www.springframework.org/schema/mvc
        http://www.springframework.org/schema/mvc/spring-mvc-4.2.xsd
        http://www.springframework.org/schema/context
        http://www.springframework.org/schema/context/spring-context-4.2.xsd
        http://www.springframework.org/schema/tx
        http://www.springframework.org/schema/tx/spring-tx-4.1.xsd
        http://mybatis.org/schema/mybatis-spring
        http://mybatis.org/schema/mybatis-spring.xsd
        http://www.springframework.org/schema/aop
        http://www.springframework.org/schema/aop/spring-aop-4.2.xsd">

        <!-- mybatis:scan 会将 com.chinasofti.chapter040101.mapper 包里的所有接口当作 mapper 配置,
之后可以自动引入 mapper 类 -->
        <mybatis:scan base-package="com.chinasofti.chapter040101.mapper"/>

        <!-- 扫描 com.chinasofti.chapter040101 包里的所有 java 文件，若有 spring 的相关注解的类，则
把这些类注册为 spring 的 bean，之后可以自动引入 mapper 类 -->
        <context:component-scan base-package="com.chinasofti.chapter040101"/>
        <!-- 加载数据源数据 -->
        <context:property-override location="classpath:db.properties"/>
        <!-- 配置 c3p0 数据源 -->
        <bean id="dataSource" class="com.mchange.v2.c3p0.ComboPooledDataSource"/>
```

```xml
    <!-- 配置 mybatis 整合 Spring 的 bean -->
    <bean id="sqlSessionFactory" class="org.mybatis.spring.SqlSessionFactoryBean" p:dataSource-ref=
"dataSource"/>
    <!-- jdbc 事务处理器配置 -->
    <bean id="transactionManager" class="org.springframework.jdbc.datasource.DataSourceTransactionManager"
p:dataSource-ref="dataSource"/>
    <!-- 启用支持 annotation 注解方式事务处理 -->
    <tx:annotation-driven transaction-manager="transactionManager" proxy-target-class="true"/>

</beans>
```

springmvc-config.xml：

```xml
<?xml version="1.0" encoding="UTF-8"?>
<beans xmlns="http://www.springframework.org/schema/beans"
    xmlns:xsi="http://www.w3.org/2001/XMLSchema-instance"
    xmlns:mvc="http://www.springframework.org/schema/mvc"
    xmlns:context="http://www.springframework.org/schema/context"
    xsi:schemaLocation="http://www.springframework.org/schema/beans
        http://www.springframework.org/schema/beans/spring-beans-4.2.xsd
        http://www.springframework.org/schema/mvc
        http://www.springframework.org/schema/mvc/spring-mvc-4.2.xsd
        http://www.springframework.org/schema/context
        http://www.springframework.org/schema/context/spring-context-4.2.xsd">

    <!-- 自动扫描包，把包下的@controller 注解的类注册为 Spring 的 controller -->
    <context:component-scan base-package="com.chinasofti.chapter040101.*.controller"/>

    <!-- 所有静态资源直接全部放行 -->
    <mvc:default-servlet-handler />
    <!-- 设置默认配置方案-->
    <mvc:annotation-driven/>

    <!-- 加载 freemarker 配置文件 freemarker.properties -->
    <bean id="freemarkerConfigFile"
        class="org.springframework.beans.factory.config.PropertiesFactoryBean">
        <property name="location" value="classpath:freemarker.properties" />
    </bean>

    <!-- html 视图解析器 必须先配置 freemarkerConfig，注意 html 没有 prefix 前缀属性 -->
    <bean id="freemarkerConfig"
        class="org.springframework.web.servlet.view.freemarker.FreeMarkerConfigurer">
        <!-- 没有配置文件会出现问题，如 html 页面会有乱码 -->
        <property name="freemarkerSettings" ref="freemarkerConfigFile" />
        <property name="templateLoaderPath">
            <value>/WEB-INF/chinasofti/</value>
        </property>
    </bean>
```

```xml
            <bean id="htmlviewResolver"
                  class="org.springframework.web.servlet.view.freemarker.FreeMarkerViewResolver">
                <property name="suffix" value=".html" />
                <property name="order" value="0"></property>
                <property name="contentType" value="text/html;charset=UTF-8"></property>
            </bean>
    </beans>
```

web.xml：

```xml
    <?xml version="1.0" encoding="UTF-8"?>
    <web-app xmlns:xsi="http://www.w3.org/2001/XMLSchema-instance" xmlns="http://xmlns.jcp.org/xml/ns/
javaee" xsi:schemaLocation="http://xmlns.jcp.org/xml/ns/javaee http://xmlns.jcp.org/xml/ns/javaee/web-app_3_1.
xsd" id="WebApp_ID" version="3.1">
        <display-name>Chapter040101</display-name>
        <!-- Spring 核心监听器的配置 -->
        <listener>
          <listener-class>
          org.springframework.web.context.ContextLoaderListener
          </listener-class>
        </listener>
        <!-- 加载指定的配置文件 -->
        <context-param>
          <param-name>contextConfigLocation</param-name>
          <param-value>/WEB-INF/applicationContext.xml</param-value>
        </context-param>
        <!-- 对 SpringMVC 的前端控制器进行定义 -->
        <servlet>
          <servlet-name>springmvc</servlet-name>
          <servlet-class>
              org.springframework.web.servlet.DispatcherServlet
          </servlet-class>
          <init-param>
            <param-name>contextConfigLocation</param-name>
            <param-value>
                  /WEB-INF/springmvc-config.xml
            </param-value>
          </init-param>
          <load-on-startup>1</load-on-startup>
        </servlet>
        <!-- 此配置让 Spring MVC 的前端控制器对所有请求都进行拦截 -->
        <servlet-mapping>
          <servlet-name>springmvc</servlet-name>
          <url-pattern>
              /
          </url-pattern>
        </servlet-mapping>
```

```xml
<!-- 过滤器对编码进行过滤，以防止乱码的产生 -->
<filter>
    <filter-name>characterEncodingFilter</filter-name>
    <filter-class>
            org.springframework.web.filter.CharacterEncodingFilter
    </filter-class>
    <init-param>
        <param-name>encoding</param-name>
        <param-value>
                UTF-8
        </param-value>
    </init-param>
</filter>
<filter-mapping>
    <filter-name>characterEncodingFilter</filter-name>
    <url-pattern>
        /*
    </url-pattern>
</filter-mapping>
</web-app>
```

（4）创建数据库表（Employee），同上文创建内容。

（5）创建 Employee 表实体类。

```java
Package com.chinasofti.chapter040101.entity;

import java.io.Serializable;

public class EmployeeEntity implements Serializable{
    private static final long serialVersionUID = 1L;
    private int id;
    private String loginName;
    private String empPwd;
    private String empname;
    private String dept;
    private String pos;
    private int level;
    public int getId() {
        return id;
    }
    public void setId(int id) {
        this.id = id;
    }
    public String getLoginname() {
        return loginName;
    }
    public void setLoginname(String loginName) {
        this.loginName = loginName;
```

```
        }
        public String getEmpPwd() {
            return empPwd;
        }
        public void setEmpPwd(String empPwd) {
            this.empPwd = empPwd;
        }
        public String getEmpname() {
            return empname;
        }
        public void setEmpname(String empname) {
            this.empname = empname;
        }
        public String getDept() {
            return dept;
        }
        public void setDept(String dept) {
            this.dept = dept;
        }
        public String getPos() {
            return pos;
        }
        public void setPos(String pos) {
            this.pos = pos;
        }
        public int getLevel() {
            return level;
        }
        public void setLevel(int level) {
            this.level = level;
        }
    }
```

（6）创建 Employee 表 Mapper 映射接口。采用注解方式实现，省略 mapper 配置文件。

```
package com.chinasofti.chapter040101.mapper;
import org.apache.ibatis.annotations.Select;
import com.chinasofti.chapter040101.entity.EmployeeEntity;

public interface EmployeeMapper {
    /**
     * 通过登录名与密码进行数据查询
     * @param emp 封装登录名与密码的 Employee 表实体类
     * @return 封装查询结果的实体类
     */
    @Select("SELECT * FROM employee WHERE loginName=#{loginName} AND
empPwd=#{empPwd}")
    EmployeeEntity selectEmpByLoginnameAndEmpPwd(EmployeeEntity emp);
```

```
}
```

（7）创建登录模块服务层接口。

```java
package com.chinasofti.chapter040101.login.service;

import com.chinasofti.chapter040101.entity.EmployeeEntity;

public interface LoginService {
    /**
     * 实现登录业务
     * @param emp 封装登录名与密码的 Employee 表实体类
     * @return 封装查询结果的实体类
     */
    EmployeeEntity login(EmployeeEntity emp);
}
```

（8）创建登录模块服务层接口实现类，注入 mapper 接口对象实例，调用方法。

```java
package com.chinasofti.chapter040101.login.service;

import org.springframework.beans.factory.annotation.Autowired;
import org.springframework.stereotype.Service;

import com.chinasofti.chapter040101.entity.EmployeeEntity;
import com.chinasofti.chapter040101.mapper.EmployeeMapper;

@Service("loginService")
public class LoginServiceImpl implements LoginService {
    /**
     * 自动注入 EmployeeMapper 对象实例
     */
    @Autowired
    private EmployeeMapper employeeMapper;

    @Override
    public EmployeeEntity login(EmployeeEntity emp) {
    //调用 Mapper 映射的 selectEmpByLoginnameAndEmpPwd 方法获得数据
        return employeeMapper.selectEmpByLoginnameAndEmpPwd(emp);
    }
}
```

（9）创建 Controller 类，作为动态页面跳转控制器，主要用于请求分发。
DispatchController.java：

```java
package com.chinasofti.chapter040101.common.controller;

import org.springframework.stereotype.Controller;
import org.springframework.web.bind.annotation.PathVariable;
```

```java
import org.springframework.web.bind.annotation.RequestMapping;

@Controller
public class DispatchController {
    @RequestMapping(value="/{formName}")
    public String loginForm(@PathVariable String formName){
        return formName;
    }
}
```

LoginController.java：

```java
package com.chinasofti.chapter040101.login.controller;

import org.springframework.beans.factory.annotation.Autowired;
import org.springframework.beans.factory.annotation.Qualifier;
import org.springframework.stereotype.Controller;
import org.springframework.web.bind.annotation.ModelAttribute;
import org.springframework.web.bind.annotation.RequestMapping;
import org.springframework.web.servlet.ModelAndView;

import com.chinasofti.chapter040101.entity.EmployeeEntity;
import com.chinasofti.chapter040101.login.service.LoginService;

@Controller
@RequestMapping(value="/loginController")
public class LoginController {
    /**
     * 自动注入服务层 LoginService 对象实例
     */
    @Autowired
    @Qualifier("loginService")
    private LoginService loginService;
    /**
     * 处理请求（登录）
     * @param emp 封装请求参数的实体类（请求参数名称与实体类属性一致，自动封装。这里封装
了登录名与密码）
     * @return 跳转页面名称
     */
    @ModelAttribute
    @RequestMapping(value="/empLogin")
    public ModelAndView empLogin(EmployeeEntity emp){
        //调用业务层取得数据（通过封装的登录名与密码）
        EmployeeEntity empEntity=loginService.login(emp);
        ModelAndView view = new ModelAndView();
        //如果获得的数据不为空，则说明登录名与密码正确，跳转到登录成功页面，否则跳转到登
录失败页面
        if(empEntity==null){
```

```
                view.setViewName("error");
        }else{
                view.setViewName("success");
        }
        return view;
    }
}
```

（10）在 WebContent/WEB-INF 目录下，新建 chinasofti 目录并在其中创建登录页面 login.html、登录失败页面 error.html、登录成功页面 success.html。

login.html：

```
<!DOCTYPE html>
<html>
    <head>
        <meta charset="UTF-8">
        <title>登录页面</title>
    </head>
    <body>
        <form action="loginController/empLogin"    method="post">
        <table>
            <tr>
            <td>用户名：</td>
            <td><input type="text"    name="loginName"/></td>
            </tr>
            <tr>
                <td>密码：</td>
                <td><input type="password"    name="empPwd"/></td>
            </tr>
        </table>
        <input type="submit" value="登录">
        </form>
    </body>
</html>
```

error.html：

```
<!DOCTYPE html>
<html>
    <head>
        <meta charset="UTF-8">
        <title>Insert title here</title>
    </head>
    <body>
        登录失败
    </body>
</html>
```

success.html：

```
<!DOCTYPE html>
<html>
    <head>
        <meta charset="UTF-8">
        <title>Insert title here</title>
    </head>
    <body>
        登录成功
    </body>
</html>
```

（11）启动程序，打开浏览器输入 URL 地址为 http://localhost:8080/Chapter040101/login，进入登录页面，如图 23-1 所示。在"用户名"和"密码"输入框中输入错误的数据，单击"登录"按钮。

运行结果如图 23-2 所示。

图 23-1　登录页面　　　　　　　　　　　　　图 23-2　运行结果

（12）打开数据库表，找一个存在的用户名和密码（当然，实际项目中数据库中的密码也是经过加密的，不可直接查看原值），再次输入，单击"登录"按钮。登录页面如图 23-3 所示。

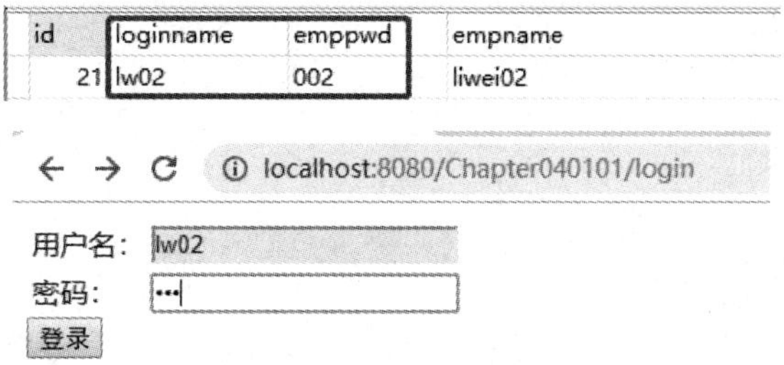

id	loginname	emppwd	empname
21	lw02	002	liwei02

← → C ① localhost:8080/Chapter040101/login

用户名：lw02
密码：•••
登录

图 23-3　登录页面

运行结果如图 23-4 所示。

← → C ① localhost:8080/Chapter040101/loginController/empLogin

登录成功

图 23-4　运行结果

反侵权盗版声明

电子工业出版社依法对本作品享有专有出版权。任何未经权利人书面许可，复制、销售或通过信息网络传播本作品的行为；歪曲、篡改、剽窃本作品的行为，均违反《中华人民共和国著作权法》，其行为人应承担相应的民事责任和行政责任，构成犯罪的，将被依法追究刑事责任。

为了维护市场秩序，保护权利人的合法权益，我社将依法查处和打击侵权盗版的单位和个人。欢迎社会各界人士积极举报侵权盗版行为，本社将奖励举报有功人员，并保证举报人的信息不被泄露。

举报电话：（010）88254396；（010）88258888

传　　真：（010）88254397

E-mail：　dbqq@phei.com.cn

通信地址：北京市万寿路 173 信箱

　　　　　电子工业出版社总编办公室

邮　　编：100036